设计必修课

室内设计制图与深化设计

本设教育　殷永贵　编著

SHINEI SHEJI ZHITU YU SHENHUA SHEJI

化学工业出版社
·北　京·

内容简介

本书主要介绍了室内设计制图与深化设计的方法以及施工图的表达方式，充分考虑了施工图实际应用的情况，阐述节点构造图的原理，同时又充分考虑了相关规范和标准，采取了图文对应的方式，将施工图的绘制规范和原理相结合，力求更加准确地将设计制图与深化设计讲解清楚，帮助读者全面认识和掌握室内设计施工图。

本书适合室内设计专业的在校学生、初入行的新人设计师以及对室内设计有兴趣的家装业主阅读参考。

随书附赠资源，请访问 https://www.cip.com.cn/Service/Download 下载。

在如右图所示位置，输入“39778”点击“搜索资源”即可进入下载页面。

资源下载

39778

图书在版编目（CIP）数据

设计必修课．室内设计制图与深化设计 / 本设教育，殷永贵编著．—北京 ：化学工业出版社，2021.10（2023.4重印）

ISBN 978-7-122-39778-2

Ⅰ．①设… Ⅱ．①本… ②殷… Ⅲ．①室内装饰设计－建筑制图 Ⅳ．①TU238.2

中国版本图书馆CIP数据核字（2021）第170402号

责任编辑：毕小山　　文字编辑：蒋丽婷　陈小滔
责任校对：张雨彤　　装帧设计：尹琳琳

出版发行：化学工业出版社（北京市东城区青年湖南街13号　邮政编码100011）
印　　装：北京瑞禾彩色印刷有限公司
710mm×1000mm　1/16　印张13½　字数276千字　2023年4月北京第1版第2次印刷

购书咨询：010-64518888　　售后服务：010-64518899
网　　址：http://www.cip.com.cn
凡购买本书，如有缺损质量问题，本社销售中心负责调换。

定　　价：78.00元

前言

室内设计是一门综合性很强的学科，设计师除了掌握平面布局、色彩、照明等设计方面的知识外，还要学习相应的施工内容。如何将设计方案体现在图纸当中，让工人能够按图施工，实现设计落地，是室内设计的一大难点。设计制图讲述了如何规范化地在施工图纸中将设计内容体现出来，而深化设计就是解决如何通过细化图纸，将设计方案从效果图变为现实的问题。只有认真学习设计制图与深化设计，掌握制图和深化设计的基本方法和技能，才能将设计方案中的每一处都完美展现出来，达到预想的效果。

本书在内容的编写上充分考虑了设计制图与深化设计中的难点以及国家有关规范、标准等，较全面地覆盖了整套施工图纸，将每张图纸的作用、要求都进行了详细的说明。并采取了拉线详细注解的方式，把图纸中每一个重点内容都进行了标注和进一步的讲解，更加生动具体地将制图的方法讲解清楚，帮助读者全面认识、掌握设计制图和深化设计。全书共分为五章：室内制图的前期准备、室内制图的基础和规范、平面布置图的绘制与方法、施工图的设计与表达以及常用建材与工程量的计算与报价等。从前期准备开始介绍，而后详细地讲解了图纸的基础、规范以及绘制方法等内容，并将建材、工程量等报价类知识进行了简单的讲解，帮助读者了解制图的全流程以及报价的相关内容。本书适合室内设计专业的在校学生、初入行的新人设计师以及对室内设计有兴趣的家装业主阅读参考。

由于编者水平有限，书中不足之处在所难免，希望广大读者批评指正。

编著者

目录

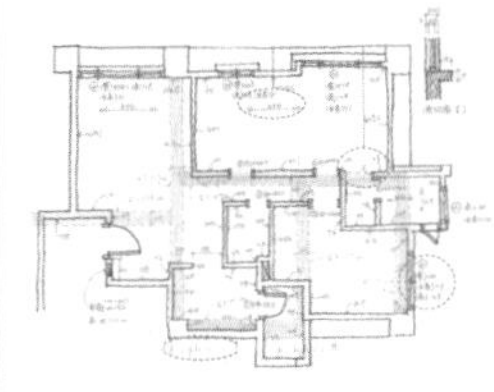
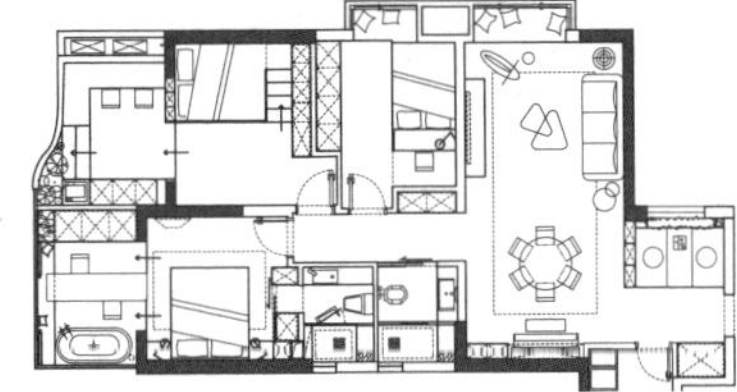
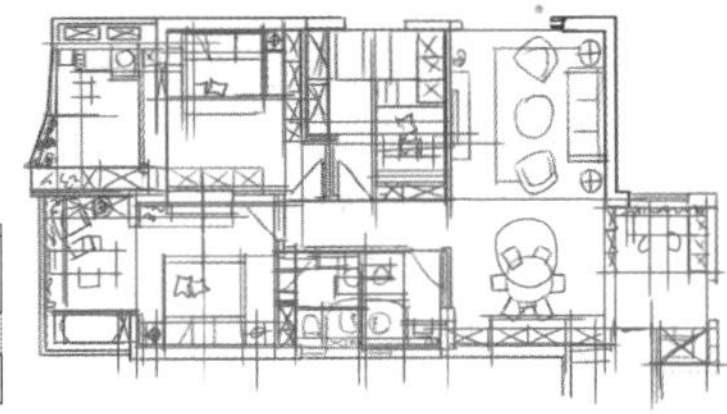

第一章 室内设计制图的前期准备

设计制图与深化设计是设计工作中必须具备的能力，但是盲目、不经思考就开始制图容易走更多弯路，因此制图的前期准备就显得尤为重要。在制图前首先要了解施工图的作用，以及在绘制前的准备工作。

一、了解施工图的基本常识

学习目标	本小节重点讲解施工图的基本作用和相关常识。
学习重点	了解施工图对设计师的作用，以及在绘制施工图前需要了解的常识。

1 施工图的基本作用

（1）传达设计理念

施工图可以明确地表达设计师的设计想法，向业主直观地展示设计的布局，对比不同设计的优缺点，传达设计理念。同时也方便业主对方案提出意见，让设计师更好地为业主服务。

（2）为设计师与施工人员提供沟通的桥梁

设计师通过施工图表达设计想法和具体设计细节，施工人员通过施工图接收设计师的信息，实现从图纸到落地，准确实现设计师的设计方案。详细的施工图能让施工人员更加清晰地明白设计师在不同设计区域所需要的结构以及呈现效果。

（3）为施工提供标准和依据

施工图是施工人员在进行施工时的标准和依据，施工人员会根据施工图纸上的一些要求及标准进行施工。严格按照标准执行施工，更能保证施工人员及业主的安全。

2 了解施工图的实施步骤

（1）收集优秀平面布置图

设计师在日常生活中要多关注国内外的室内设计资讯。一定要用平面布置图来对照完工后的彩色图片，这样才会知道如何处理空间及面材。若有不错的平面布置图也可以储存下来，在制作平面布置图的时候可以作为参考。

（2）观察现场

在观察现场时要多注意关注空间布局以及其建筑方面的优缺点。如主卧的朝向虽好，但却临街，容易影响居住者的睡眠；客厅的视野较差，且没有良好的采光等。原有格局的缺点以及居住者对格局不满意的位置，都要仔细观察，方便在设计时进行调整。

（3）前期方案

在刚刚入手做方案时，应避免急着用 AutoCAD 规划平面布置图，可以先试着用 SketchBook 来绘制大概的设计思路和规划。若直接用 CAD 来绘制，只会花很多的时间在小局部或细节上，无法规划出明确的大方向。建议先用 SKB（SketchBook 的简称）来把大脑中的想法大概绘制在平面图上。草图不用画得太细致，因为在 CAD 中绘制时，空间尺寸会再做详细调整，但整体结构跟前期草图绘制是一样的。

以原始平面图为底图，可以在底图上面大概确定不同功能空间的布局

↑草图的绘制

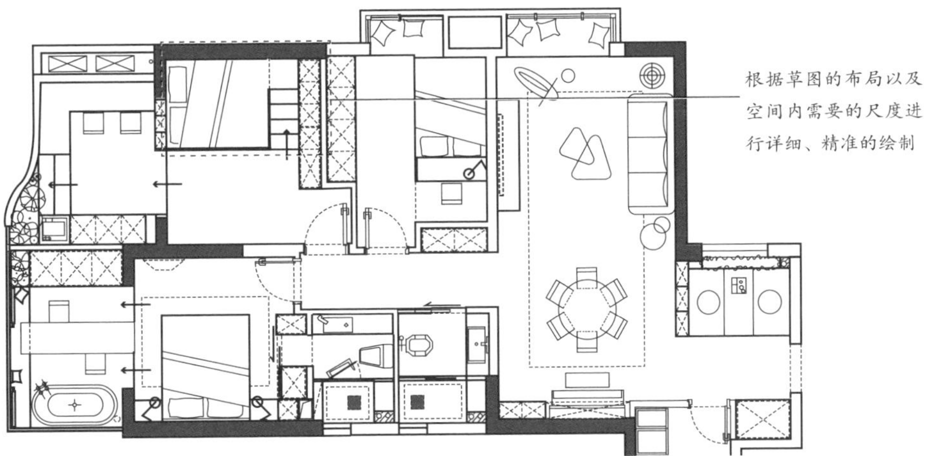

根据草图的布局以及空间内需要的尺度进行详细、精准的绘制

↑CAD 图的绘制

思考与巩固

1. 施工图有哪些作用？
2. 绘制施工图前需要了解哪些内容？

二、室内现场测量

学习目标	本小节重点讲解室内现场测量的过程。
学习重点	了解测量的工具、使用方法，以及测量的全部流程。

1 现场测量的步骤与要点

（1）测量步骤

现场测量是设计工作中最基础和简单的工作，但是也是非常重要的工作。信息的遗漏会影响到设计，比如测量时漏画了水管的位置，在设计师进行平面布局时，就会考虑到该处无水管，进而影响到厨房、卫生间的位置等。若是没有及时发现，这个问题就会影响到施工的正常进行。

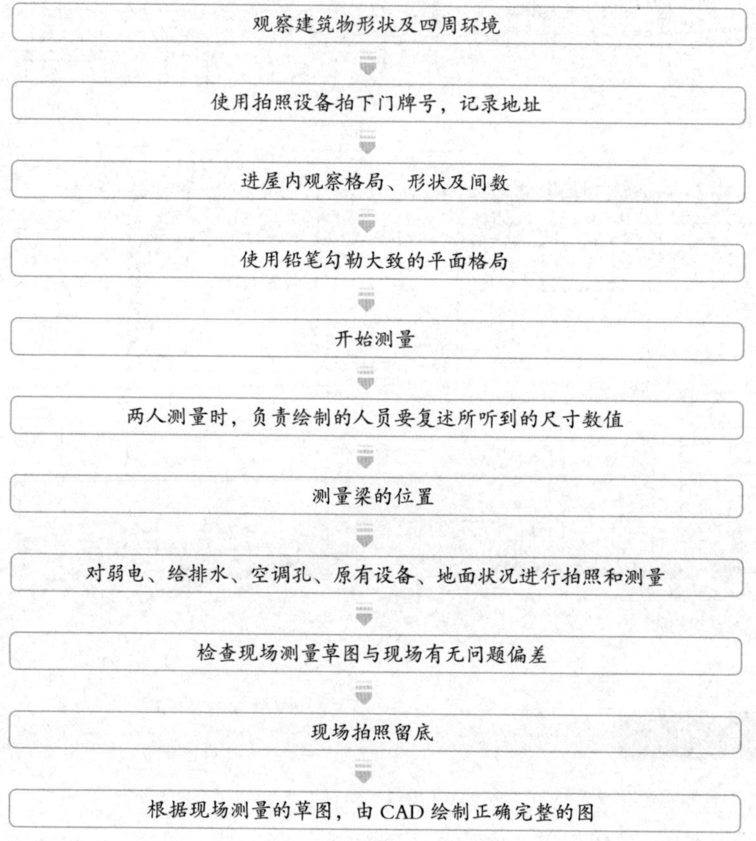

观察建筑物形状及四周环境
使用拍照设备拍下门牌号，记录地址
进屋内观察格局、形状及间数
使用铅笔勾勒大致的平面格局
开始测量
两人测量时，负责绘制的人员要复述所听到的尺寸数值
测量梁的位置
对弱电、给排水、空调孔、原有设备、地面状况进行拍照和测量
检查现场测量草图与现场有无问题偏差
现场拍照留底
根据现场测量的草图，由CAD绘制正确完整的图

(2) 测量要点

①因建筑物造型及所在地的关系，部分外观会出现斜面、弧形、圆形、金属造型、退缩、挑空等，因此有必要对建筑外观进行了解并拍照。另外，建筑物四周的状况有时也会影响平面图的配置，所以设计师在进入之前要认真了解相关的情况，对其做到心中有数。

②开始测量时，要从大门入口开始测量，最后闭合点也是大门入口。现场测量绘制时一边测量一边用铅笔重（粗）线慢慢勾画明确的格局。有关柱与管道间的分辨，只要记住“有梁就有柱子，有柱子却无梁时，那就是管道间”即可。

③当两个人去测量时，一位拿尺子测量，另一位绘制格局及标识尺寸，绘制的人一定要记得反应和复述。当一位拿尺子测量并念出数据时，另一位需要反应他所听到的尺寸数值并进行复述，以使测量数值误差降到最低。

④格局都测量好后，接下来用绿色圆珠笔绘制梁的大小及位置，再用测量工具测量梁的高度、宽度、梁下净高度。

⑤现场测量的草图在比例上不需要特别准确，但是要保证户型中每一个转角或梁都在草图中有所体现，一些细部的位置可以在旁边放大进行详细的标注。

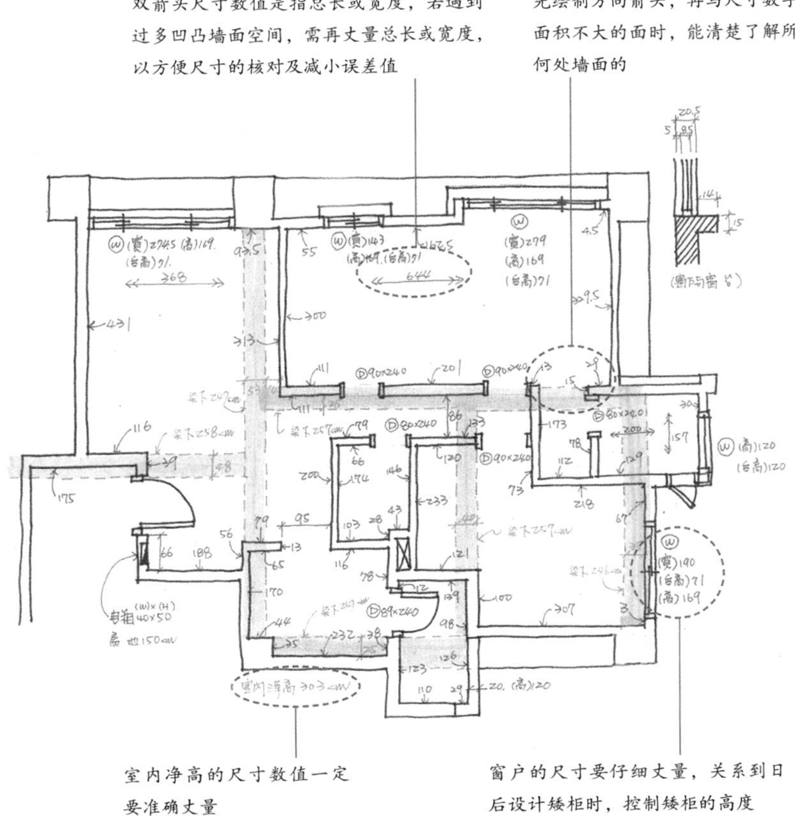

双箭头尺寸数值是指总长或宽度，若遇到过多凹凸墙面空间，需再丈量总长或宽度，以方便尺寸的核对及减小误差值
先绘制方向箭头，再写尺寸数字。因为遇到面积不大的面时，能清楚了解所标注尺寸是何处墙面的
室内净高的尺寸数值一定要准确丈量
窗户的尺寸要仔细丈量，关系到日后设计矮柜时，控制矮柜的高度

⑥现场照片的留底要记录原建筑内部不同接口或者结构的位置，将草图中无法具体体现的内容通过现场照片表达出来。

⑦最后根据草图中标注的尺寸、设备的位置，以及每个区域的高度包括梁下的高度、排水孔的高度等信息用 CAD 绘制出正确完整的平面图。CAD 平面图会比手绘草图更加准确，不同尺度关系也更加明确。手绘草图若是目测则容易造成误解。

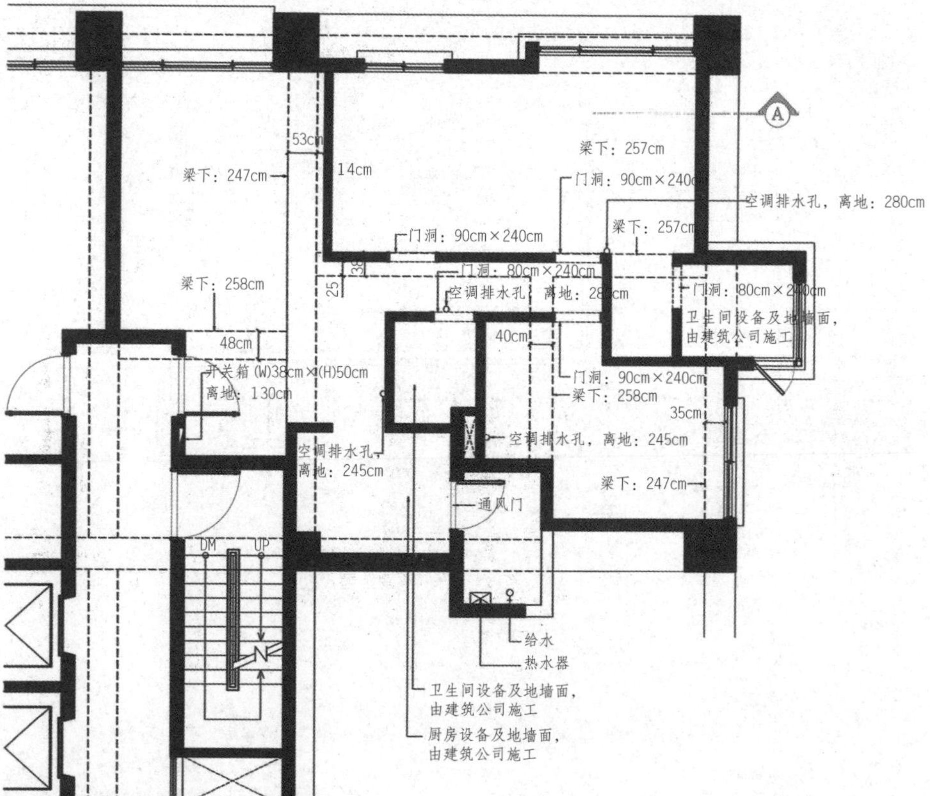

2 现场测量的常用工具

(1) 常用工具

①尺子。现场测量时，尺子一般选用卷尺和激光尺，激光尺主要应用在大空间中，可以较快地测量出空间的尺寸，而一般卷尺通常用于测量尺寸稍短的位置。

②可以拍摄现场照片的相机或者手机。

③方格纸或者白纸。

④铅笔、圆珠笔（红、蓝、绿）、橡皮擦、荧光笔（红、绿）。铅笔方便在画草图时进行修改，多种颜色的圆珠笔则方便对不同线段或区域中的尺寸进行标注，荧光笔可以标注草图中有重合的位置，如梁等位置。

(2) 尺子的使用方法

●卷尺

①宽度测量的方法

↑大拇指按住卷尺头

↑平行拉出，拉至欲量的宽度即可

②室内净高的测量方法

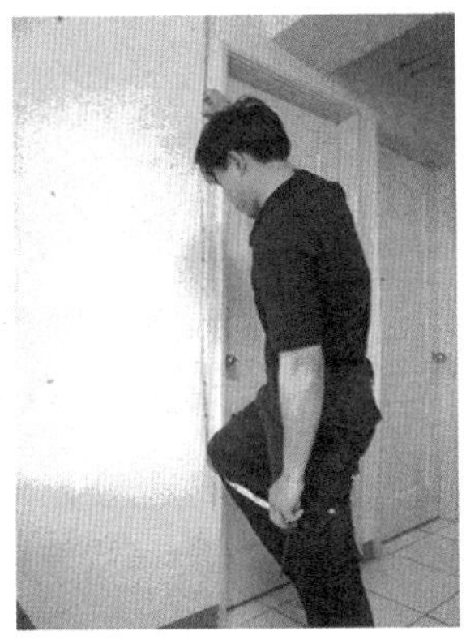

↑将卷尺头顶到天花板顶，大拇指按住卷尺，膝盖顶住卷尺往下压

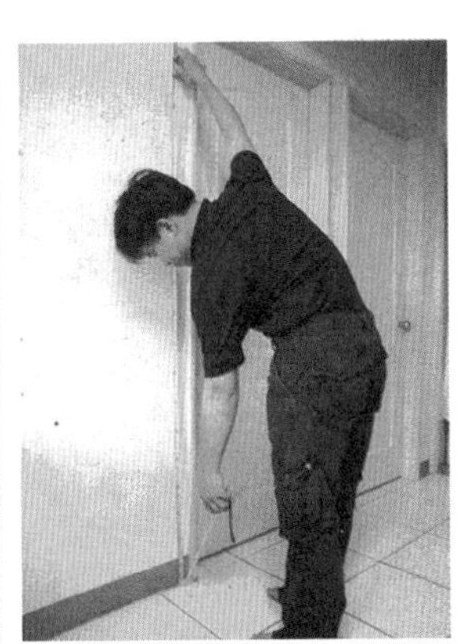

↑卷尺往地板延伸即可

③梁宽的测量方法

↑ 卷尺平行拉伸，形成一个“冂”形，将梁底部顶住，梁单边的边缘与卷尺整数值对齐，再依此推算梁宽的总值

● 激光尺

①门宽度的测量方法

↑ 激光尺的底部抵住门框的一端，激光的红点显示在另一侧的门框上，然后按一下按键，显示屏上即可显示出距离（激光尺的测量默认从仪器尾部起测）

②地砖长度的测量方法

↑ 用同样的方法，激光尺的底部放在地砖的缝隙处，激光的红点显示在墙面上，然后按一下按键，显示屏上即可显示出距离

③门高度的测量方法

→ 用同样的方法，激光尺的底部抵住地面，激光的红点显示在上方的门框上，然后按一下按键，显示屏上即可显示出距离

思考与巩固

1. 测量工具有哪些？它们分别如何使用？

2. 测量过程中需要做哪些工作？

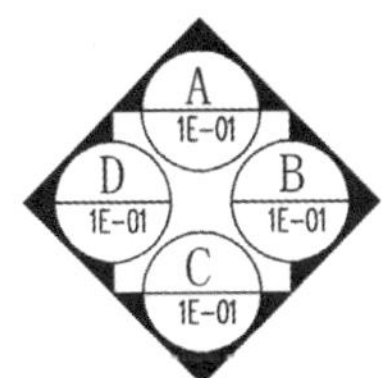

室内设计制图的基础与规范

第二章

室内设计图纸是室内设计人员用来表达设计思想、传达设计意图的技术文件，是室内装饰施工的依据。室内设计制图就是根据正确的制图理论及方法，按照国家统一的室内制图规范将室内 6 个面上的设计情况在二维图面上表现出来。它包括室内平面图、室内顶面图、室内立面图、室内细部节点详图等。室内制图是设计师必备的技能之一，制作图纸一般是通过 AutoCAD 来实现的。

一、室内设计制图与图纸规范

学习目标	本小节重点讲解设计制图的图纸规范。
学习重点	了解常见制图符号及图纸规范。

1 施工图的分类及作用

分类

平面图

包括原始结构图、新建墙体图、拆除墙体图、平面布置图、天花投影图（天花尺寸图）、地面拼花图、立面索引图、电路布置图、水路布置图。

立面图

每个公司标准不一样，每个设计师画图方法不一样，所画的立面也有所不同，常规情况下有造型的墙面都要有立面图。

大样图

包括天花大样、地面收口大样、电视背景墙大样、玄关大样、床头造型大样等。

重点：首先要明白施工图的原理，平面、立面、大样是连贯的，平面表达不了墙面内容，所以就需要有立面图，立面图表达不了细节处理、剖切关系，所以就需要有大样图。

平面图的作用

主要用来传达区域功能的划分、天花造型、地面拼花等相关信息。

立面图的作用

只要墙面有造型就都要绘制出来，这样施工人员才能知道墙面都有什么造型，才知道如何做这个造型。

大样图的作用

主要用来表达装修细节，如天花剖面关系、墙面造型剖面关系及一些造型收口关系的详细处理方法。

2 设计制图的规范和标准

（1）设计制图标准的作用

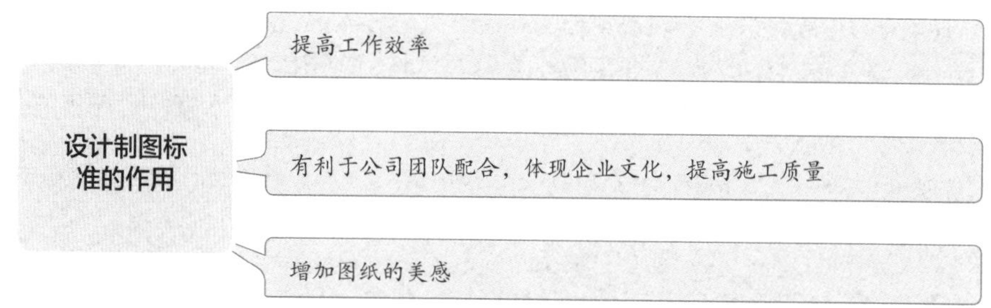
设计制图标准的作用
提高工作效率
有利于公司团队配合，体现企业文化，提高施工质量
增加图纸的美感

（2）规范和标准的内容

①除执行国家统一制图规定外，还应执行公司统一的制图补充规定，包括图例索引规定、字型大小规定、计算机图层管理和计算机出图规定等。

②字体使用标准简化字，笔画清晰、字体端正、排列整齐，不得潦草，标点符号使用正确。

③计算机出图时，优先使用空白描图纸，将图标处内容除需要签字的部分外，全部输入图标中，一并输出。

④图纸深度规定。

- 房间名称在各种平面、天花图中均要注全，有相同名称的应加注序号，如：办公室（一）、办公室（二）、会议室（一）、会议室（二）等。大型工程也可用编号标注房间或走道等部位的名称，另编房间名称与编号对照表。
- 平面图、天花图、剖立面图都应标注标高。标高以楼面完成面为基准，A 是相对标高（相对于本层地面建筑面层的标高），B 和（B）（标注在横线下时可不用括号）是绝对标高（相对于 ±0.00 的标高），标高数值应精确到小数点后两位。天花图一般只标相对标高，平面图要在楼梯间、电梯间及交通枢纽等部位标注地面建筑面层的绝对标高。
- 材质、家具、灯饰、门号、五金等在设计图中应予标注，标注方法参考“图例”及“材料标注代号”。
- 在平面、剖面、立面和详图中，应尽可能标注轴线位置和尺寸，各种造型定位尺寸要和轴线发生关系，以便于施工放线、测值及材料计算。
- 在建筑图中标注的防火墙、消火栓、防火卷帘、防火门等，在装修图中不要遗漏。
- 隔墙或门窗尺寸与建筑图有出入的，均应在平面图上标注定位尺寸。
- 平面图可分为平面布置图、墙体定位图、地面材料图、家具布置图、立面索引图等，每一种图可单独出图，也可根据情况适当合并出图。
- 每套图纸前都要有图纸目录、设计说明、装修做法表、门表等。材料标注代号和图例等内容可在设计说明中交代清楚，标题栏处“图名”等文字要工整统一并与图纸目录一致。图纸的电子文件名称应与图纸名称一致，以便查找。
- 天花图中除应反映装饰造型和灯具外，还应该包括空调风口、消防喷淋、烟感控头及广播喇叭检修口等，以确保总体装饰效果。

小贴士

建立清晰的文件系统

设计师在画施工图或者效果图时，通常会根据业主的要求不断更改内容，很多时候业主不满意会让设计师改回前面的版本，这就要求设计师保留所有版本的文件，以便更好地完成后续的工作。

首先统一在桌面建立快捷方式至WORK目录，存放CAD文件；再分别按工程名称统一命名建立子目录；同一个工程文件统一存放在一个目录下，包括各个专业的文件。例如：E：\姓名WORK\项目名称\施工图。

在不同CAD、SU以及效果图的文件后方注明更改日期，例如：××施工图2022.1.9。这样会更加方便查找及更改。

3 规范的具体要求

（1）图幅、图标及会签栏

①图幅即图面的大小。需根据国家标准的规定，按图面的长和宽确定图幅的等级。室内设计常用的图幅有A0（也称0号图幅，其余类推）、A1、A2、A3及A4。每种图幅的长宽尺寸见下表。

单位：mm

基本幅面代号	A0	A1	A2	A3	A4
$b \times l$	841×1189	594×841	420×594	297×420	210×297
c	10			5	
a	25				

注：表中b为图面短边尺寸，l为图面长边尺寸，c为图框线与幅面线间宽度，a为图框线与装订边间宽度。

②会签栏是为各工种负责人审核后签名用的，包括专业、姓名、日期等内容，具体内容根据需要设置。

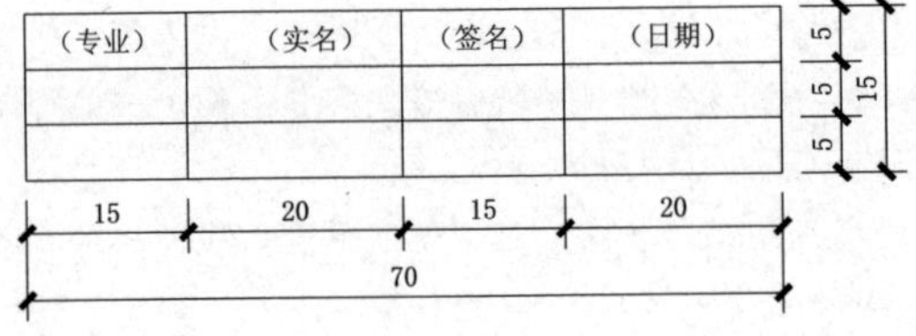

③标题栏的主要内容包括设计单位名称、工程名称、图纸名称、图纸编号，以及项目负责人、设计人、绘图人、审核人等。如有备注说明或图例、简表，也可将其内容设置于标题栏中。

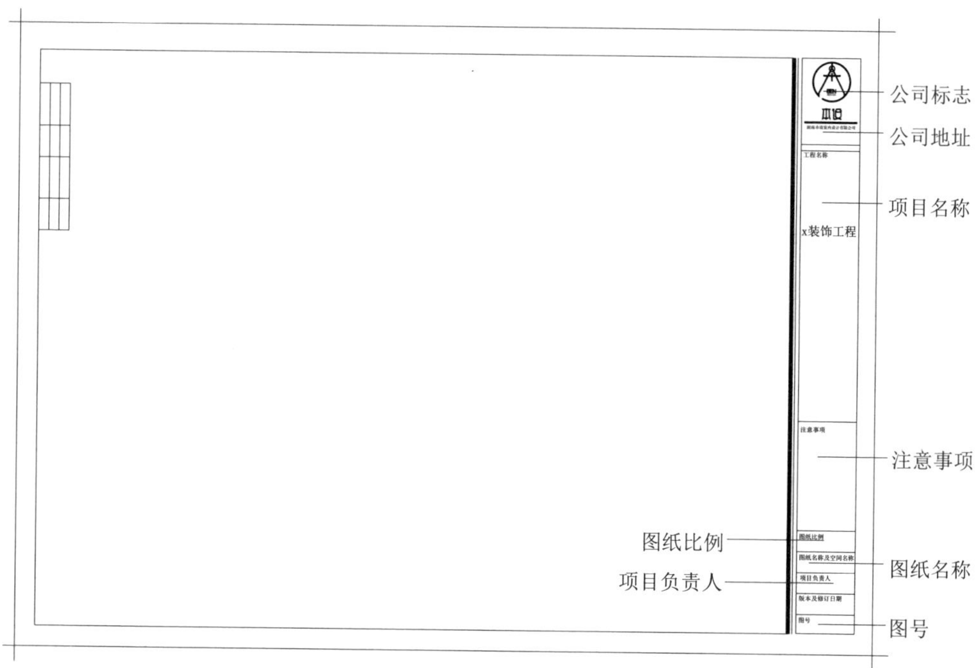

（2）线型要求

室内设计图主要由各种线条构成，不同的线型表示不同的对象和不同的部位，代表着不同的含义。为了图面能够清晰、准确、美观地表达设计思想，工程实践中采用了一套常用的线型，并规定了它们的使用范围。在 CAD 中可以通过“图层”中“线型”“线宽”的设置来选定所需线型。

①工程线型规范

名称	线型	主要用途
粗实线	——————	1. 平面、剖面图中被剖切的主要建筑构造（包括构配件）的轮廓线 2. 室内立面图的外轮廓线 3. 建筑装饰构造详图中被剖切的主要部分的轮廓线
中实线	——————	1. 平面、剖面图中被剖切的次要建筑构造（包括构配件）的轮廓线 2. 室内平顶面、立面、剖面图中建筑构配件的轮廓线 3. 建筑装饰构造详图及构配件详图中的一般轮廓线

续表

名称	线型	主要用途
次粗线	————————	1. 可以应用于比较细的图形线、尺寸线、尺寸界线 2. 索引符号、标高符号、详细材料做法引出线 3. 粉刷层线、保温层线、地面和墙面的高差分界线等
细实线	————————	图形填充线、家具线、纹样线等
中虚线	- - - - - - - - - - - - -	1. 建筑构造及建筑装饰构配件不可见的轮廓线 2. 室内平面图中的上层夹层投影轮廓线 3. 拟扩建的建筑轮廓线 4. 室内平面、平顶图中未剖切到的主要轮廓线
细虚线	··························	图例线，小于粗实线一半线宽的不可见轮廓线
点画线	—·—·—·—·—·—	中心线、对称线、定位轴线
折断线	——/\/——	不需画全的断开线
双点画线	—··—··—··—··—	假想轮廓线、成型前原始轮廓线

②具体的线型参照表

名称	线型	颜色标号	线宽 /mm
原始结构类			
DOTE- 轴线	————————	136	0.05
AXIS- 轴网标注	————————	150	0.05
WALL- 墙体结构	————————	160	0.3
WINDOW- 窗	————————	60、1	0.13、0.09
DIM- 标注	————————	44	0.05
TEXT- 文字	————————	50	0.05
I- 剪力墙填充	————————	250	0.05

续表

名称	线型	颜色标号	线宽 /mm
平面布置类			
FF- 固定家具		30、55	0.15、0.05
FF- 活动家具		51、55	0.15、0.05
FF- 卫浴		31、35	0.13、0.05
FF- 平面灯具		22	0.09
FF- 挂画		120	0.15
DS- 窗帘		32	0.09
DS- 玻璃		1、8	0.09、0.05
DS- 完成面		20	0.09
DOOR- 门		60、8	0.13、0.05
PL- 植物		6、8	0.1、0.05
墙体定位类			
I- 间墙填充		6、8	0.2、0.05
地面材料类			
FC- 地面材料		144、8	0.13、0.05
顶面天花类			
RC- 天花吊顶		30、8	0.15、0.05
RC- 灯具		2、1	0.15、0.09
IRC- 消防类		2、1	0.15、0.09
其他			
E- 开关插座		4、1	0.13、0.05
PIPE- 水路		3、5、4、8	0.15、0.09
BS- 水电		250	0.05

③立面线型规范

名称	线型	颜色标号	线宽 /mm
cEL- 墙体	————	200	0.45
cEL- 天花及墙体转折线	————	3	0.4
cEL- 墙面完成面 / 造型线	————	30	0.3
cEL- 地面完成线	————	160	0.25
cEL- 地脚线 / 造型内线 / 墙面分缝线（明线）	————	136	0.13
cEL- 墙面填充 / 天花填充 / 内线（淡显）	————	250	0.08
cEL- 活动家具（虚线）/ 造型线（实线）	————	51	0.15
cEL- 标注	————	50	0.10
cEL- 立面标高 / 文字	————	50	0.10

（3）尺寸标注及设置规范

尺寸的设置需注意箭头符号的使用，在建筑图上使用的标注尺寸箭头的符号为“圆点”，这是因为在建筑图的标注尺寸的用法上，均标识墙与墙中心线间的距离。但室内标注的是净宽尺寸，所使用的标注尺寸的箭头符号应为“斜线”，所以尽量不要用“箭头”或者“圆点”标注尺寸，以免当标注细小尺寸时无法明确知道标注尺寸的范围。

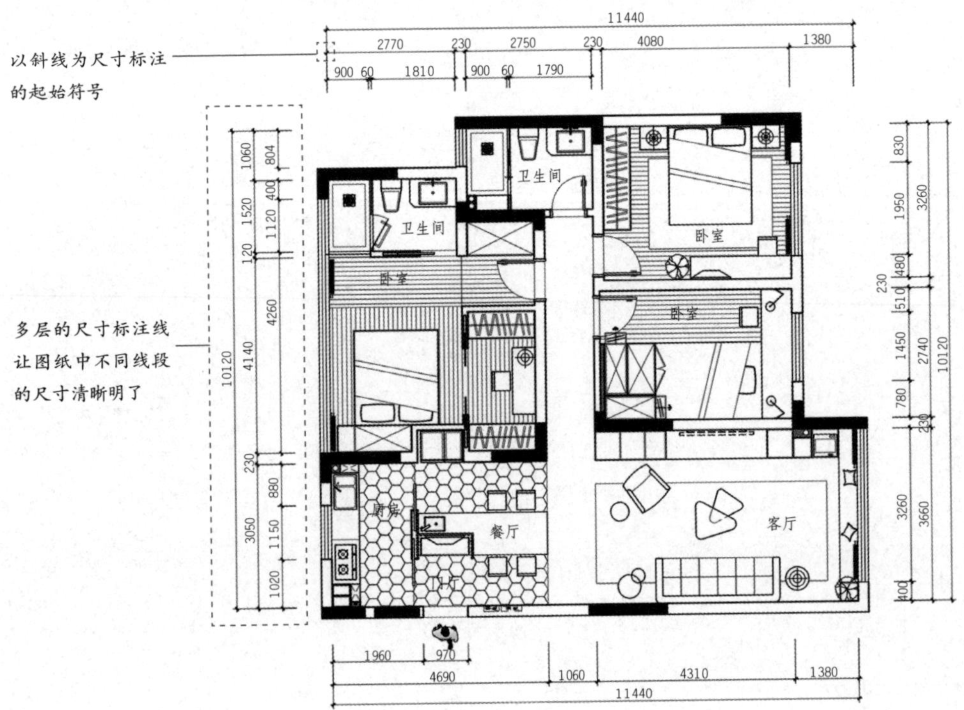

因图纸最终打印的比例不同，标注尺寸的设置也有所不同。尺寸标注比例主要分为两种标注方式（模型空间标注及布局空间标注）。假设出图比例是 1 ： 100，尺寸如果是在模型空间标注的，就要将“标注样式管理器”中的“全局比例”设置成 1 ： 100；如果是在布局空间中标注尺寸，就将“全局比例”设置成 1 ： 1。如果不这样设置，随便根据自己感觉设置，那么最终打印出图的尺寸就会不准确，看不清尺寸数值，导致工人无法按图纸施工。因此，标注尺寸要配合画面比例而且有所调整，才能使画面上的尺寸数值具有明确性。

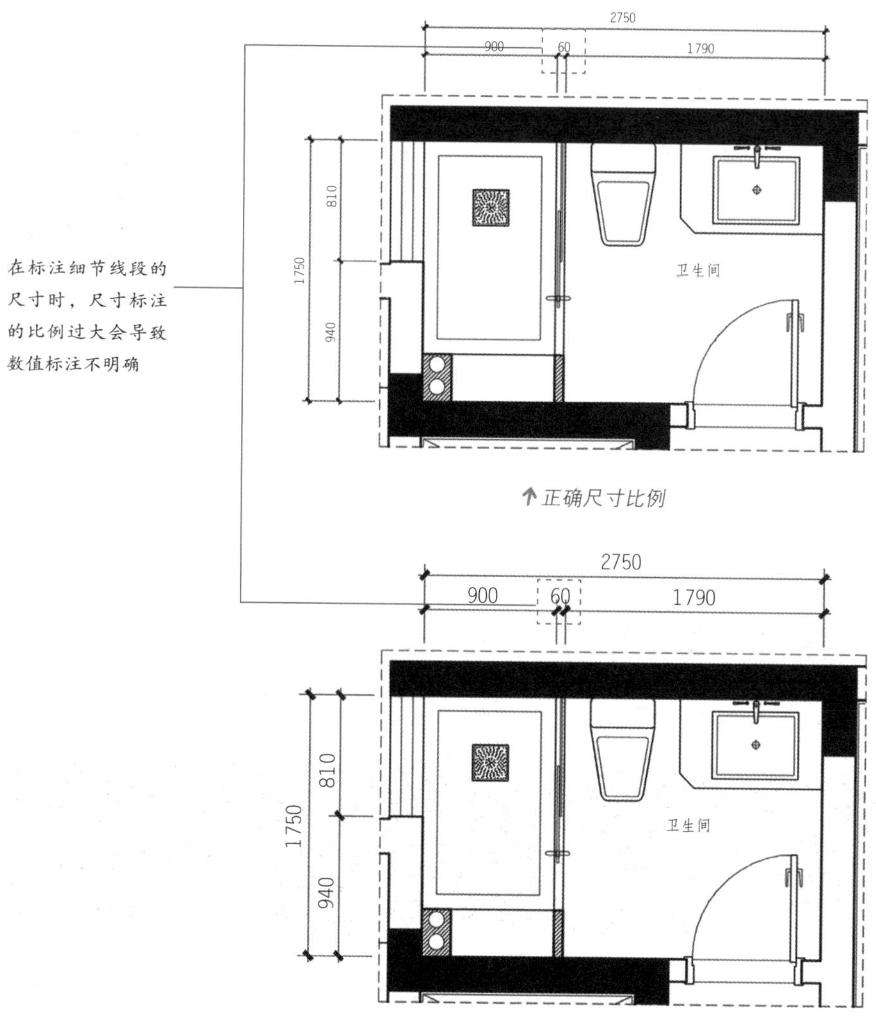

↑正确尺寸比例

↑错误尺寸比例

思考与巩固

1. 设计制图标准有哪些作用？

2. 图纸规范和标准有哪些内容？

二、认识 AutoCAD 的工作界面

学习目标	本小节重点讲解 AutoCAD 的工作界面。
学习重点	了解制图软件的工作界面以及对应的工作内容。

1 了解 AutoCAD 的初始界面

扫码即可获得
CAD 快捷键说明

AutoCAD 简称 CAD，是室内设计师在设计时常用的制图软件之一，通常用于施工图的绘制。本书以常用的 2016 版本的 CAD 软件为例。

绘图区：基本图形和线段的创建命令

注释区：对图形进行文字、尺寸标注等命令

修改区：对已有图形进行移动、镜像等命令

图层区：修改图形或线条所在图层及图层的属性

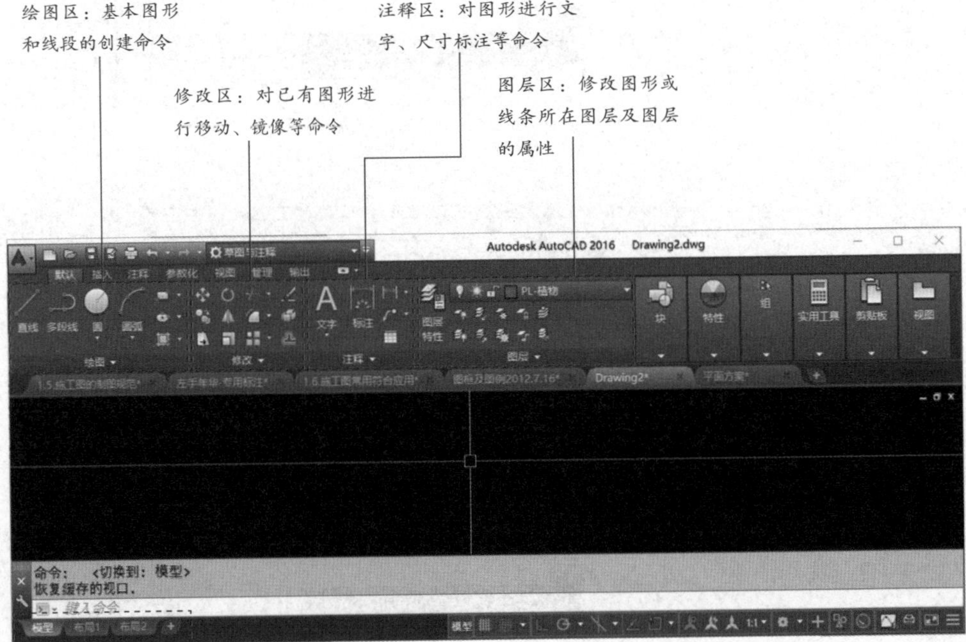

①在绘图窗口的下面有“模型和布局选项卡”，除了第一个是模型选项卡之外，其他的都是布局选项卡。

②模型选项卡和布局选项卡的切换命令是：Tilemode=1 为模型选项卡，Tilemode=0 为布局选项卡。

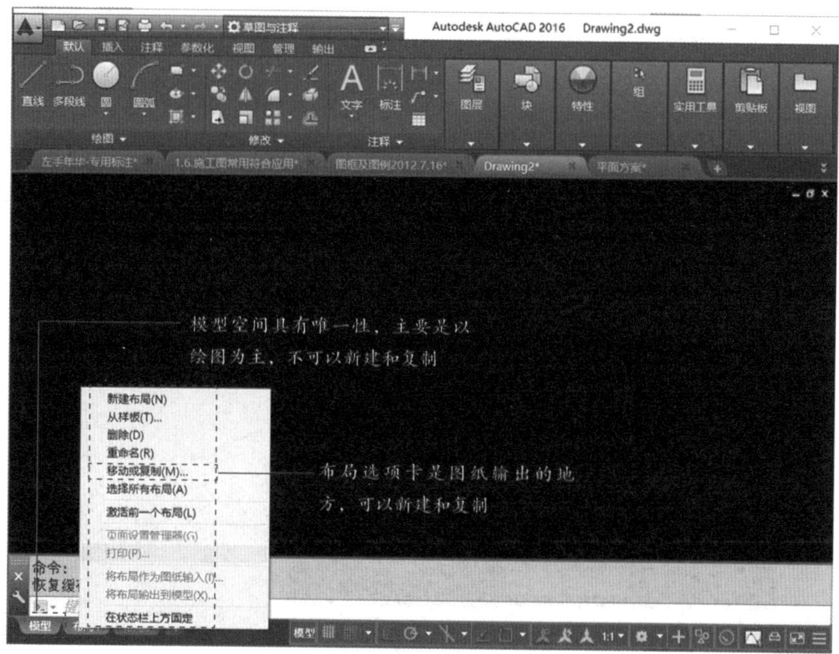

↑在布局按钮上单击鼠标右键可以弹出一个菜单栏，里面有布局的基本操作

2 修改初始界面

不论在模型还是布局选项卡中都可以根据设计师自己的个人习惯对界面的基础设置进行修改。

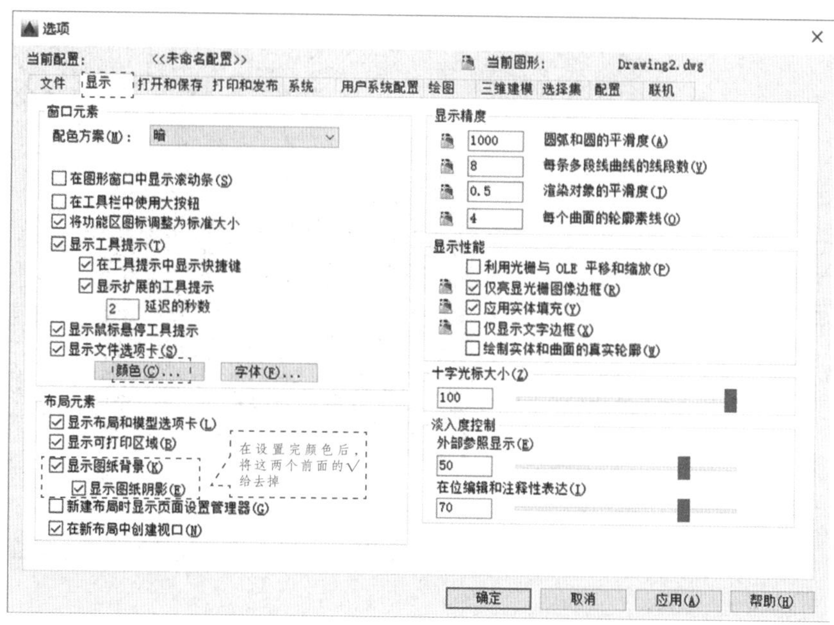

↑输入命令“OP”打开选项设置面板，开始对布局颜色进行设置

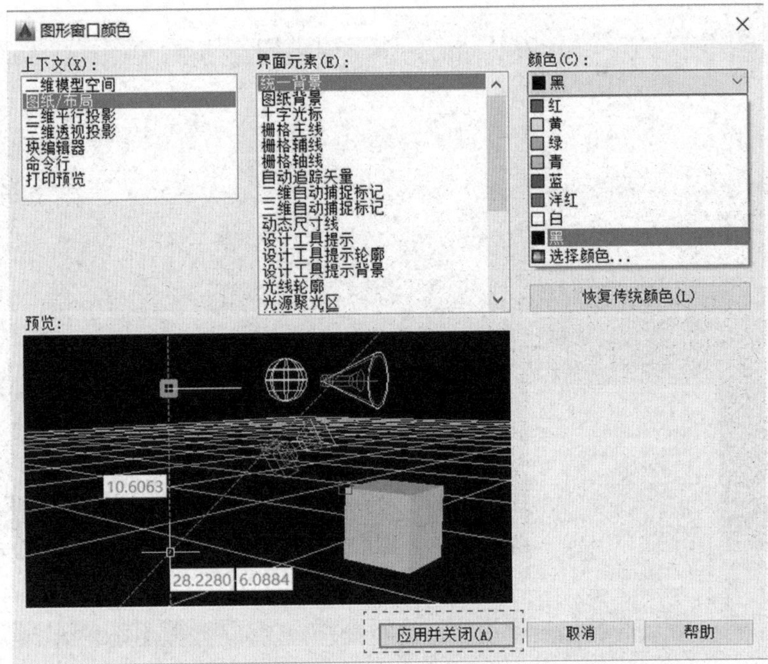

↑进入颜色设置中将布局颜色设置成自己比较喜欢的颜色，默认的情况下为黑色

3 布局

布局选项卡中包括模型空间和图纸空间。图纸空间是图纸布局环境，可以在这里指定图纸大小（默认情况下图纸空间有阴影）。模型空间显示模型选项卡中绘制的图形。

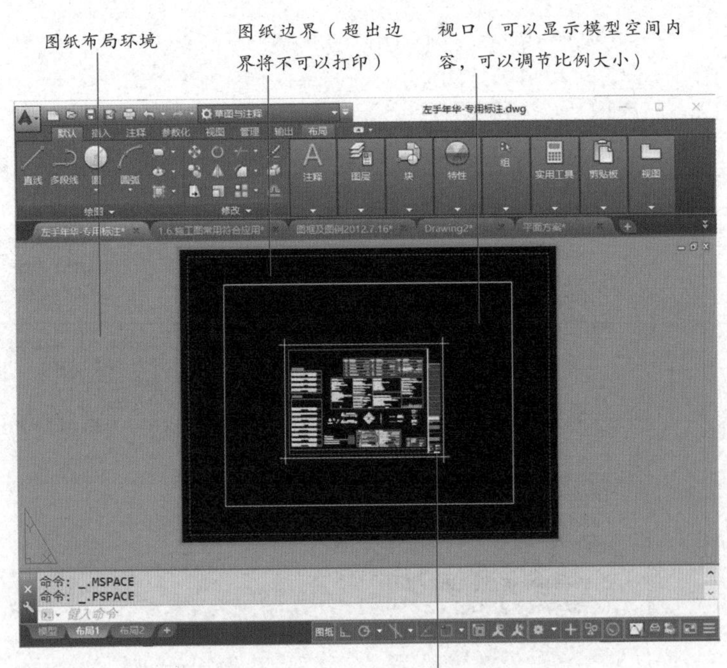

①图纸空间是一张纸（比例不变），视口相当于在纸上开了一个口，如果图纸空间上有多个视口那就是开了多个口，而且每个视口是相互独立显示模型空间的内容的，如果进行修改和调节是不影响另外的视口的。通过所创建的视口可以看到模型空间的内容，可以对模型空间的内容进行修改。

②视口比例可以控制最终出图比例。

③创建视口的快捷键是 MV。

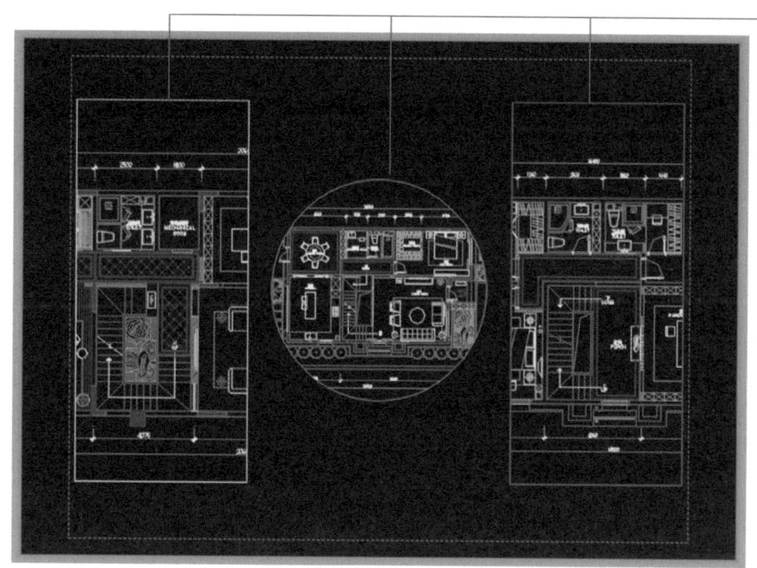

每个视口的比例互不影响，且视口比例不会影响到模型中图纸的比例

← 图中创建了三个视口，每个视口之间互不干扰，相对独立，视口的形状可以自行修改

4 视口比例的设定方法

①进入视口，通过状态栏设定比例（进入视口，选择比例，如果没有合适比例，可以自己添加合适的比例）。

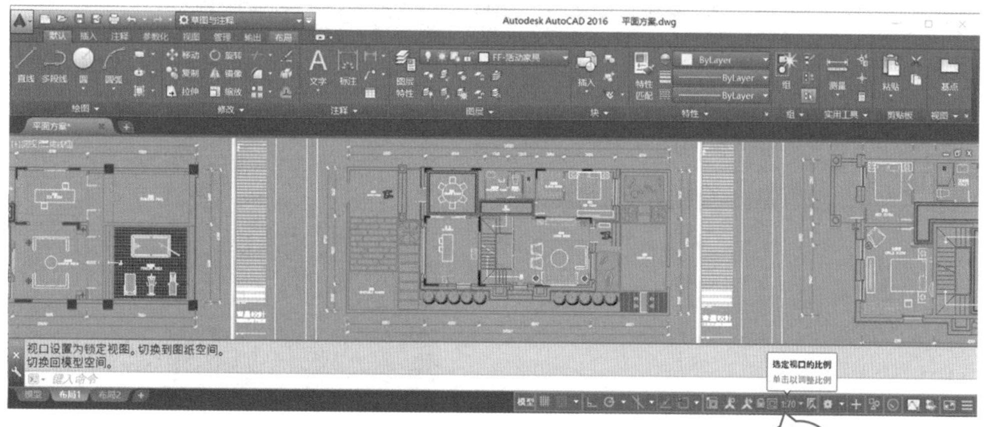

选中视口的图框，即可出现视口的比例，点击比例旁的倒三角图标即可选择其他视口比例

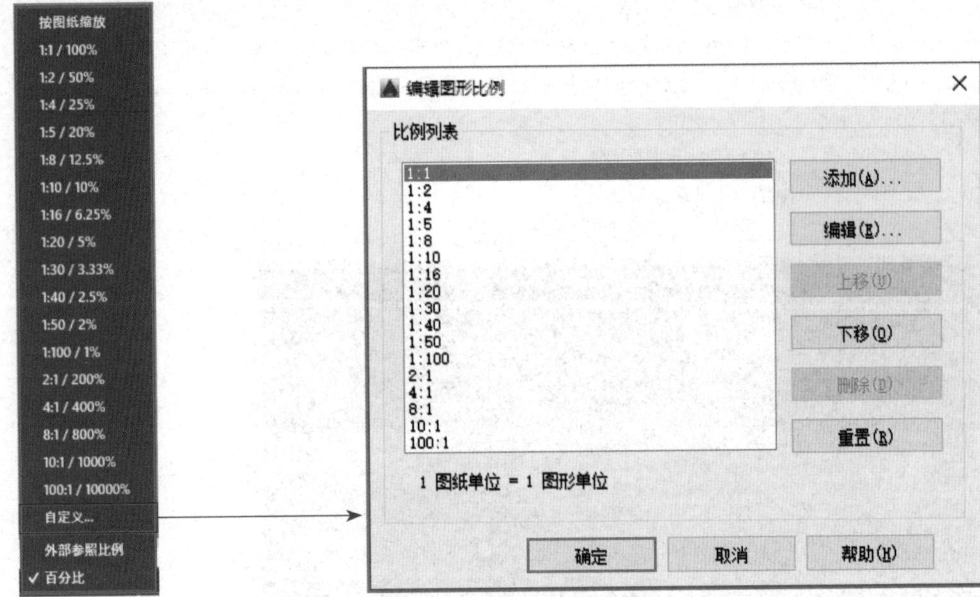

↑点击“自定义”选项即可对原有比例进行编辑或者创建新的视口比例

②选择视口可以按“Ctrl+1”键打开“特性”面板，同样可以锁定视口、设置和自定义视口比例。

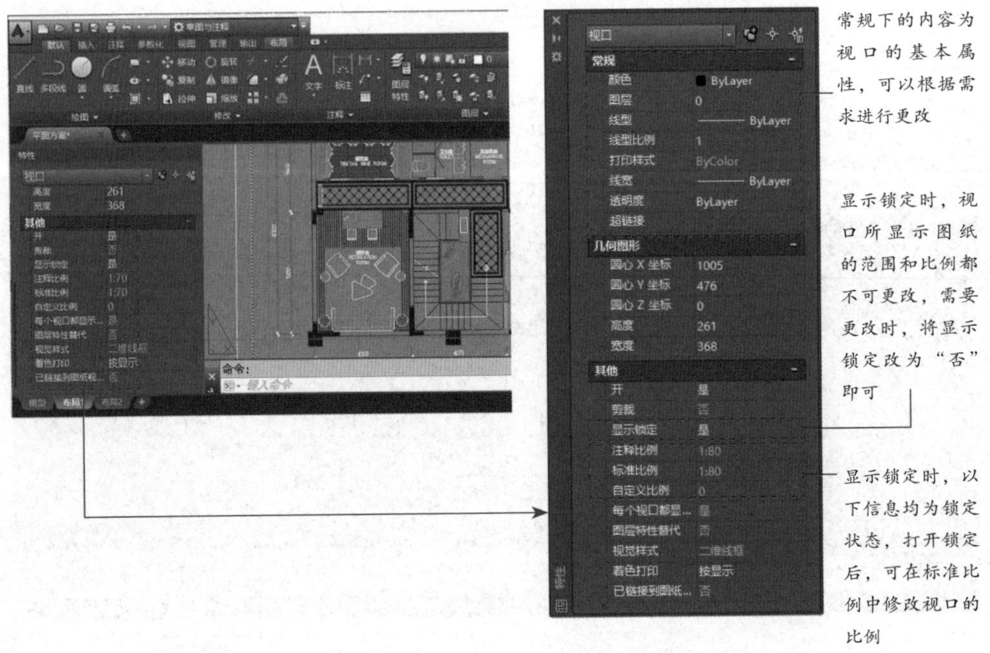

5 布局中图框的应用方法

①手动制作 1:1 图框。在模型空间缩放图框（图框可根据需要选择 A0、A1 或其他大小）至 1:1 的比例，作为块插入布局的图纸空间中。

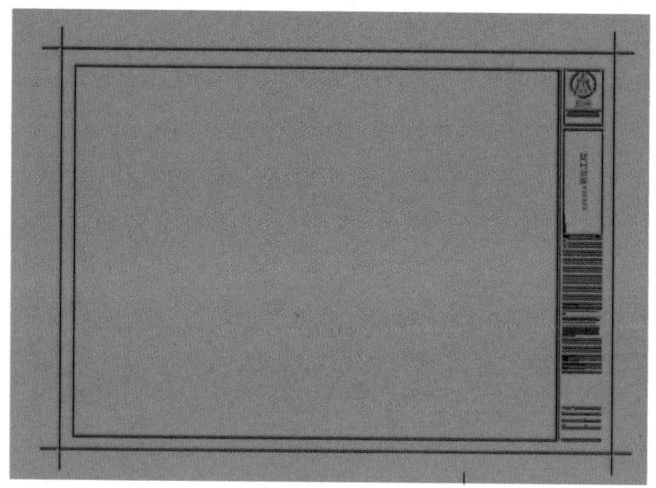

↑选中图框的全部内容

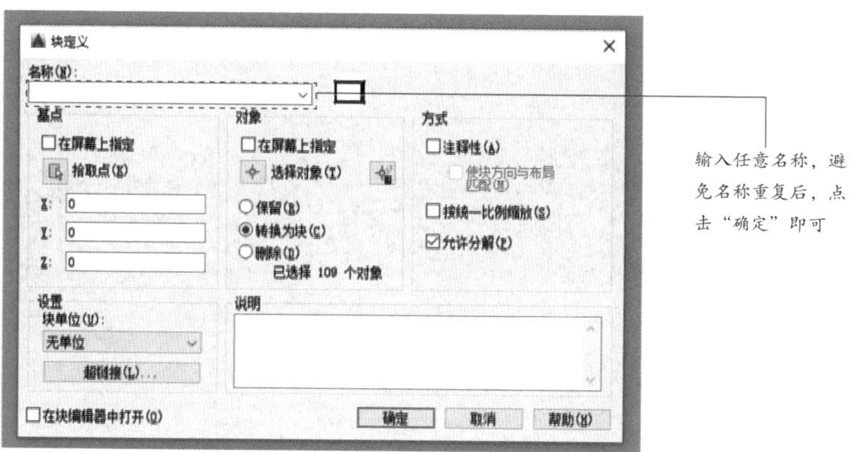

↑按 B（BLOCK 的快捷键）键再按空格键，即可将图框成块

②空间转换。在图框中建立视口（MV 为创建视口的快捷键），视口占满图框内部区域，并将需要显示的模型空间的内容以恰当的比例显示在视口中，完成后锁定视口。

进入视口中，选择需要从模型空间中转入布局空间中的图形，使用“CHSPACE”命令，再根据提示按 ENTER 键，该图形即可从模型空间中转入布局空间。反之，亦可通过此操作将布局空间中的图形转入模型空间中。

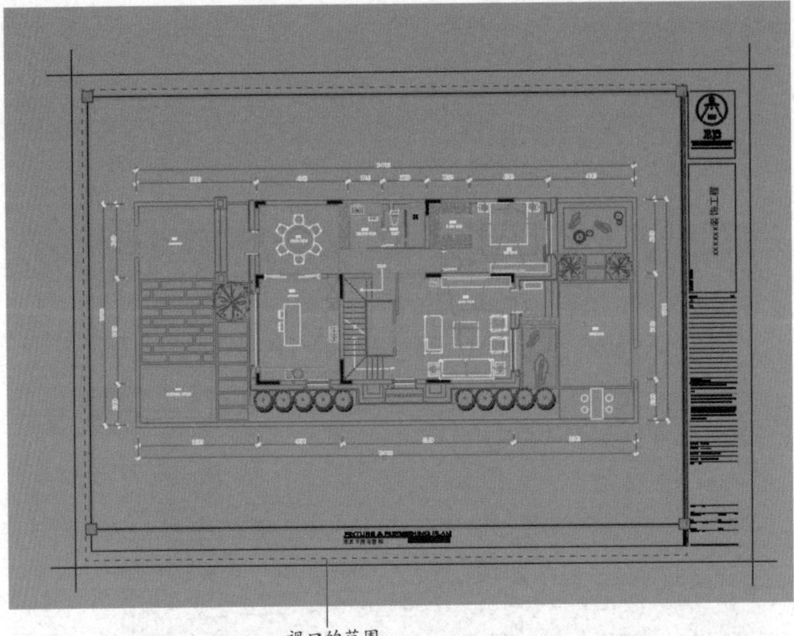

视口的范围

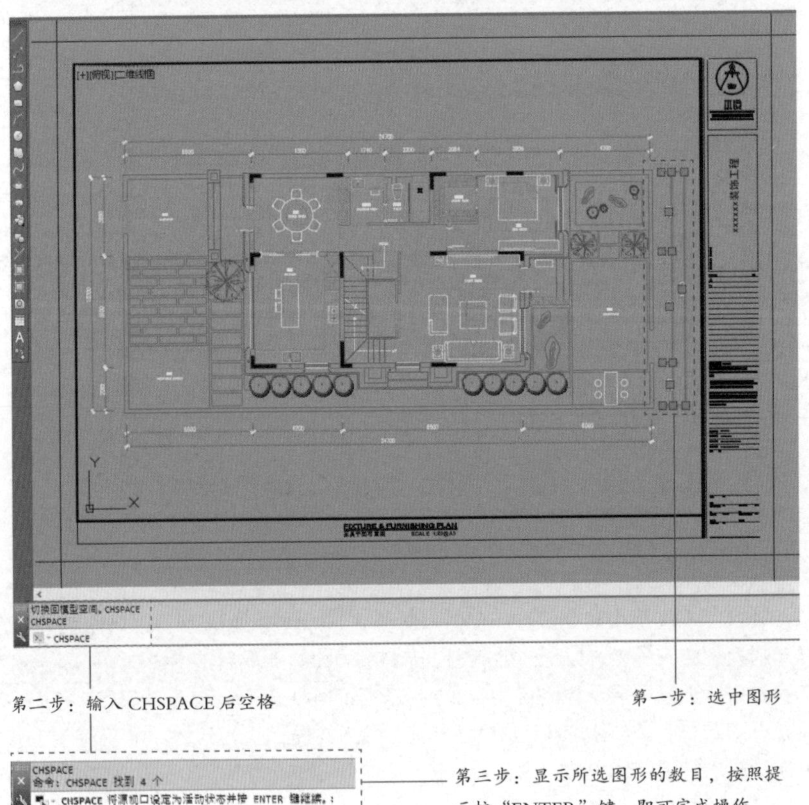

第二步：输入 CHSPACE 后空格

第一步：选中图形

第三步：显示所选图形的数目，按照提示按“ENTER”键，即可完成操作

6 规范作图

①图纸空间放置比例不变的内容。图框通常是比例不变的内容。以实际物理尺寸为准（A4、A3、A2、A1、A0），图框必须从模型空间分离。

②打印尽量通过布局选项卡完成。模型选项卡可以打印，但是具有不规范性和不可预测性（图纸界限、图纸方向、图纸比例等）。

③图框尽量使用块。

④图纸空间的比例也会控制制图中标注、文字、符号的大小。

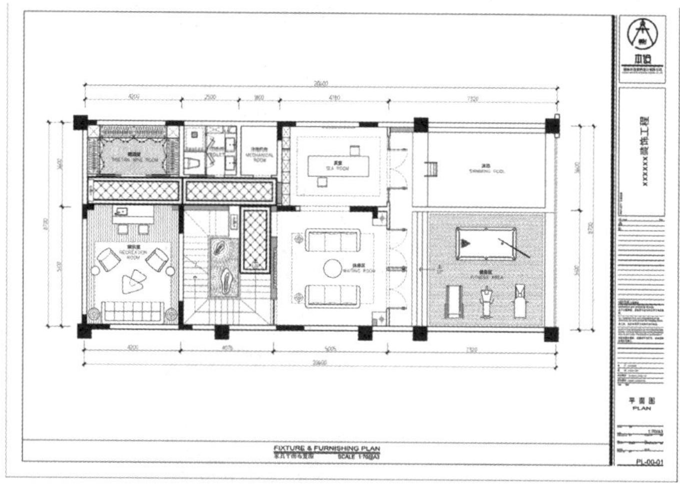

↑视口比例为 1:70，图形刚好撑满整个图框

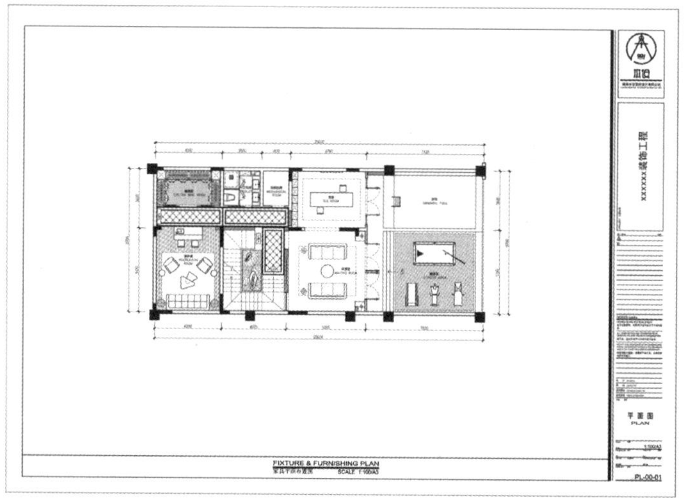

↑视口比例为 1:100，图形显示过小，空白处太多，最后打印出图后，施工人员很可能会看不清图纸的内容

7 图层设置说明及范例

图层设置的目的是让图中的物体及线条有属于自己的名称，以方便识别，当进行绘制及修改时，可将不需要的图层暂时关闭或者锁住（如下图），以加快绘制及修改的时间。

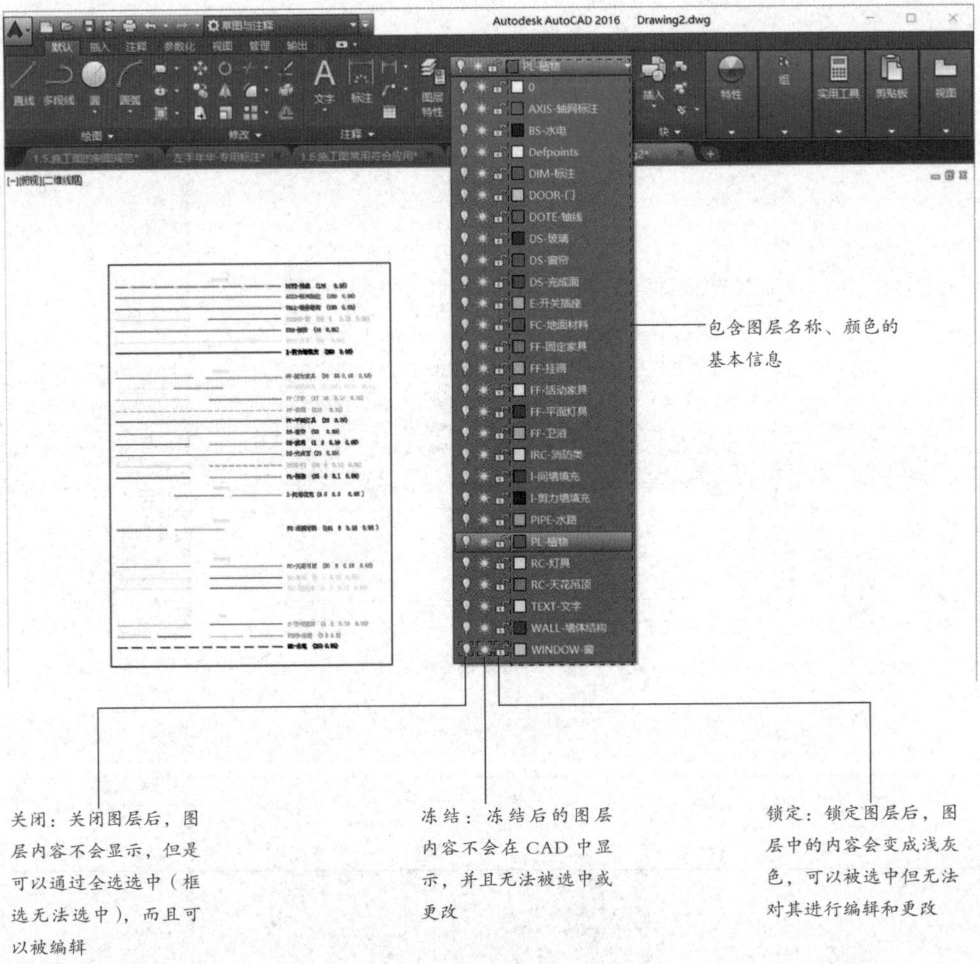

包含图层名称、颜色的基本信息

关闭：关闭图层后，图层内容不会显示，但是可以通过全选选中（框选无法选中），而且可以被编辑

冻结：冻结后的图层内容不会在CAD中显示，并且无法被选中或更改

锁定：锁定图层后，图层中的内容会变成浅灰色，可以被选中但无法对其进行编辑和更改

当一张已经绘制好的平面布置图，面临需要修改部分隔间及家具配置时，此时的图已经绘制了很多的物体及线条，若不执行关闭或者锁住图层的操作，在进行修改时则会删除或移动不需要修改的物体及线条，从而增加修改的难度。所以，图层的设置是非常重要的，不仅能设置物体及线条的所属名称，还方便对图进行延展、绘制和修改及后期排版打印。

小贴士

设置图层的注意事项

①在设置图层的时候应以设置好的打印线型、颜色及图层名字为准。其实线型、颜色设置和图层设置应该是同步进行的。

②各室内设计公司对打印线型及颜色的要求不同，也会影响图层的建立，不管什么样的打印线型和颜色都应以公司标准为准，这样才有利于公司团队的协调工作。

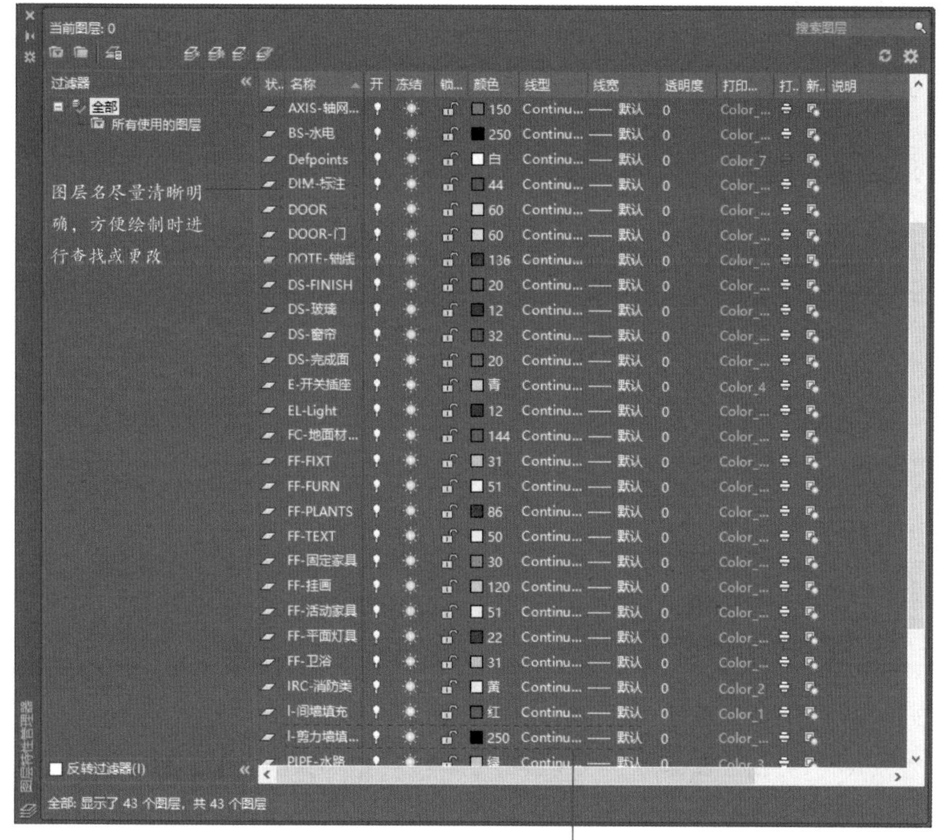

线型、颜色和图层的设置应该同步，打印时会更加清楚

思考与巩固

1.AutoCAD 中可以进行哪些工作？

2. 如何修改 AutoCAD 中的界面？

3. 图层设置应该注意些什么？

三、常用制图符号与图例

学习目标	本小节重点讲解设计制图中常用的制图符号及图例。
学习重点	了解制图符号与图例的分类以及作用。

1 室内设计制图的符号设置

（1）立面索引符号

①概念：立面索引符号是用于在平面图中对各立面做出标注的索引符号。

上半圆内的符号，表示立面编号，采用大写英文字母表示。

下半圆内的数字表示楼层层数及立面所在的图纸号。

上下半圆以一过圆心的水平直线分界。

三角所指方向为立面图投视方向。

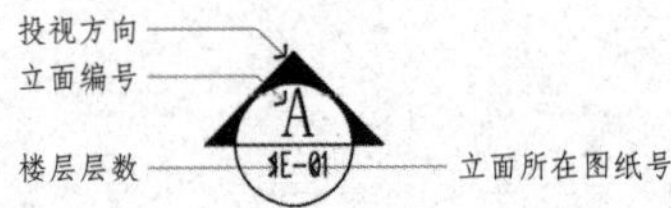

②三角方向随立面投视方向而变，但圆中水平直线、数字及字母，永不变方向。

上下圆内表述内容不能颠倒。

③立面编号宜按顺时针顺序连续排列，且可以数个立面索引符号组合成一体。

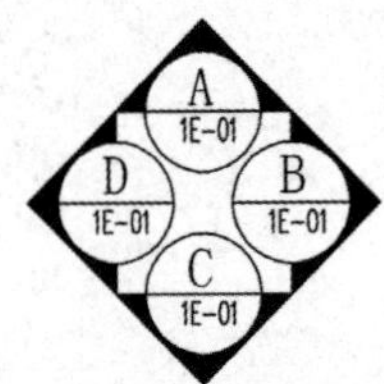

（2）平面剖切索引符号

①概念：用于平面图内针对立面索引的起止点或剖断立面图的剖切起止点的表示。

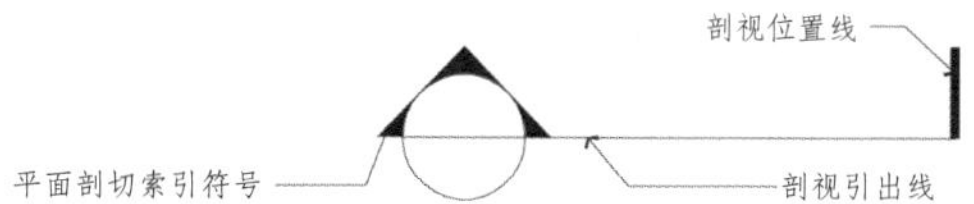

②平面剖切索引符号上半圆标注剖切编号，以阿拉伯数字表示，下半圆标注被剖切的图样所在的图纸号。

上下半圆表述内容不能颠倒，而且三角箭头所指方向即剖视方向。

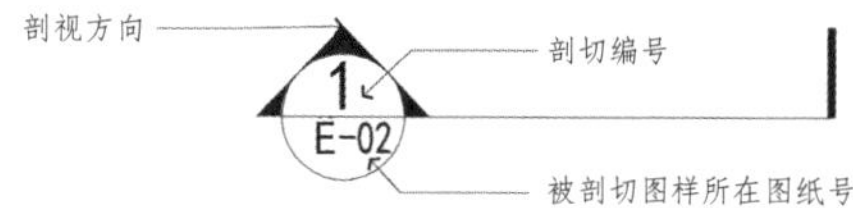

③下图表示转折的剖切索引符号，转折位置即转折剖切线位置。

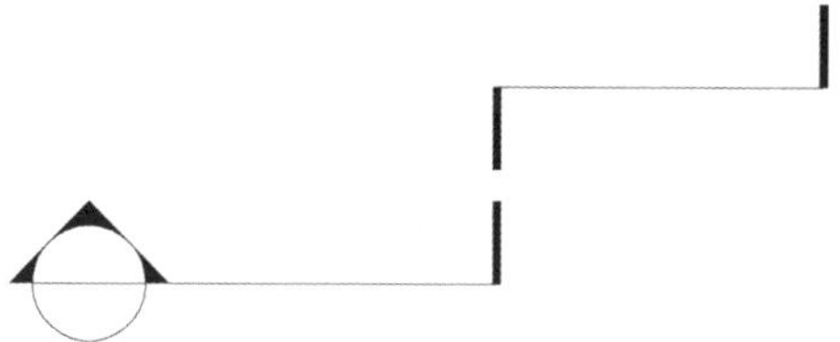

（3）节点剖切索引符号

①概念：为了更清楚地表达出平、顶、剖、立面图中的某一局部或构件，需另见详图，以节点剖切索引符号来表达。剖切索引符号即“索引符号＋剖切符号”。

②索引符号以细实线绘制，上半圆内的阿拉伯数字表示节点详图编号，下半圆中的编号表示节点详图所在的图纸号。

若被索引的详图与被索引的部分在同一张图纸上，可在下半圆用一段宽度为 1mm，长度为 5mm 的水平粗实线表示。索引符号的三角箭头方向为剖视方向。

③被剖切的部位应该用粗实线绘制出剖切位置线。

用细实线绘制出剖切引出线，引出索引符号，且引出线与剖切位置线平行，表示剖切后的投视方向，即由位置线向引出线方向剖视，并同索引符号的三角箭头同视向。

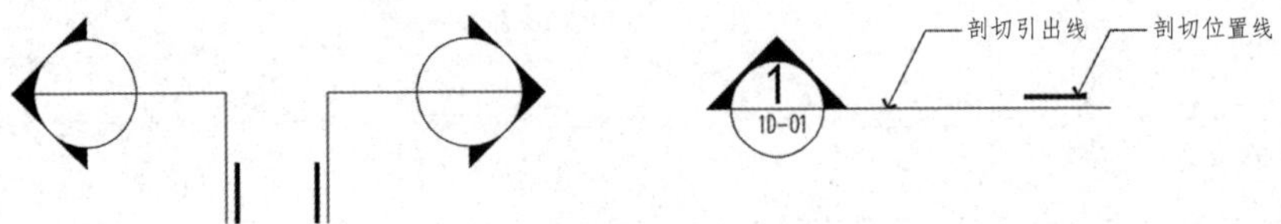

（4）大样图索引符号

①概念：为了进一步表明图样中某一局部，需引出后放大，另见详图，以大样图索引符号来表达。大样图索引符号由“大样符号 + 引出符号”构成。

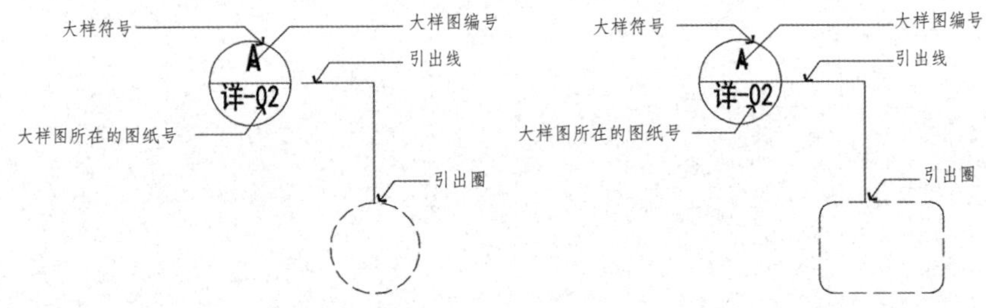

②引出符号由引出圈和引出线组成。

③引出圈以细虚线圈出需被放大的大样图范围，范围较小的引出圈以圆形虚线绘制，范围较大的引出圈以倒圆角的矩形绘制，引出圈需将被引出的图样范围完整地圈入其中。

④大样符号与引出线用细实线绘制。

⑤大样符号上半圆中的大写英文字母表示大样图编号，下半圆中的阿拉伯数字表示大样图所在的图纸号。

⑥若被索引的大样图与被索引的部分在同一张图纸上，可在下半圆中用一条宽为 1mm，长度为 5mm 的水平粗实线表示。

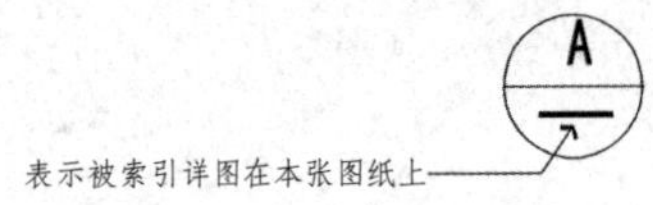

（5）图号

①概念：图号是被索引出来表示本图样的标题编号。

②图号类别范围如下。

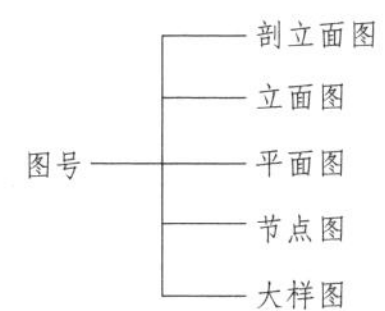

③图号由图号圆圈、编号、平行水平直线、图名图别、图类及比例读数共同组成。

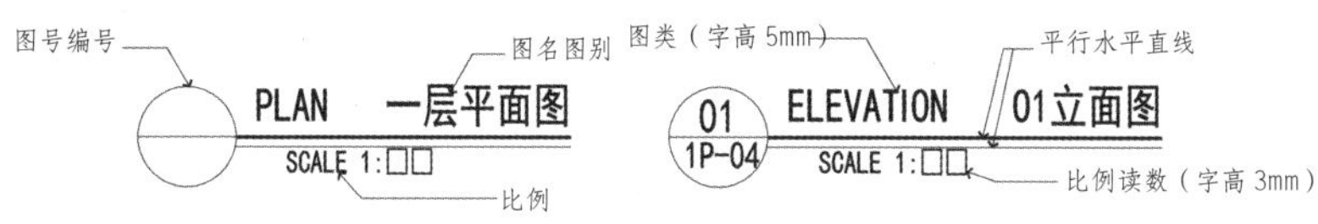

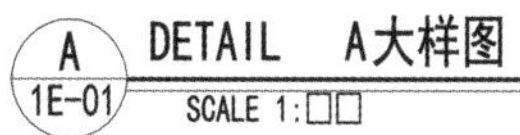

④图号水平直线上端注明图号名称或图别。水平直线下端注明比例读数。

（6）材料索引符号

①概念：材料索引符号用于表达材料的类别及编号，以矩形细实线绘制。

②符号内的文字由大写英文字母及阿拉伯数字共同组成，英文字母代表材料大类，后缀阿拉伯数字代表该类别内的某一材料编号。

③材料的引出由材料索引符号与引出线共同组成。

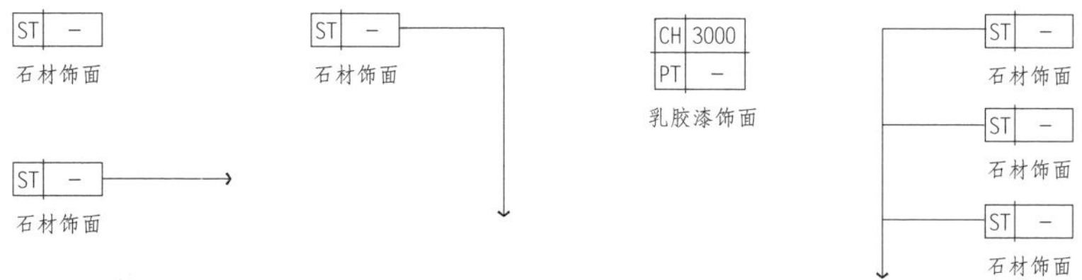

物料（材料）代号					
CT	瓷砖	ST	石材饰面	HW	五金洁具
CA	地毯饰面	UP	软包	AA	挂画或装饰品
GL	玻璃或镜子	WC	墙纸饰面	PL	绿化
GYP	石膏板	WD	木饰面	CU	窗帘
LP	防火胶板	GF	金银箔	L	灯
MT	金属饰面	AL	亚克力		
PT	涂料	SC	软膜		

（7）家具索引符号

①概念：家具索引用于表达家具的类别及具体编号，以细实线绘制。

②符号内文字由大写英文字母及阿拉伯数字共同组成，右半部分为阿拉伯数字，表示某一家具的编号，左半部分为英文字母，表示某一家具类别。

③家具的引出由家具索引符号和引出线共同组成。

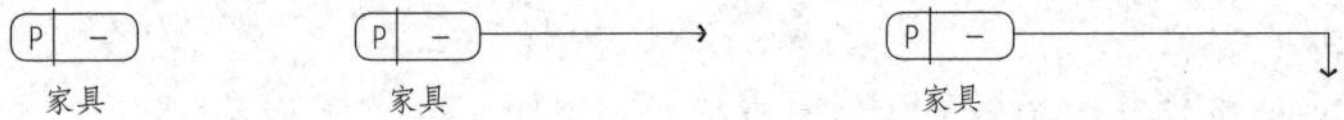

（8）引出线

①为了保证图样清晰、有条理，对各类索引符号、文字说明采用引出线来连接。

②引出线为细实线，可水平引出、垂直引出、45° 斜线引出。

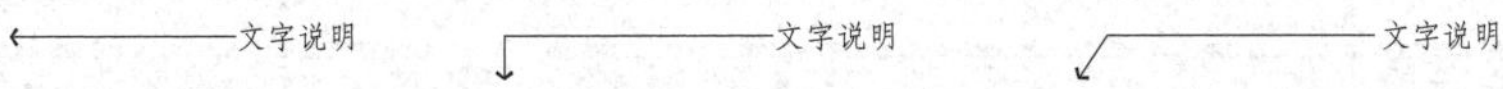

③引出线同时索引几个相同部分时，各引出线应互相保持平行。

④多层结构的引出线必须通过被引的各层，并保持垂直方向，文字说明的次序应与构造层次一致：由下而上、由左至右。

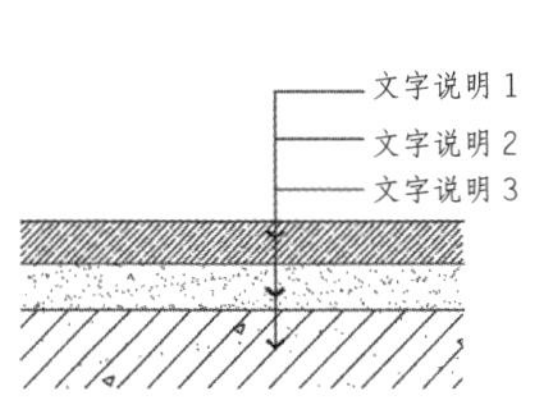

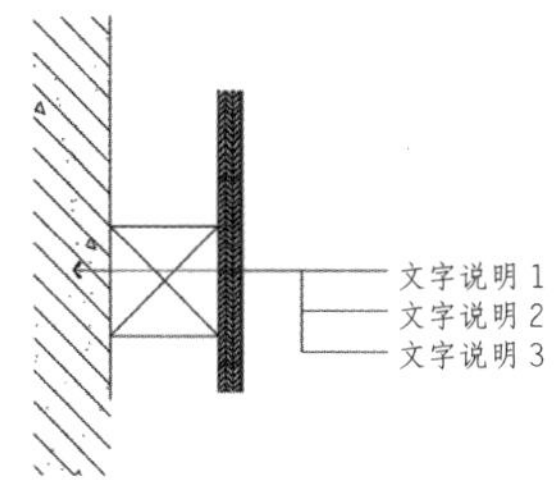

(9) 中心对称符号

①概念：中心对称符号表示图样中心对称。

②中心对称符号由对称号和中心对称线组成，对称号以细实线绘制，中心对称线以细点划线表示，其尺寸如图所示。

③当所绘对称图样，需表达出断面内容时，可以中心对称线为界，一半画出外形图样，一半画出断面图样。

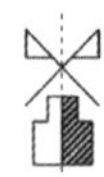

(10) 折断线

①概念：当所绘图样因图幅不够，或因剖切位置不必画全时，采用折断线来终止画面。

②折断线以细实线绘制，且必须经过全部被折断的画面。

③圆柱断开线：圆形构件需要用曲线来折断，如图所示。

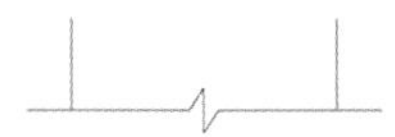

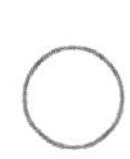

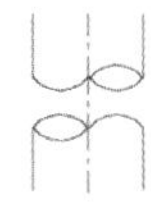

(11) 标高符号

①概念：标高符号是表示建筑高度的一种尺寸形式。

②标高数字以“m”为单位，注写到小数点后三位。

③零点标高注写成 ±0.000，正数标高不注“+”，负数标高应注“−”。

④立面从地面完成面到上为固定标高，以完成面为基准，零点标高注写成 ±0.000。

(12)轴线符号

①概念：轴线符号是施工定位、放线的重要依据，由定位轴线与轴号圈共同组成。

②平面图定位轴线的编号在水平向采用阿拉伯数字，由左向右注写，在垂直向采用大写英文字母，由下向上注写（不得使用 I、O、Z 三个字母）。

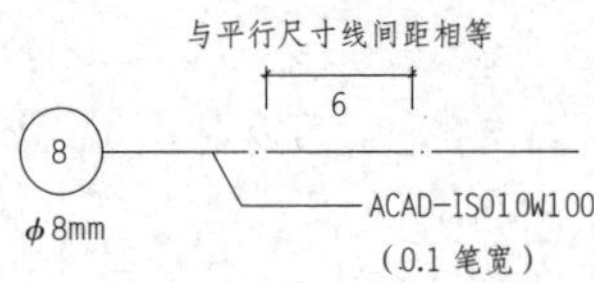

(13)转角符号

①概念：当一个空间的立面图分幅绘制不能完整地表达出设计想法时，就只能通过绘制立面展开图的形式将立面完整化，这就需要在绘制完成的立面图中使用转角符号来表示立面之间的转折关系。

②转角符号用于表示立面的转折，同时也可以标注相应的转折角度或者转折的深度。

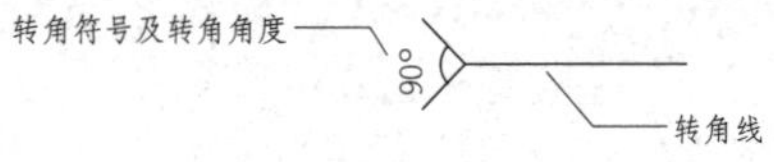

↑转角符号的形式

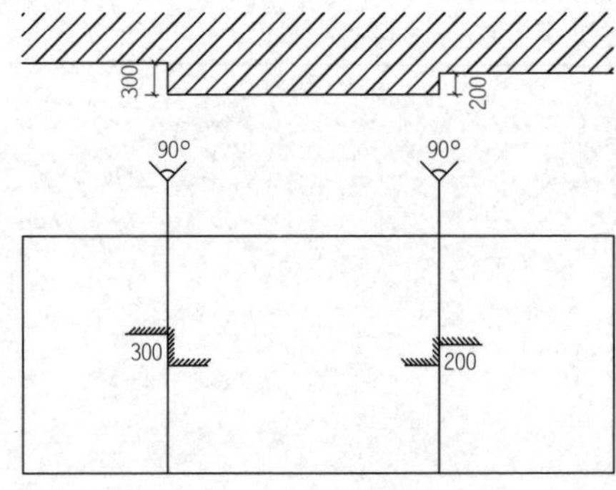

↑立面 90° 转折（mm）

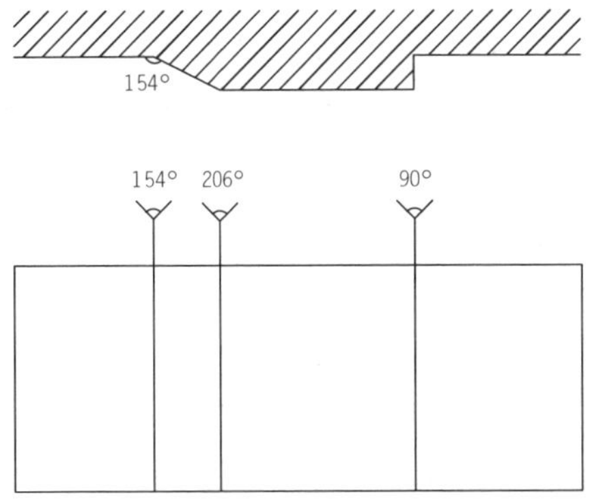

↑立面多种角度转折

（14）指北针

指北针用于表示当前建筑的朝向。

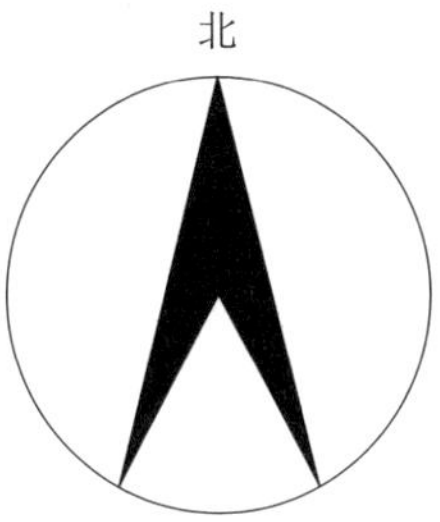

2 室内设计制图的文字设置

（1）平面布置图的文字

在平面布置图中标识文字可清楚地了解每一个单位空间的用途，然而若文字放置不当及因比例上的不同使文字过大，从而干扰到平面图配置的整体设计，或者因文字过小而无法明确得知空间的作用及功能，这些都会给设计造成困扰。因此，妥善管理平面布置图的文字是影响最终出图好坏的关键因素之一。

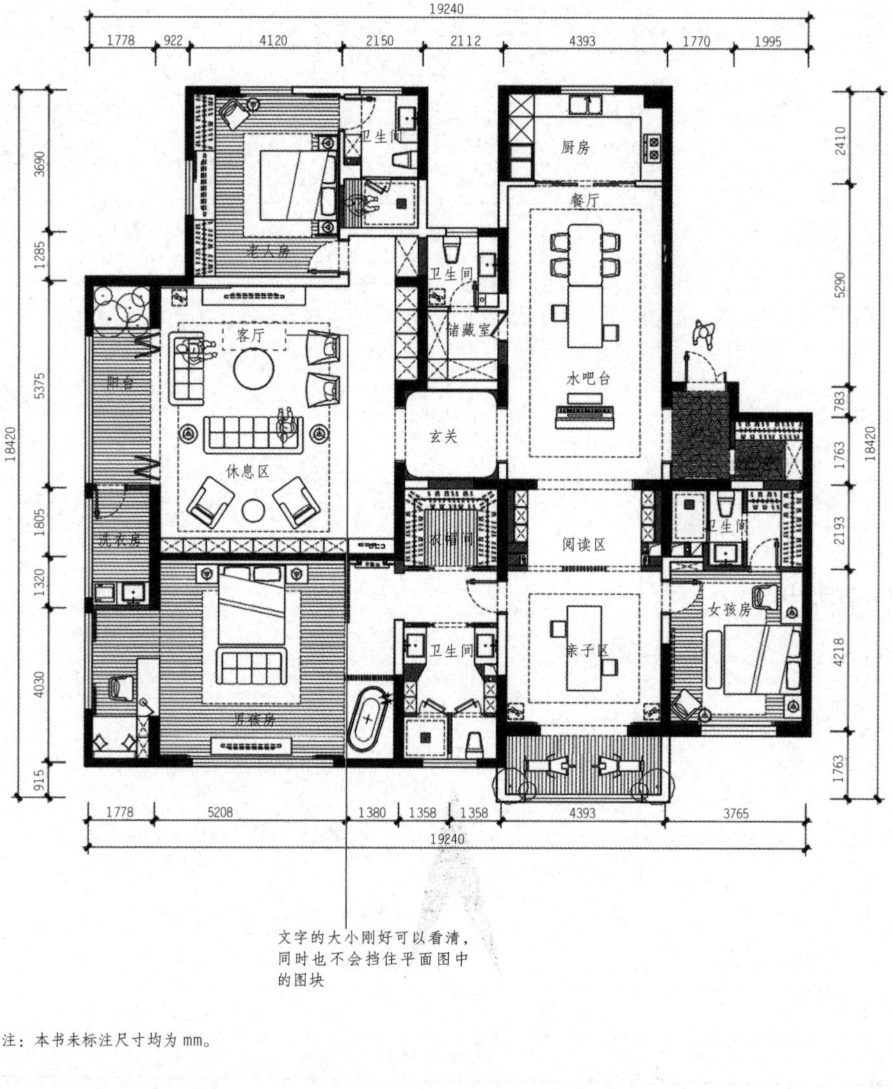

文字的大小刚好可以看清，同时也不会挡住平面图中的图块

注：本书未标注尺寸均为mm。

（2）文字的大小设置

以文字的大小来说，因平面布置图的比例不同，相对文字的大小也有所不同，而在一张平面布置图里也要界定文字的不同，如标题文字会比较大，其他的空间名称及内文的文字会比标题文字小。

（3）文字位置及中英文

①在每个空间配置上，通常会将文字放在单一空间的空白处，但就平面布置图的整体而言，文字若没有水平及垂直排列，或压在布置图的图块上，就会呈现杂乱无章的感觉，使平面图感觉不协调，或影响到图块物体的独立性。

扫码即可获得常用空间的中英文对应名称及简写

因此，当平面布置图完全绘制好后，可再进行文字位置的微调，让文字与文字间尽量能水平及垂直排列，减少对平面布置图的影响。

②平面布置图应用的文字有两种，分别为中文及英文。对于要不要使用英文并没有明确规定，但是对接国内公司必须要使用中文，如果对接境外公司就要使用英文，所以最终依据公司所对接的甲方而定。

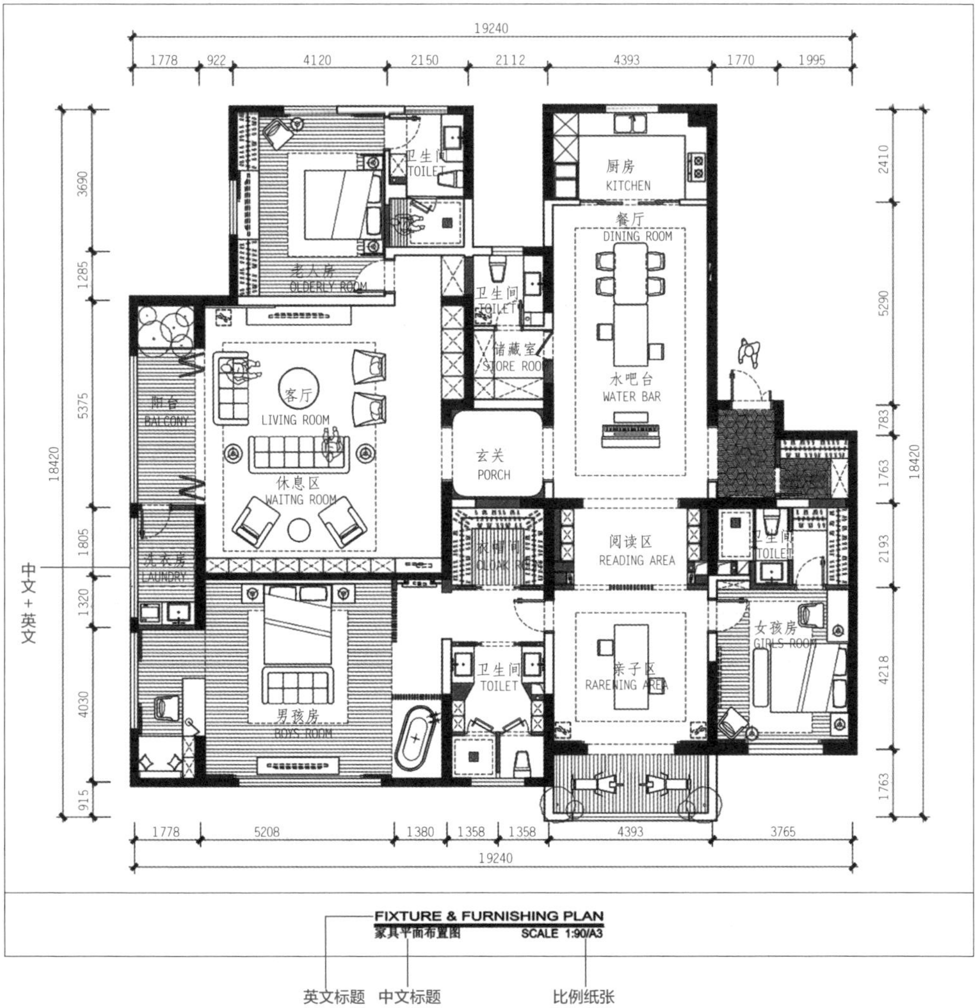

中文+英文

FIXTURE & FURNISHING PLAN
家具平面布置图　SCALE 1:90/A3

英文标题　中文标题　比例纸张

3 常用的材料图例

扫码即可获得材料图例电子文件

室内设计图中经常应用材料图例来表示材料，在无法用图例表示的地方，也可采用文字说明，可以让不同位置的材料更加清晰、明确，以下是常见的材料图例。

平面类		立面类		剖面类	
材料类型	材料图例	材料类型	材料图例	材料类型	材料图例
瓷砖		木饰板		混凝土	
马赛克		镜子或玻璃		钢筋混凝土	
石材		镜面高光		细木工板	
木地板		镜面不锈钢		胶合板	
地毯		金属		中密度纤维板	
防静电地板		塑料亚克力		多层板	
地胶地板		蜂窝马赛克		木质	
地坪漆		石材		金属	
承重墙体		编织物		石材	
新建砖砌隔墙		乳胶漆		瓷砖	
新建轻钢龙骨隔墙		软包或硬包		海绵	
新建轻质砖隔墙		墙纸或墙布		玻璃	
拆除墙体		天花内部填充		密封胶	

4 符号及文字规范参考表

平面剖切索引符号			
剖面号 1 P-01 剖面所在图的图号			
尺寸（A0、A1、A2）		尺寸（A3、A4）	
1 P-01 ø14mm 10 1.5		1 P-01 ø12mm 10 1	
字高	字体	字高	字体
上半圆：5mm	简宋	上半圆：4mm	简宋
下半圆：3mm	简宋	下半圆：2.5mm	简宋
立面索引符号			
立面号 A IE-01 立面所在图的图号 A B C D IE-01			
尺寸（A0、A1、A2）		尺寸（A3、A4）	
A IE-01 ø14mm A B C D IE-01		A IE-01 ø12mm A B C D IE-01	
字高	字体	字高	字体
上半圆：5mm	简宋	上半圆：4mm	简宋
下半圆：3mm	简宋	下半圆：2.5mm	简宋
节点剖切索引符号			
节点号 1 IS-01 节点所在图的图号			
尺寸（A0、A1、A2）		尺寸（A3、A4）	
1 ø14mm 10 5 1.5		1 ø12mm 10 5 1.5	
字高	字体	字高	字体
上半圆：5mm	简宋	上半圆：4mm	简宋
下半圆：3mm	简宋	下半圆：2.5mm	简宋

续表

大样索引符号			
 A ID-01 详图号 详图所在图的图号			
尺寸（A0、A1、A2）		尺寸（A3、A4）	
 A 线型比例为0.00011 R3 2 5 ø14mm		 A 线型比例为0.00011 R3 2 5 ø12mm	
字高	**字体**	**字高**	**字体**
上半圆：5mm	简宋	上半圆：4mm	简宋
下半圆：3mm	简宋	下半圆：2.5mm	简宋
平面图号			
 01 1P-01 PLAN 一层平面图 SCALE 1:100			
尺寸（A0、A1、A2）		尺寸（A3、A4）	
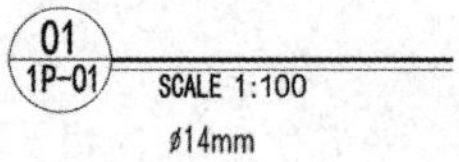 01 1P-01 SCALE 1:100 ø14mm		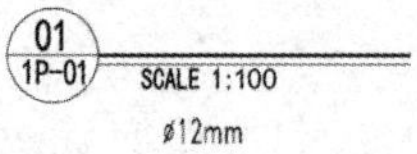 01 1P-01 SCALE 1:100 ø12mm	
字高	**字体**	**字高**	**字体**
编号：8mm	简宋	编号：7mm	简宋
图名：中文5mm，英文3mm	粗黑	图名：中文5mm，英文2.5mm	粗黑
比例：4mm	简宋	比例：3mm	简宋
立面图号			
 01 1P-04 ELEVATION 立面图 SCALE 1:30			
尺寸（A0、A1、A2）		尺寸（A3、A4）	
 01 1P-04 SCALE 1:30		 01 1P-04 SCALE 1:30	
字高	**字体**	**字高**	**字体**
编号：8mm	简宋	编号：7mm	简宋
图名：中文5mm，英文3mm	粗黑	图名：中文5mm，英文2.5mm	粗黑
比例：4mm	简宋	比例：3mm	简宋

续表

剖立面图号			
 01 1P-04 SECTION 剖立面图 SCALE 1:10			
尺寸（A0、A1、A2）		尺寸（A3、A4）	
 01 1P-04 SCALE 1:10		 01 1P-04 SCALE 1:10	
字高	**字体**	**字高**	**字体**
编号：8mm	简宋	编号：7mm	简宋
图名：中文 5mm，英文 3mm	粗黑	图名：中文 5mm，英文 2.5mm	粗黑
比例：4mm	简宋	比例：3mm	简宋
大样图、节点图号			
 01 1E-01 DETAIL 大样图 SCALE 1:2			
尺寸（A0、A1、A2）		尺寸（A3、A4）	
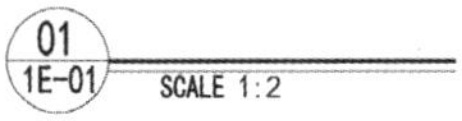 01 1E-01 SCALE 1:2		 01 1E-01 SCALE 1:2	
字高	**字体**	**字高**	**字体**
编号：8mm	简宋	编号：7mm	简宋
图名：中文 5mm，英文 3mm	粗黑	图名：中文 5mm，英文 2.5mm	粗黑
比例：4mm	简宋	比例：3mm	简宋
图标符号			
□□图 SCALE: 1:2			
尺寸（A0、A1、A2）		尺寸（A3、A4）	
 1.5 1.5 SCALE: 1:2		 1 1 SCALE: 1:2	
字高	**字体**	**字高**	**字体**
图名：6mm	粗黑	图名：5mm	粗黑
比例：4mm	简宋	比例：3mm	简宋
材料索引符号			
 ST -			
尺寸（A0、A1、A2）		尺寸（A3、A4）	
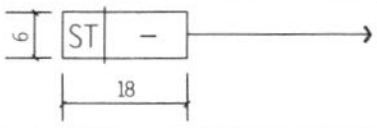 6 ST - 18		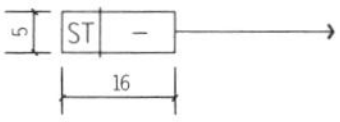 5 ST - 16	
字高	**字体**	**字高**	**字体**
4mm	简宋	3mm	简宋

续表

灯光、灯饰索引符号			
 LT-02			
尺寸（A0、A1、A2）		尺寸（A3、A4）	
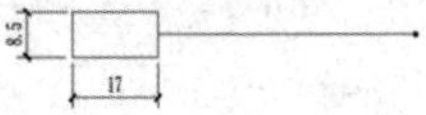 8.5 / 17		 7.5 / 15	
字高	字体	字高	字体
4mm	简宋	3mm	简宋
家具索引符号			
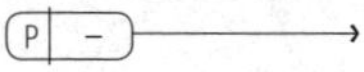 P －			
尺寸（A0、A1、A2）		尺寸（A3、A4）	
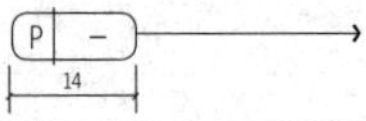 P － / 14		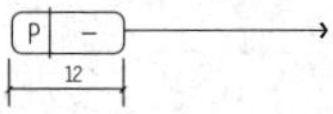 P － / 12	
字高	字体	字高	字体
上部：5mm	简宋	3mm	简宋
中心对称符号 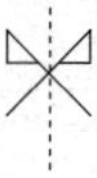			
尺寸（A0、A1、A2）		尺寸（A3、A4）	
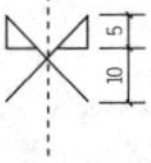 5 / 10		同（A0、A1、A2）	
折断线符号 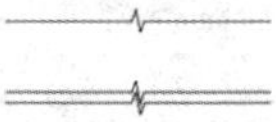			
尺寸（A0、A1、A2）		尺寸（A3、A4）	
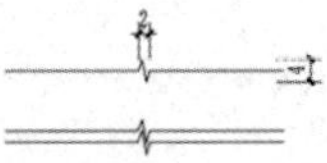 2 / 4		同（A0、A1、A2）	
引出线符号 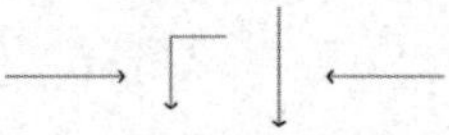			
尺寸（A0、A1、A2）		尺寸（A3、A4）	
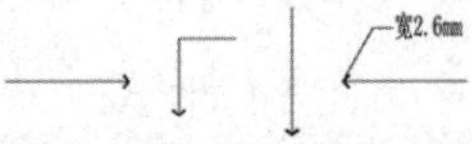 宽2.6mm		同（A0、A1、A2）	
修订云符号			
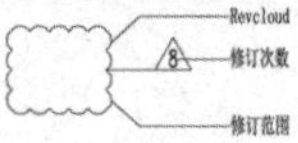 Revcloud / 8 修订次数 / 修订范围			

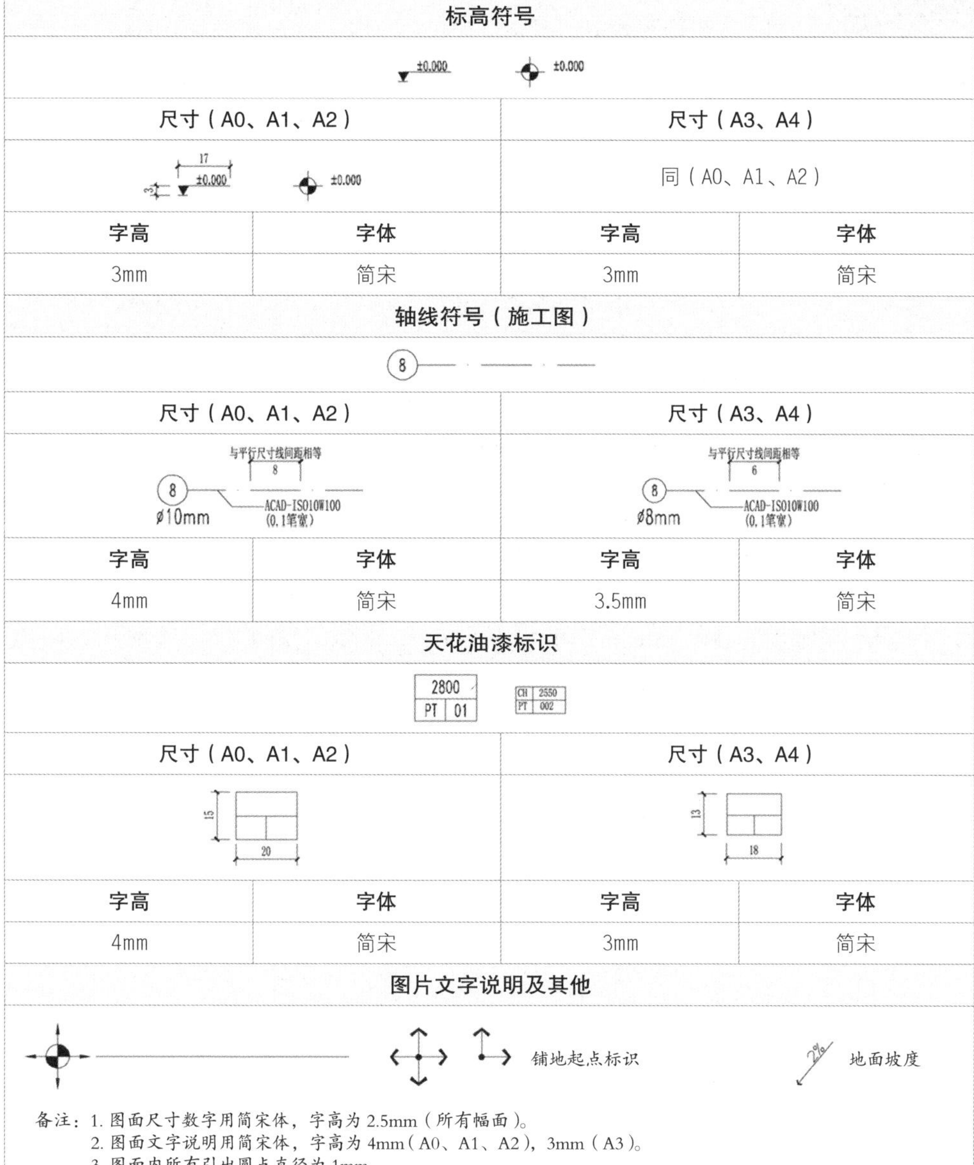

标高符号			
±0.000　±0.000			
尺寸（A0、A1、A2）		尺寸（A3、A4）	
17　3　±0.000　±0.000		同（A0、A1、A2）	
字高	字体	字高	字体
3mm	简宋	3mm	简宋
轴线符号（施工图）			
8			
尺寸（A0、A1、A2）		尺寸（A3、A4）	
与平行尺寸线间距相等　8　ACAD-ISO10W100（0.1笔宽）　ø10mm		与平行尺寸线间距相等　6　ACAD-ISO10W100（0.1笔宽）　ø8mm	
字高	字体	字高	字体
4mm	简宋	3.5mm	简宋
天花油漆标识			
2800 PT 01　CH 2550 PT 002			
尺寸（A0、A1、A2）		尺寸（A3、A4）	
15　20		13　18	
字高	字体	字高	字体
4mm	简宋	3mm	简宋
图片文字说明及其他			
铺地起点标识　2%　地面坡度			

备注：1. 图面尺寸数字用简宋体，字高为 2.5mm（所有幅面）。
2. 图面文字说明用简宋体，字高为 4mm（A0、A1、A2），3mm（A3）。
3. 图面内所有引出圆点直径为 1mm。
4. 当英文字母单独用作代号或符号时，不得使用 I、O、Z 三个字母，以免同阿拉伯数字 1、0、2 相混淆。
5. 表示数量的数字应用阿拉伯数字及后缀度量衡单位，如：三千五百毫米应写成 3500mm，三百二十五吨应写成 325t，5 厚玻璃应写成 t=5mm 玻璃。
6. 表示分数时，不得将数字与文字混合书写，如四分之三应写成 3/4，不得写成 4 分之 3，百分之三十五应写成 35%，不得写成百分之 35。

思考与巩固

1. 不同的制图符号代表着什么意思？

2. 常用的图例有哪些？

四、图纸打印与出图

学习目标	本小节重点讲解图纸的打印与出图。
学习重点	了解图纸打印时，线宽的设置以及出图时的基础设置。

1 线型宽度的设置原理

根据本章图纸规范中的内容可知，线型是有粗细要求的。此要求的目的是保证图纸的清晰性、准确性和美观性，其粗细的规定可参考以下案例。以单一空间的等角示意图为例（如下图），出现在示意图中的物体有地板、墙、衣柜、书桌＋矮书柜、吊柜、椅子、窗户等。当在高度 120~150cm 处平剖时，则平剖到的物体为墙、衣柜、窗户，应用在平面布置图上均属于粗（重）线；而没有平剖到的物体为书桌＋矮书柜、椅子、地板，应用在平面布置图上按照远近选择中及细线。超过高度 120~150cm 平剖范围以外的物体为吊柜，则在平面布置图上应以虚线表示，其主要目的是避免影响高度 120~150cm 平剖范围以内的物体线条的存在。

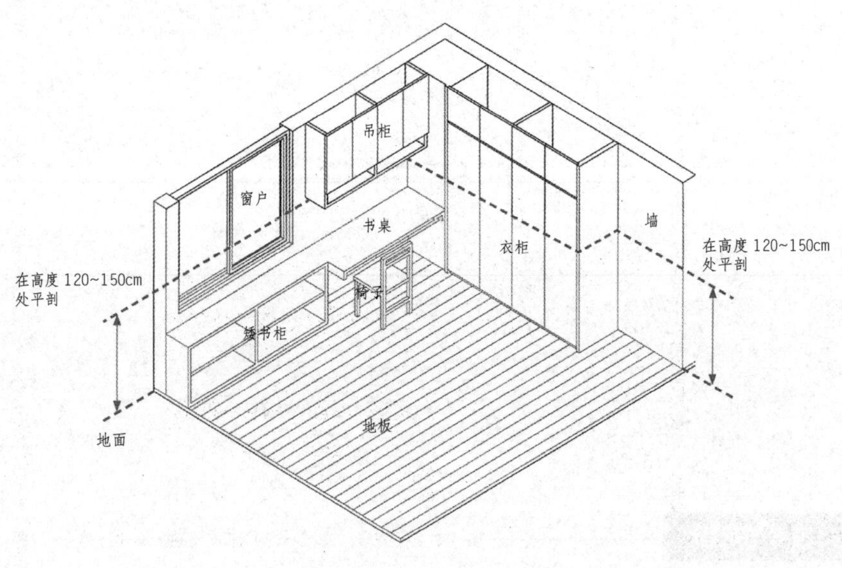

↑卧室空间的等角示意图

因此，物体的远近深浅及剖切高度十分重要，它影响了后续的图层设置、出图笔宽设置以及图块的构建，它们也会直接影响到图纸的准确性。

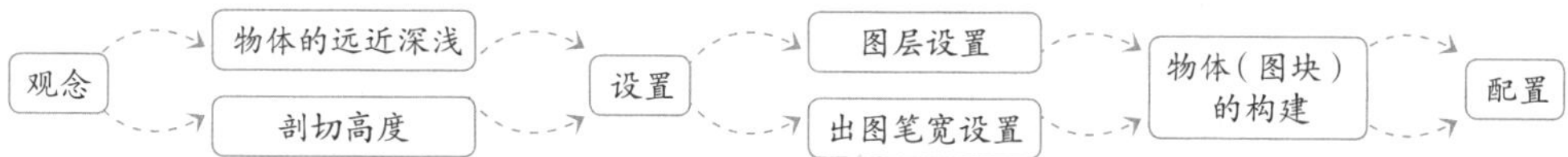

2 线型宽度（笔宽）的设置方式

线型颜色设置犹如使用一盒彩色笔，共有 255 色，每一个颜色都有其独立的编号，如下图虚线范围内的“红色”，其编号为“1”，而黄色为编号“2”。其中 1~9 号笔的颜色为 AutoCAD 的基本颜色，它们是设置出图笔宽的主要颜色，也就是说一盒彩色笔只有 1~9 号笔的颜色常常拿来画图，若画到不一样的或特殊的物体，则再使用其他 10~255 号笔的颜色，这样就可以区分 1~9 号笔与 10~255 号笔在图纸上 (AutoCAD 的桌面）的显示，而 10~255 号笔的颜色通常是在绘制系统图（指弱电、给排水、空调、天花板的灯具等图）时使用。

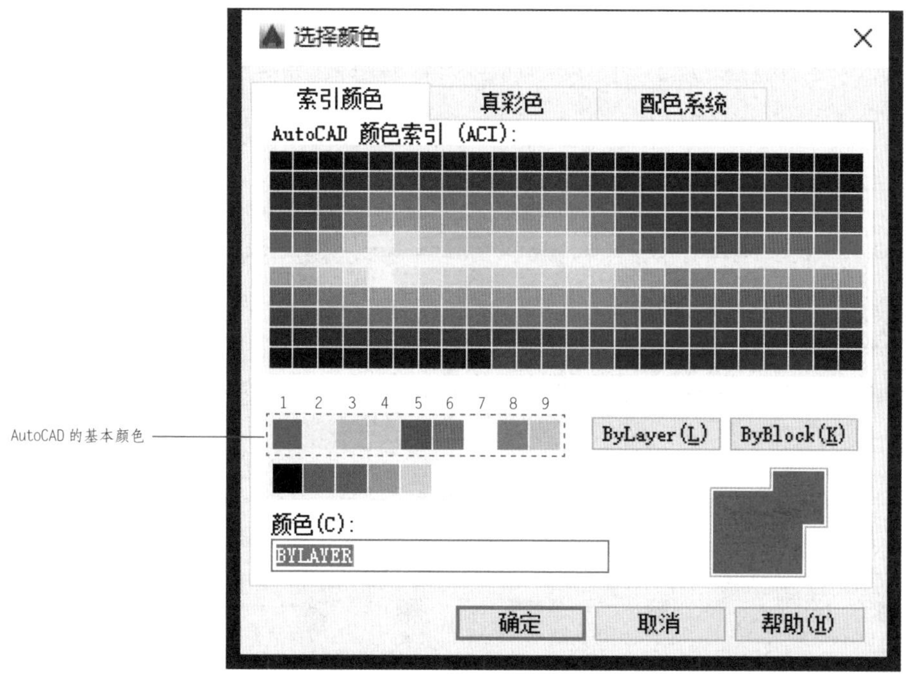

因为 1~9 号笔的颜色是最常使用的，所以，一般以 1~9 号笔作为线条粗细的主要设置范围。按照 1~9 号笔的顺序设置粗→中→细的笔宽，如果有图面不同比例的需要，可由 1~9 号彩色笔再建多个粗细略有不同的彩色笔，但仍要维持 1~9 号笔的顺序，设置粗→中→细的笔宽。

举例来说，以编号“1”的红色笔为粗线，但针对不同的比例，若将红色笔的粗细设置为 0.3~0.4，仍必须是彩色笔盒里最粗线条的笔。而之所以要针对不同比例设置不同的笔宽，是为了使笔的线条不会因为图面比例过大而显得太粗，因为使用太粗的线条笔宽组合，会让打印出来的图面线条黏在一起。因此，需以适合图面比例的出图笔宽出图打印，才不会发生线条不分明的状况。

按照这样的观念设置笔宽，在实际绘图时，虽然不同颜色的线条无法明确得知在出图打印时笔宽的数值，但可以知道，红色（1 号）的线条一定是最粗的线，依顺序可知，青色（4 号）笔线条一定比蓝色（5 号）笔线条还要粗一点，灰色（8 号）及浅灰色（9 号）一定用于绘制最细的线条。由上图的流程可知按照颜色顺序设置笔宽的方法。

3 有笔宽与无笔宽的范例对照

比较两张有无笔宽设置的平面布置图内的卫生间，可以看到淋浴间的线条明显不同。在未利用 AutoCAD 查询前，通过出图笔宽打印出来的图面，仍然可以用线条来辨别图面物体的高低；而无笔宽设置的玻璃淋浴隔间与淋浴间的小方格地面线，就无法达到这样的辨别程度，所以，设置出图笔宽是十分必要的。

↑ 有笔宽打印出图

淋浴间中的方格线由于线条粗细相同，都重合
在了一起，无法看清其中的分布

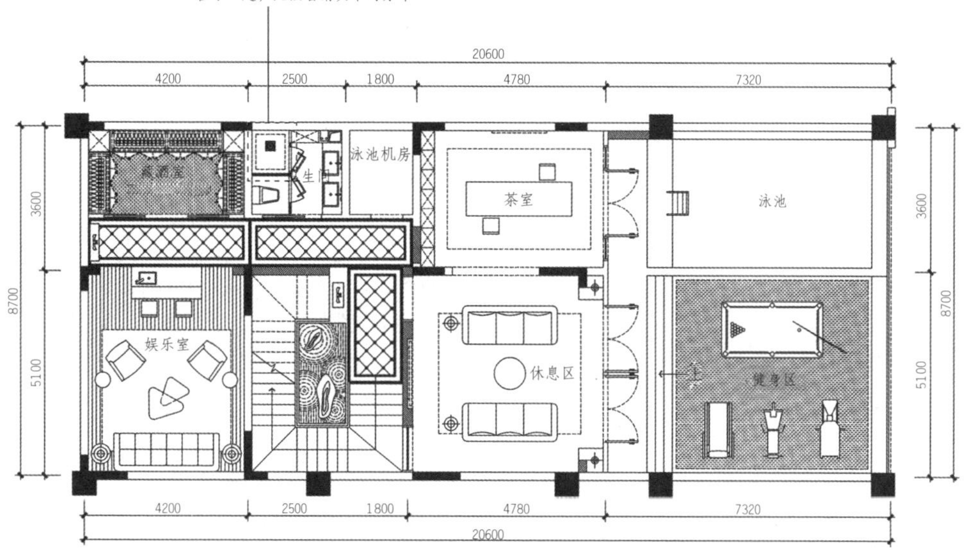

↑ 无笔宽打印出图

4 出图笔宽的设置方式

出图笔宽的设置在 CAD 中为打印设置。单击“打印”按钮则进入“打印”对话框，在对话框右上方有“打印样式表”下拉列表，其中会出现当前 CAD 所有的笔宽设置，下拉列表的最后为“新建”选项，单击“新建”选项进入样式表对话框，分别按照如下步骤进行设置。

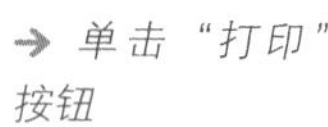

→ 单击“打印”按钮

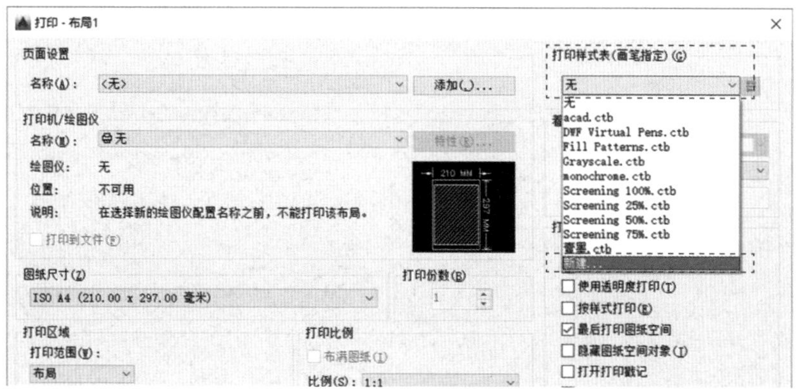

→ 单击“打印样式表”（画笔指定）下拉按钮，单击“新建”

添加颜色相关打印样式表 - 开始

开始
浏览文件
文件名
完成

本向导可从头创建颜色相关打印样式表，或者从在 PCP、PC2 或 R14 CFG 文件中输入设置。新打印样式表可指定给任何颜色相关的图形。

创建新打印样式表(S)
从头创建新的打印样式表。

使用 CFG 文件
输入自动保存在 CFG 文件中的 R14 笔设置。

使用 PCP 或 PC2 文件(P)
输入保存在 PCP 或 PC2 文件中的 R14 笔设置。

< 上一步(B)　下一步(N) >　取消

→ 选择“创建新打印样式表”单选按钮，再单击“下一步”按钮

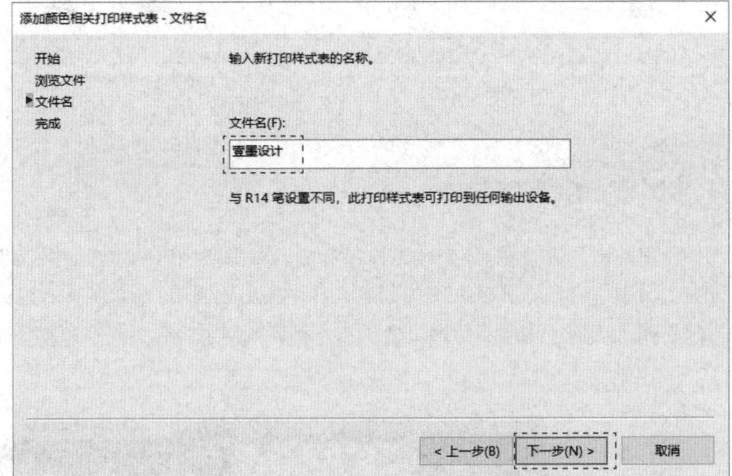

→ 输入文件名，再单击“下一步”按钮

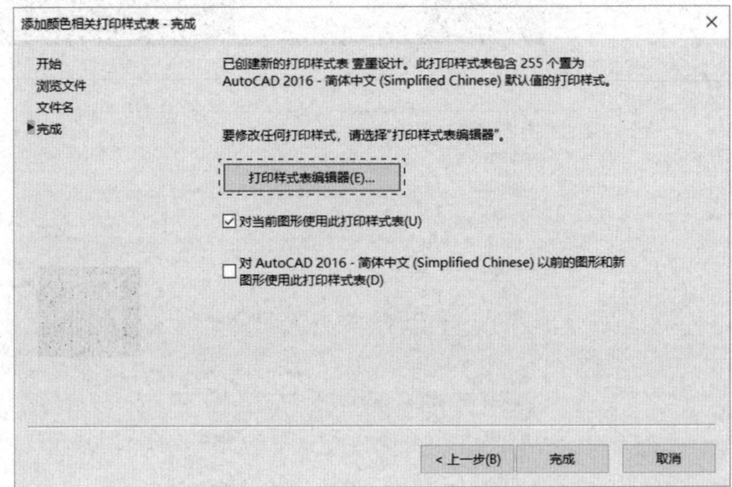

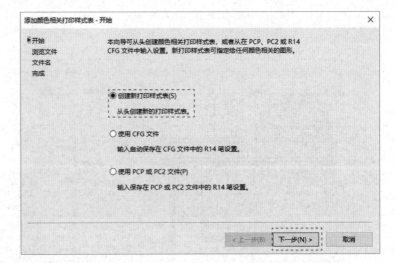

→ 单击“打印样式表编辑器”按钮，即可进入“打印样式表编辑器”的设置对话框，进行出图笔宽的设置

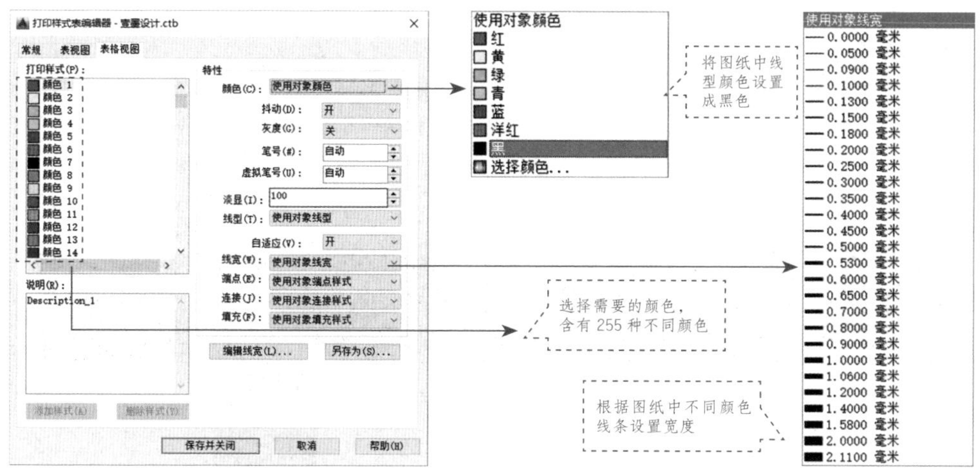

↑ *在“打印样式表编辑器”的设置对话框中，设置出图笔宽*

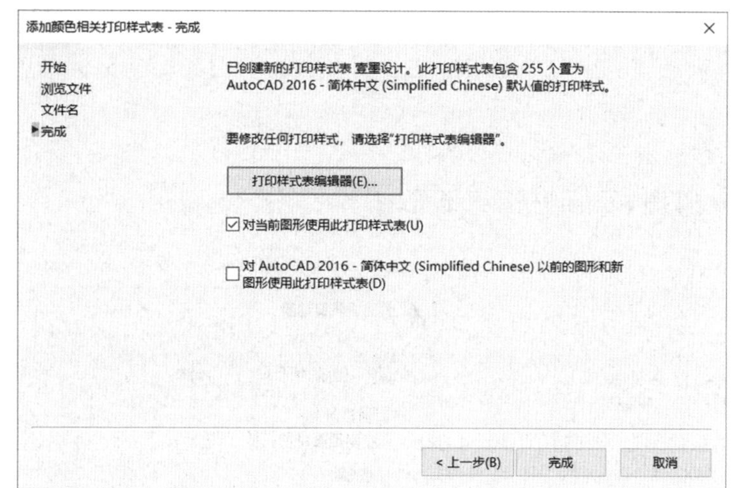

→ *单击“完成”按钮，就完成了新建出图笔宽的操作*

小贴士

大部分打印出来的室内设计图均以黑色线条显示，但也有例外，即系统图，可以将个别物体图例依颜色设置打印为彩色，这样就可以凸显其在系统图中的位置。

5 出图笔宽的修改方式

出图笔宽的修改方法为：在 CAD 快速访问工具栏里，单击“打印”按钮，则进入“打印”对话框，在对话框的右上方有“打印样式表（画笔指定）”选项组，选择要修改的样式，然后单击 壹墨.ctb 即可进入“打印样式表编辑器”对话框。修改完成后再单击“保存并关闭”按钮即可。

小贴士

建议利用“打印样式表编辑器”对话框修改出图笔宽，不要使用CAD特性工具栏的粗细列表进行设置（如下图），是因为这种笔宽设置只有绘图者知道，若别人接手此图，将无法得知笔宽粗细的设置值，从而增加修改图的难度。所以，通过“打印样式表编辑器”进行设置，所设的笔宽便于其他人知道，才能保证出图不易出现问题。

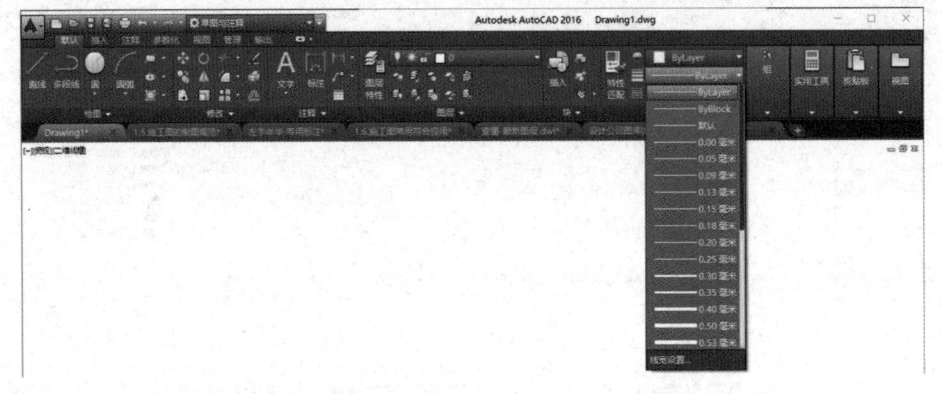

6 布局中页面设置及多张图纸打印

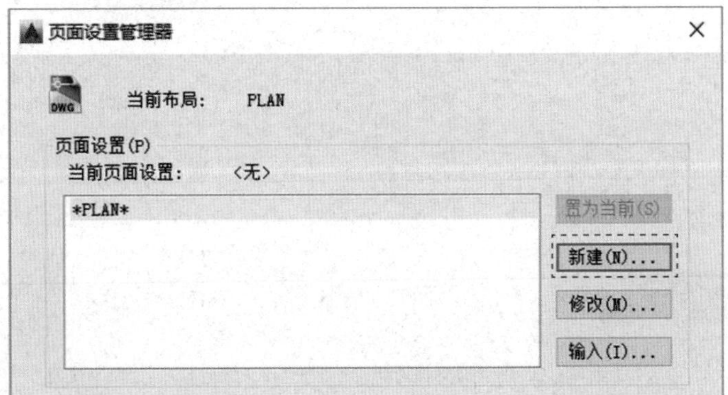

→ *在布局按钮上单击鼠标右键打开“页面设置管理器”，单击“新建”按钮*

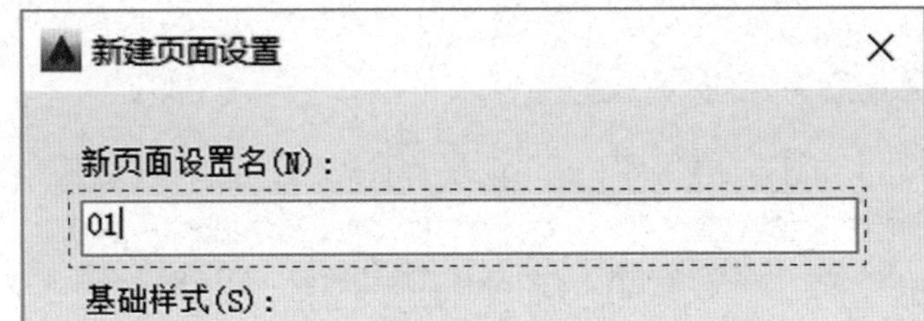

→ *新页面设置名为打印图纸顺序名*

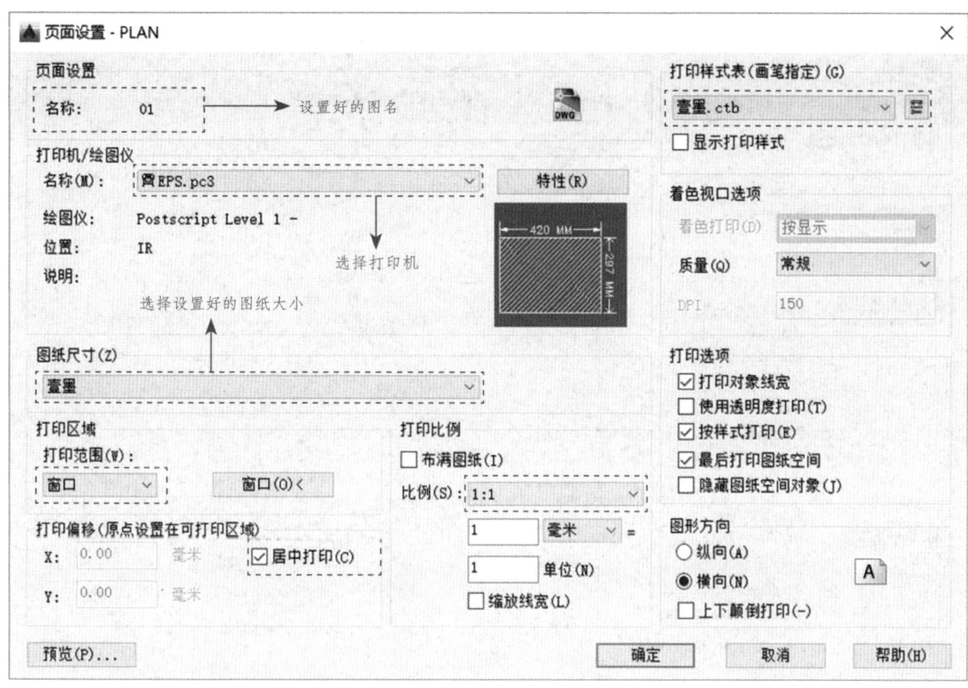

↑ 设置好打印出图的参数，然后单击“窗口”选择要打印的图纸，将所有要打印出图的图纸都以这样的方式先创建在页面设置中

7 混合打印设置应用

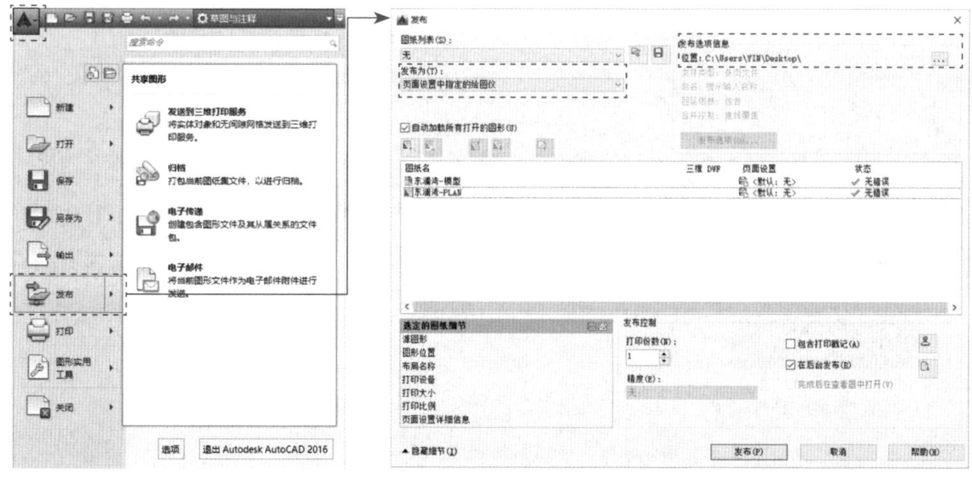

↑ 直接单击 CAD 图标下的“发布”按钮

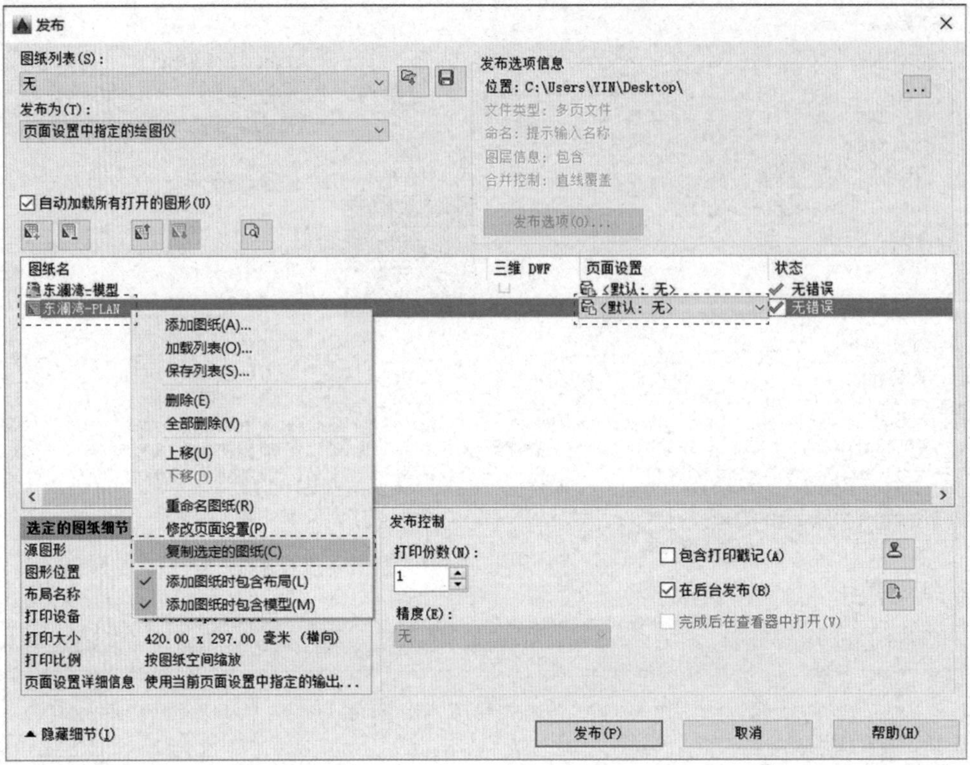

发布

图纸列表(S)：

无

发布为(T)：

页面设置中指定的绘图仪

发布选项信息

位置：C:\Users\YIN\Desktop\

文件类型：多页文件

命名：提示输入名称

图层信息：包含

合并控制：直线覆盖

发布选项(O)...

☑自动加载所有打开的图形(U)

图纸名	三维 DWF	页面设置	状态
东澜湾-模型		<默认：无>	无错误
东澜湾-PLAN		<默认：无>	无错误

添加图纸(A)...

加载列表(O)...

保存列表(S)...

删除(E)

全部删除(V)

上移(U)

下移(D)

重命名图纸(R)

修改页面设置(P)

复制选定的图纸(C)

添加图纸时包含布局(L)

添加图纸时包含模型(M)

选定的图纸细节

源图形

图形位置

布局名称

打印设备

打印大小　420.00 x 297.00 毫米（横向）

打印比例　按图纸空间缩放

页面设置详细信息　使用当前页面设置中指定的输出...

发布控制

打印份数(N)：1

精度(E)：无

☐包含打印戳记(A)

☑在后台发布(B)

完成后在查看器中打开(V)

隐藏细节(I)　发布(P)　取消　帮助(H)

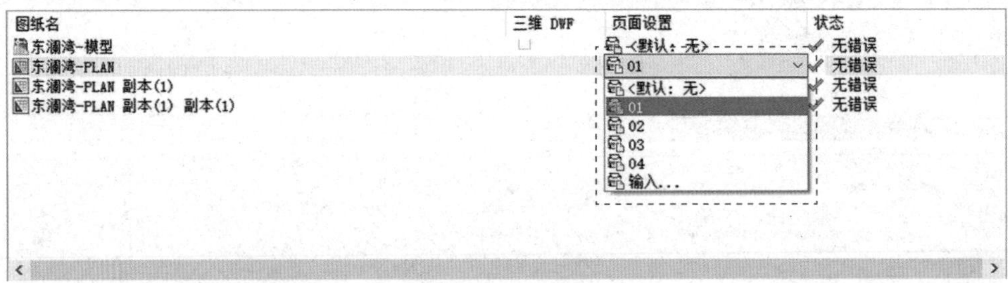

↑ *选择第二个布局空间的图纸，然后单击鼠标右键选择“复制选定的图纸”，根据要打印的图纸张数来复制最终个数，后面默认里面选择最开始新建的名称编号*

思考与巩固

1. 线宽应该如何设置？

2. 布局中的打印设置有什么技巧？应该如何设置？

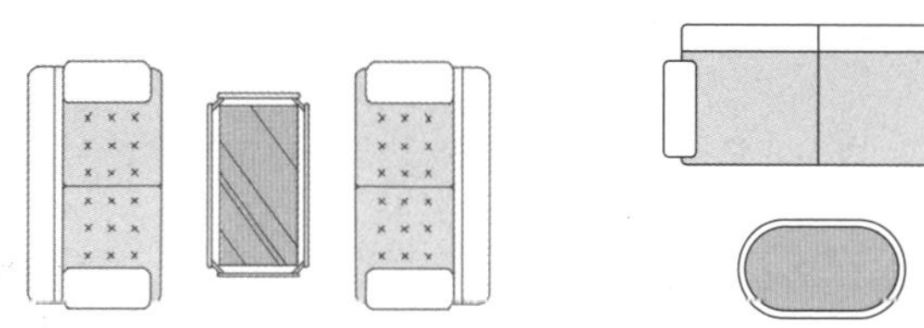

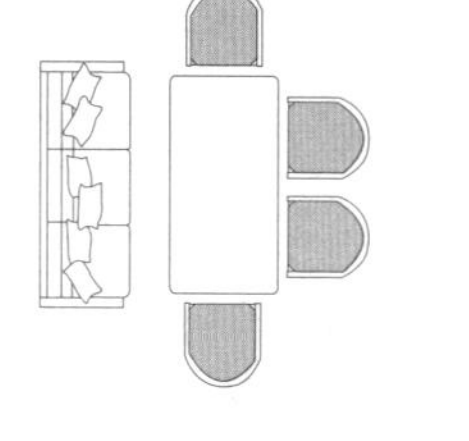

第三章 平面布置图的绘制方法

图块是平面布置图的重要组成部分，如何将不同的图块排列组合，同时还要符合不同功能空间的需求，是平面布置的重点。同时平面布置图的绘制也要注意人在空间中不同行为所需要的尺寸，以及整体空间的动线规划，以此达到高效、舒适的目的。

一、图块的绘制

学习目标	本小节重点讲解单体图块的绘制方法。
学习重点	了解图块的常用尺寸范围以及不同标识的意义。

1 平面布置图中的常用图块

平面布置图所使用到的既定图块有：活动家具、厨卫设备、家电设备等。需要现场制作的家具或设备不要使用图块，应根据户型、居住者的习惯进行绘制。

扫码即可获得常用图块 CAD 电子文件

（1）活动家具

沙发

绘制要点：

①一般沙发深度为 800~1000mm，而深度超过 1000mm 的多为进口沙发，并不适合东方人使用。
②单人沙发：宽度为 800~1000mm。
③双人沙发：宽度为 1500~2000mm。
④三人沙发：宽度为 2400~3000mm。
⑤ L 形沙发：单座延长深度为 1600~1800mm。

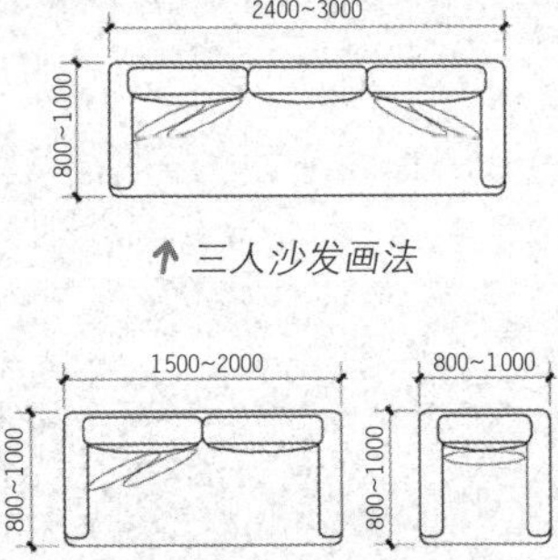

↑三人沙发画法

↑双人沙发画法 ↑单人沙发画法

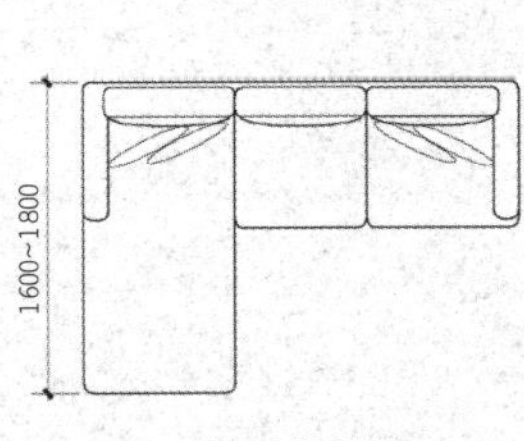

↑ L 形沙发画法

茶几

绘制要点：

茶几的尺寸有很多种，例如 450mm×600mm、500mm×500mm、900mm×900mm、1200mm×1200mm 等。当客厅的沙发配置确定后，才按照空间比例大小来决定茶几图块的形状并调整尺寸，这样不会让茶几在布置图上的比例过于奇怪。

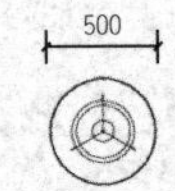

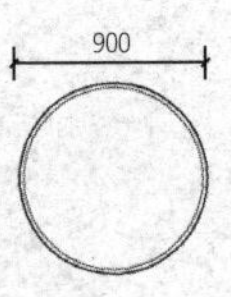

↑圆形茶几画法

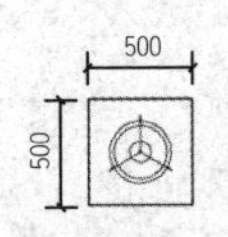

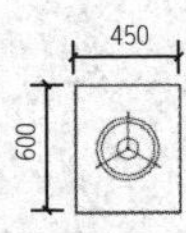

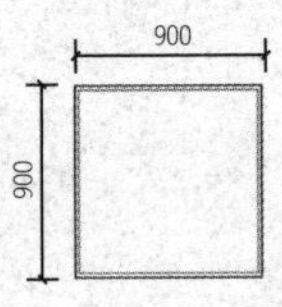

↑方形茶几画法

椅子

绘制要点：

①因造型不同，椅子尺寸有很多种，宽度为 400~800mm，深度为 370~800mm。

②椅子图块可以因使用空间的位置不同、空间不同而采用不同样式的图块配置。

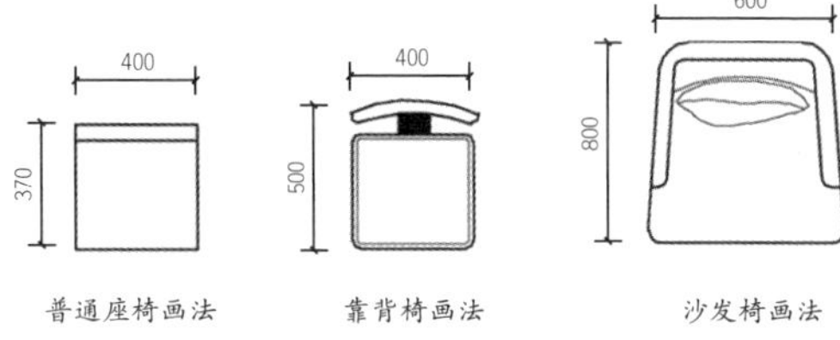

椅子的画法

床

绘制要点：

①单人床：如 1200mm×2000mm、1300mm×2000mm。

②双人床：如 1500mm×2000mm、1800mm×2000mm。

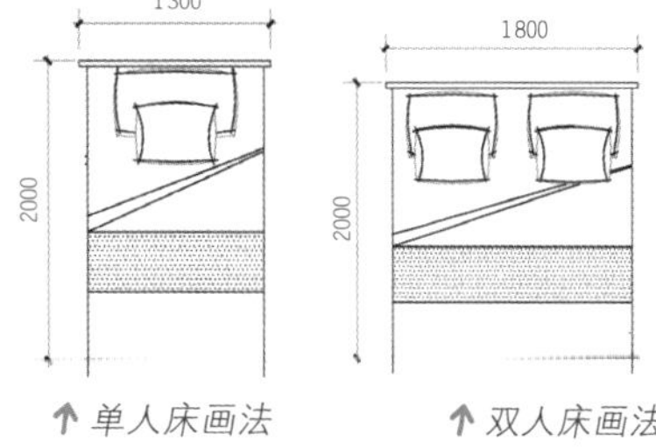

单人床画法　双人床画法

衣柜

绘制要点：

①无门衣柜大都使用在更衣室，而衣柜深度约在 500mm。

②有门衣柜深度约在 600mm。

③横拉门衣柜，需再加 80~100mm 的滑轨尺寸。例如：600mm（柜深）+100mm（滑轨）=700mm（横拉门高柜总深度）

④双层衣柜采用横拉门或者无门，而双层衣柜总深度为 1000~1150mm。

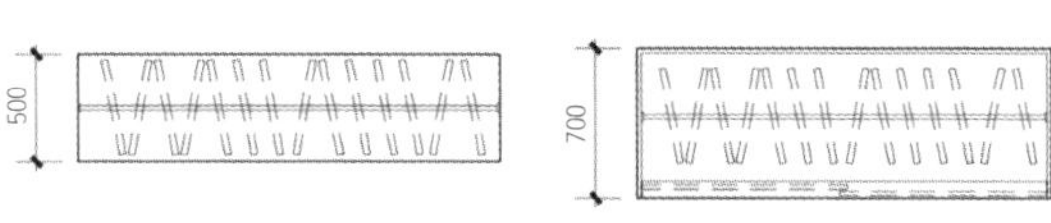

无门衣柜画法　横拉门衣柜画法

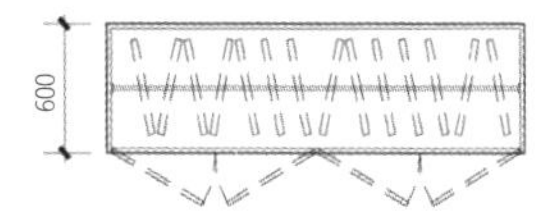

有门衣柜画法

书柜

绘制要点：

①一般书柜深度为 240~450mm。

②书柜因使用功能不同，相对画法略为不同。只要掌握书柜的基本深度，就可以衍生出不同的柜面造型。

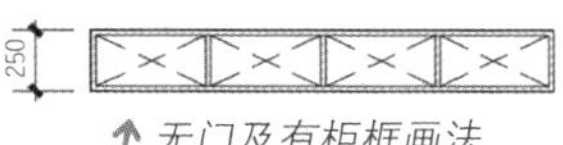

无门及有柜框画法

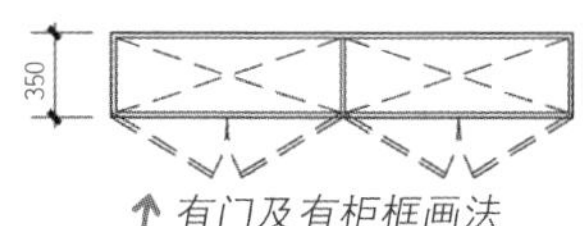

有门及有柜框画法

书桌+吊柜

绘制要点：

①书桌常使用的深度为500~700mm。
②吊柜常使用的深度为250~350mm。
③书桌及吊柜的宽度按照空间大小和设计者、使用者的不同需求进行调整。

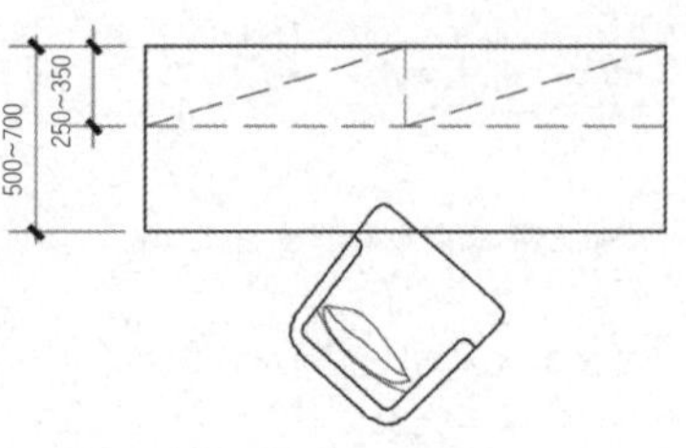

↑书桌及吊柜画法

鞋柜

绘制要点：

①一般鞋柜深度约350mm。
②双层鞋柜高度为650~700mm。

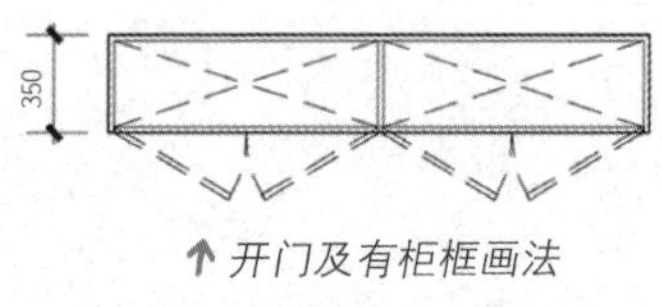

↑开门及有柜框画法

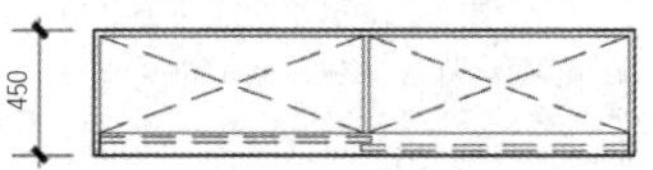

↑横拉门及有柜框画法

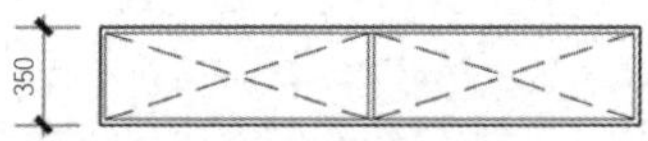

↑无门及有柜框画法

开门高柜

绘制要点：

①开门尺寸宽度为300~600mm。
②开门宽度尽量不要超过600mm，过大会容易变形。

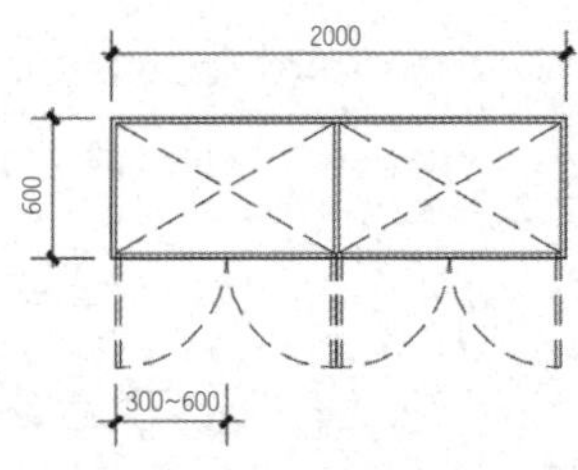

↑外开门高柜画法

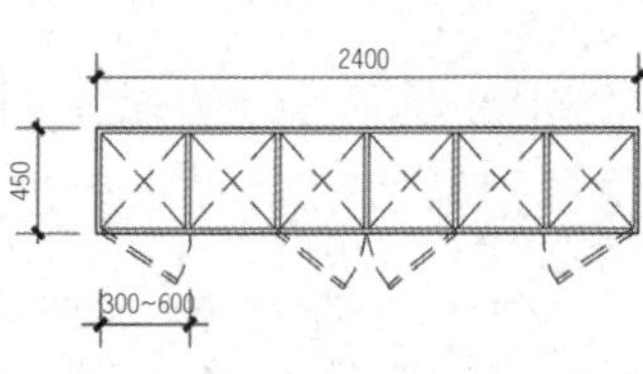

↑部分分格有柜门画法

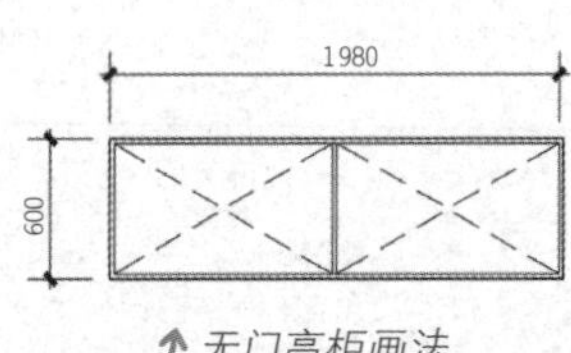

↑无门高柜画法

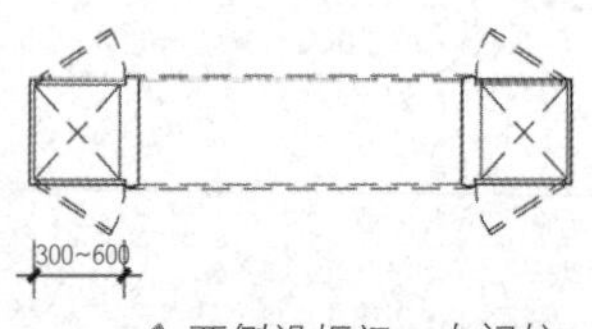

↑两侧设柜门、中间拉帘式高柜画法

上掀柜

绘制要点：

①上掀矮柜的深度为350~600mm。
②吊柜常使用的深度为250~350mm。
③常用于床头或者窗台边。

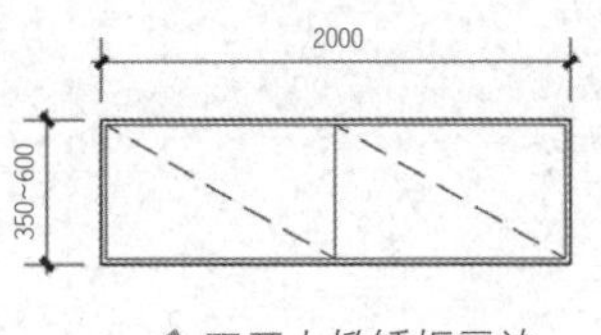

↑双开上掀矮柜画法

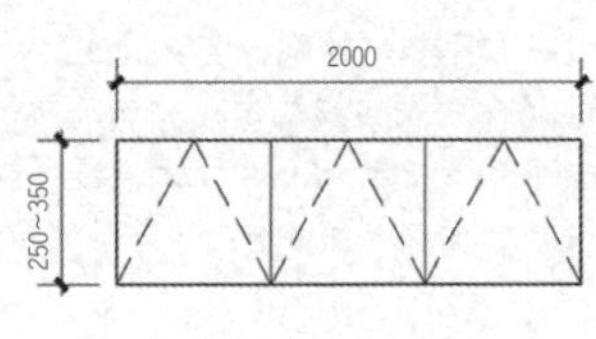

↑三开上掀吊柜画法

横拉门高柜

绘制要点：

①横拉门的尺寸宽度为 450~1200mm 每门。

②因为是横拉门高柜所以深度须再加 50~100mm 滑轨尺寸。例如：350mm(柜深)+100mm(滑轨)=450mm(横拉门高柜总深度)。

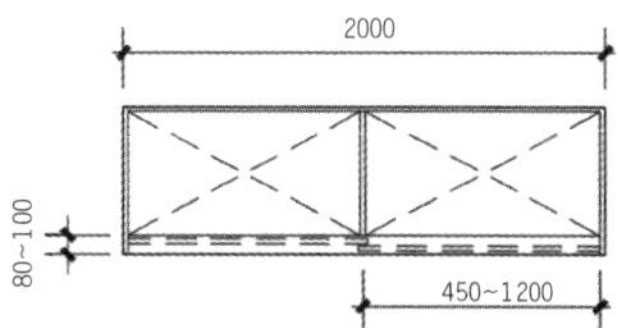

↑有横拉门及有柜框画法

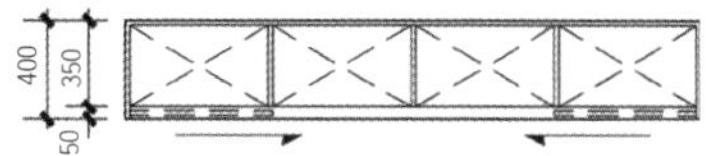

↑有横拉门、有柜框及观景空间画法

折叠柜

绘制要点：

①常见深度为 350~600mm。

②折叠柜常用于放置电视。

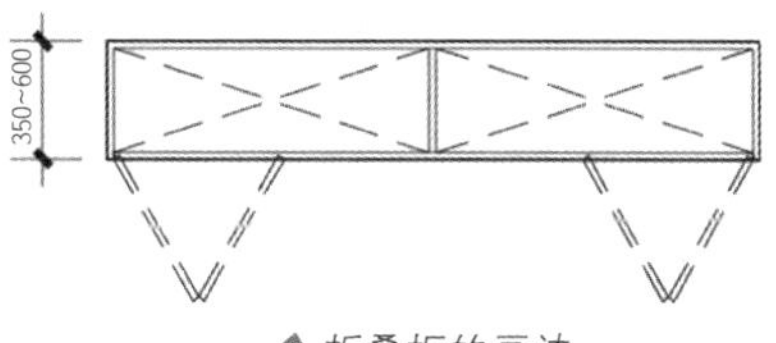

↑折叠柜的画法

(2)厨卫设备

洗脸台

绘制要点：

①洗脸台有下嵌式及台面式两种，台面深度为 450~600mm。

②镜面柜的常用深度为 150~200mm。

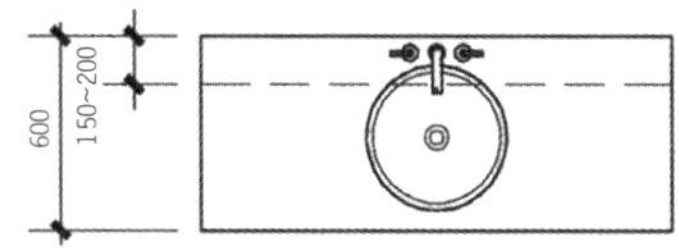

↑下嵌式圆形洗脸台画法

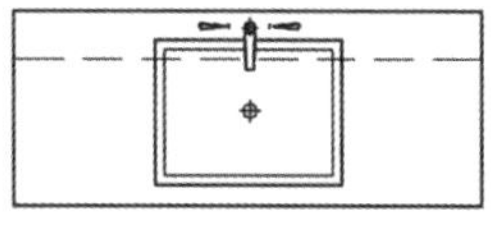

↑下嵌式方形洗脸台画法

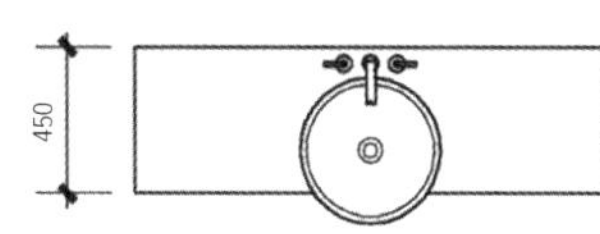

↑台面式圆形洗脸台画法

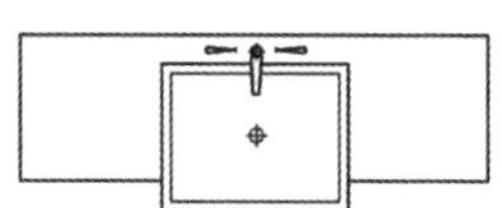

↑台面式方形洗脸台画法

马桶

绘制要点：

①马桶使用净宽度为 750~1000mm。

②马桶座宽为 450~470mm。

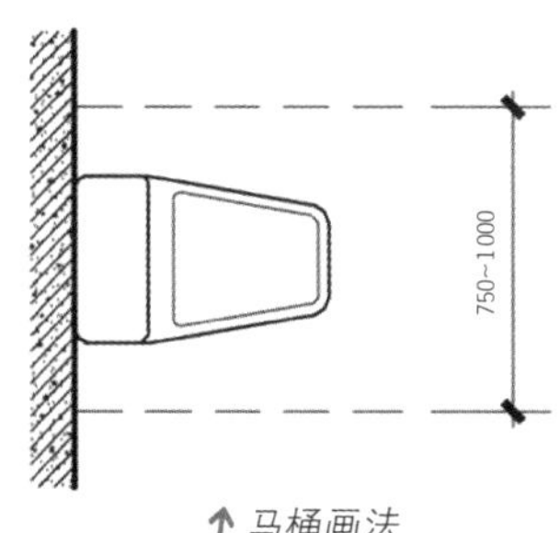

↑马桶画法

淋浴间

绘制要点：

①淋浴间的使用宽度为850~1500mm。
②淋浴间的使用长度为1000~2000mm。
③淋浴间玻璃隔间门的宽度为600~700mm。
④淋浴间止水门槛的宽度为80~120mm。

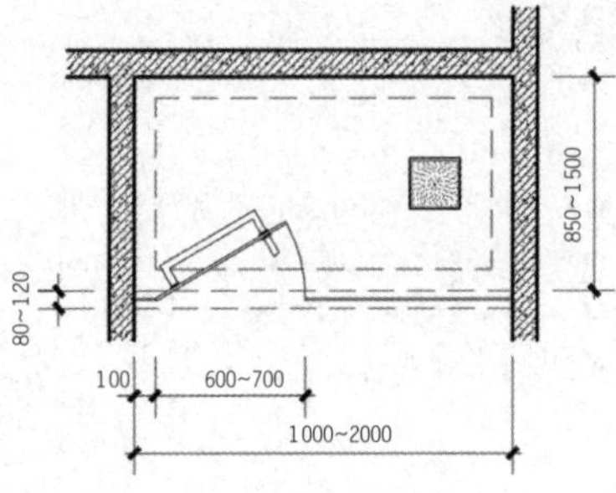

↑ 淋浴间的画法

嵌入式浴缸

绘制要点：

①浴缸的常用长度为1500~1900mm。
②浴缸的常用宽度为700~1100mm。
③浴缸的常用深度为450~640mm。
④浴缸边缘的平台宽度为100~300mm，可设置浴缸四边平台、前后平台、左右平台等。

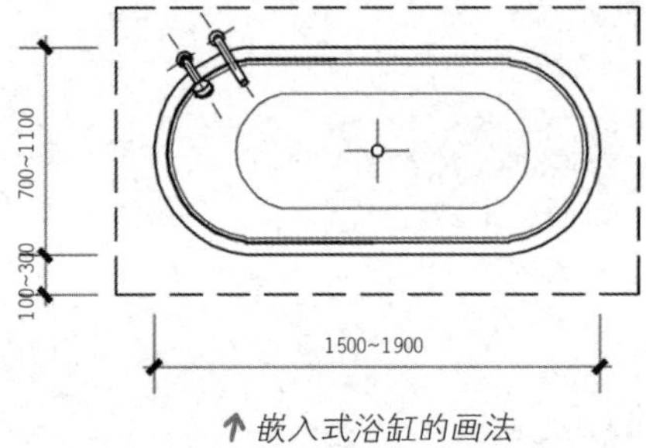

↑ 嵌入式浴缸的画法

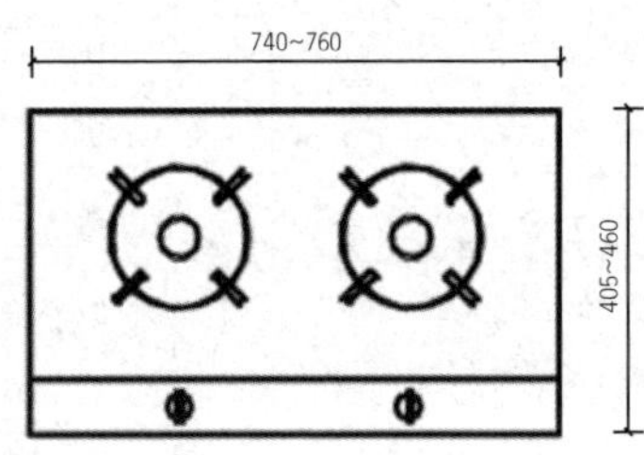

↑ 灶具的画法

灶具

绘制要点：

①灶具的长度为740~760mm。
②灶具宽度为405~460mm。

(3) 家电设备

电视

绘制要点：

不同品牌的电视尺寸略有不同，目前常见的电视多是46寸（101.8cm×57.3cm）至65寸（143.9cm×80.9cm）。

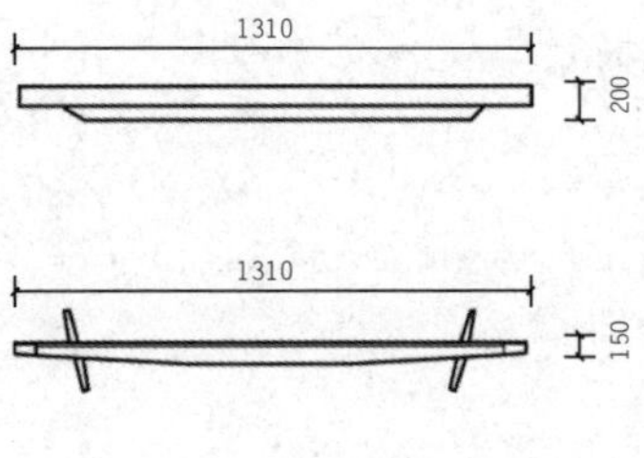

↑ 电视的画法

冰箱

绘制要点：

①冰箱 –A：（宽）460mm×（深）530mm×（高）780mm。
②冰箱 –B：（宽）600mm×（深）600mm×（高）1210~1580mm。
③冰箱 –C：（宽）900mm×（深）600mm×（高）1210~1580mm。
④冰箱 –D：（宽）1200mm×（深）740mm×（高）1780mm。

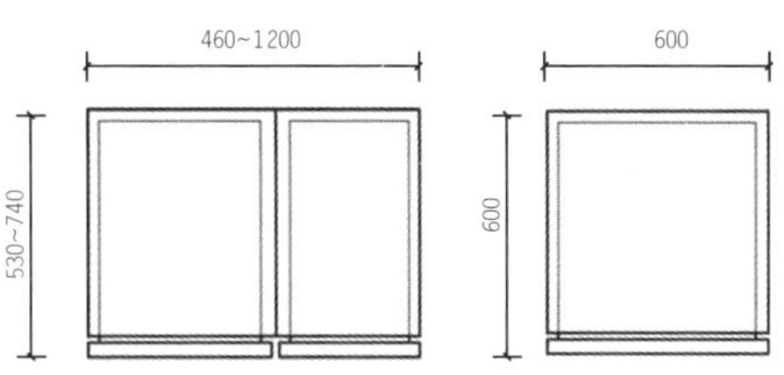

↑ 双开门冰箱的画法　↑ 单开门冰箱的画法

洗衣机、烘衣机

绘制要点：

①洗衣机：（宽）600mm×（深）600mm×（高）950~1050mm。
②烘干机：（宽）600mm×（深）600mm×（高）860mm。

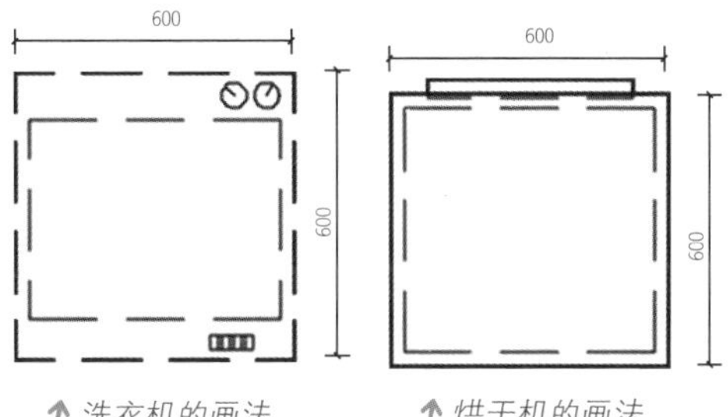

↑ 洗衣机的画法　↑ 烘干机的画法

（4）其他

灯具

绘制要点：

①灯具的图块直径约为 150mm。
②灯具的图块应用在客厅的空间中时，可以放大灯具的图块比例。

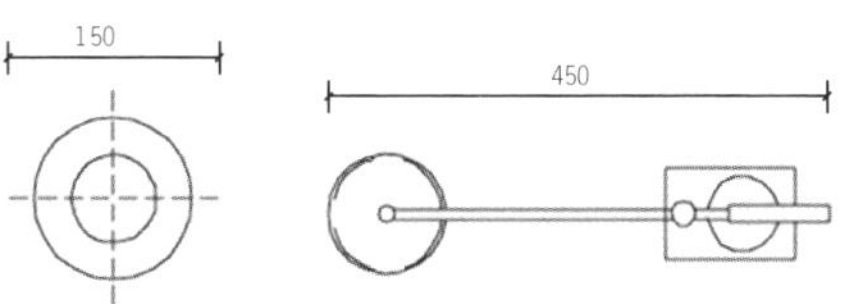

↑ 普通吊灯的画法　↑ 普通台灯的画法

绿植

绘制要点：

①用在室内的绿植图块，若只是点缀，可以使用一种样式的配置。
②可依画面的比例，选择简易或者复杂的绿植图块。
③按照空间比例的需要，绿植需进行缩放处理。

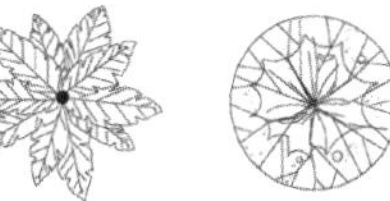
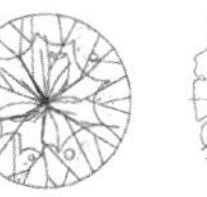
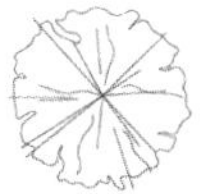

↑ 绿植画法

折门

绘制要点：

①折门的每一个门的宽度为 500~1200mm。

②折门适合用于门前有充足空间的位置，方便折门的推拉。

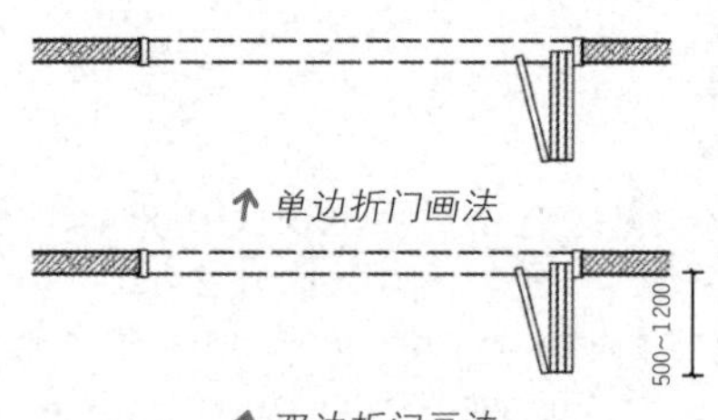

↑单边折门画法

↑双边折门画法

暗门

绘制要点：

无框门与墙面或木质壁板使用相同的材质造型处理。

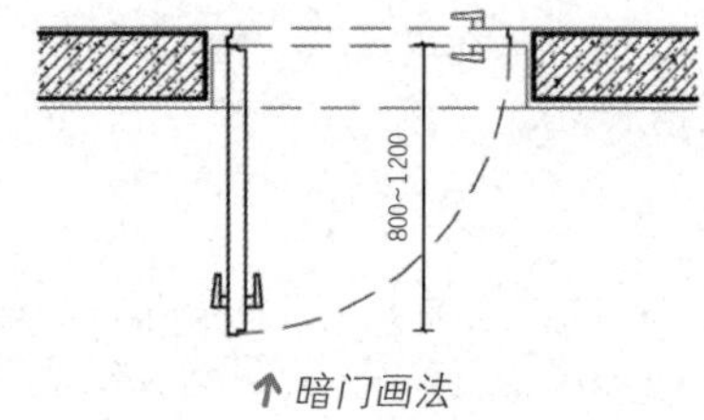

↑暗门画法

开门

绘制要点：

①门框需凸出墙面 15~20mm。

②门框面宽为 40mm 左右，门厚度为 40mm 左右。

③一般室内木制门（含门框）的宽度为 900mm 左右，而厨房及卫生间的门（含门框）宽度为 800~900mm。

④木制门的画法有四种，主要是有无门框及门槛之差别。

⑤有门槛的门通常应用在卫生间、厨房、阳台入口等空间中。

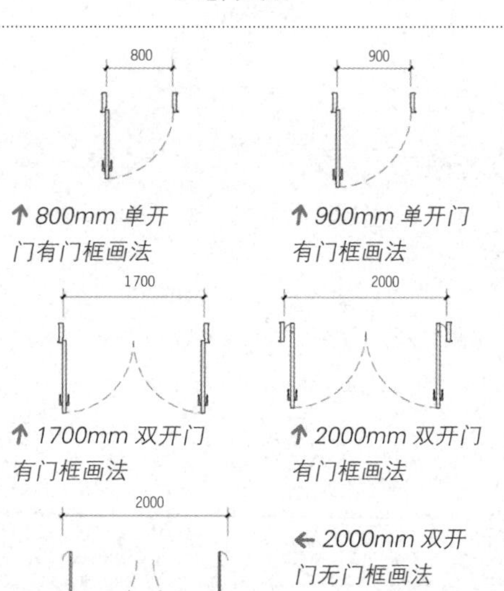

↑800mm 单开门有门框画法

↑900mm 单开门有门框画法

↑1700mm 双开门有门框画法

↑2000mm 双开门有门框画法

←2000mm 双开门无门框画法

2 图块及物体的构建注意事项

对刚学习电脑绘图的初学者而言，图块的绘制虽然有点复杂，但应用在室内的平面布置图上却是非常实用的。在绘制时，大部分是在辅助线的帮助下用矩形或者多段线去组合图块，而不是反复用一条线逐一组合。这样做的好处是若此物体在没有作为群组的图块情况下移动时，不会造成物体选取困难或者支离破碎。

由于 CAD 命令的功能是重复性的，线与线的组合方式有很多种，因此依个人习惯绘制流程也会略有不同，但切记以下几点：

①在构建或者绘制线条时，必须打开“对象捕捉”功能，若不这样设置，容易发生线与线没有连接或者无闭合的情况。在做剖面线时，会因搜索不到闭合的范围而无法执行，连编辑

多段线也无法执行。

②在平移或者垂直移动图块及物体时，键盘上“F8”键的开与关应根据绘制需要适时切换，若没有注意会让线条或图块略有倾斜。

③图块构建要有层次感，图块尽量简洁美观，不宜太复杂也不要太呆板。

小贴士

在现代设计手法中，平面方案的表达更注重简洁明快，所以在整个图块的选择上不宜选择过于复杂的图块，简洁的图块有时候更能体现设计感。

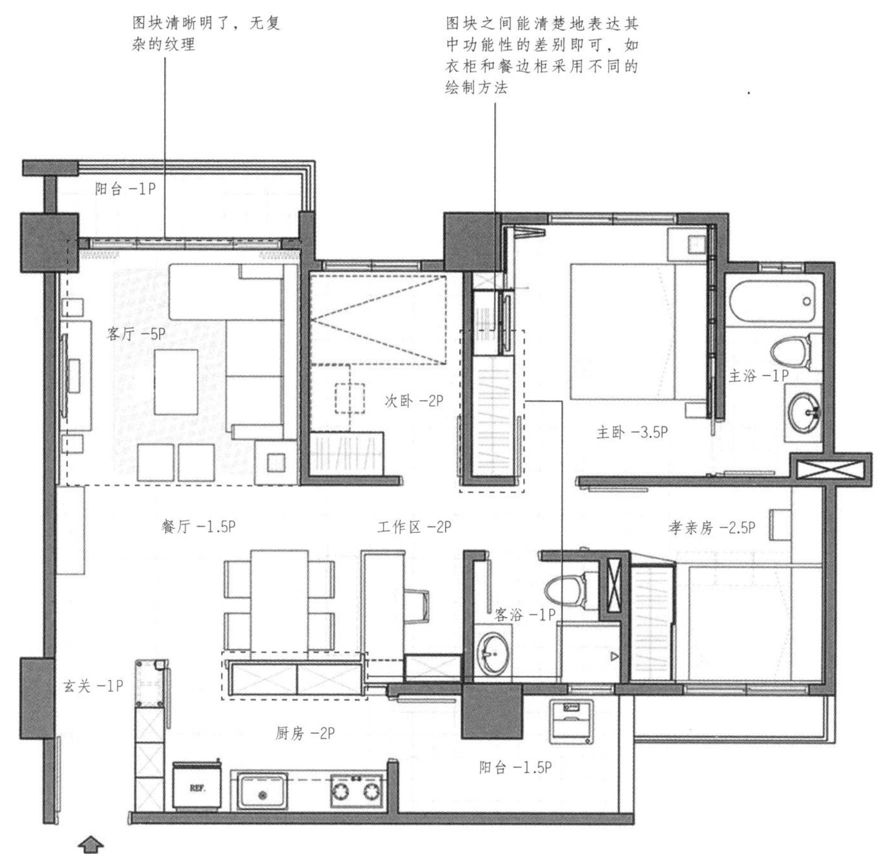

思考与巩固

1. 常规的图块有哪些？一般尺寸为多少？

2. 需要现场定制的图块如何绘制？

二、客厅图块组合配置

学习目标	本小节重点讲解客厅图块的组合配置方式。
学习重点	了解客厅图块的配置方法以及客厅布置过程中的尺寸问题。

1 客厅的布置方式

客厅的核心就是沙发与茶几组成的环形区域，根据沙发和茶几的位置分为以下几种布置形式。

（1）面对面型

特点：灵活性较大，适用于各种面积的客厅。在视听方面较为不方便，需要人扭动头部进行观看，影响观感。

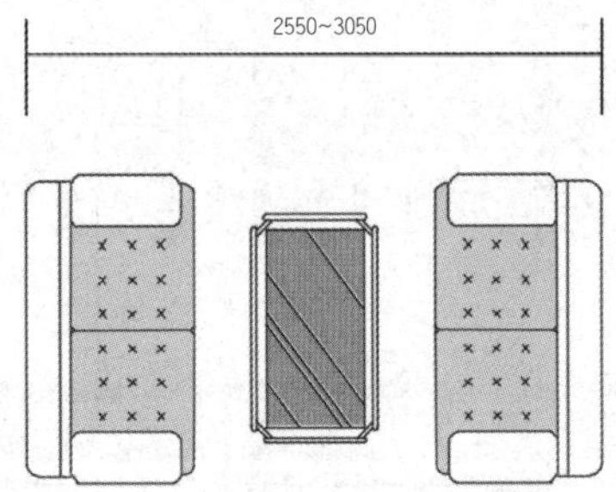

（2）一字型

特点：更适合小户型的客厅使用，小巧舒适，整体元素比较简单。

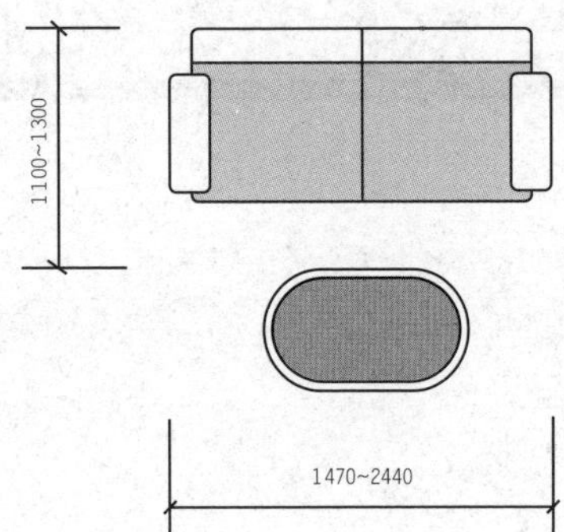

(3) L型

特点：更适合大面积的客厅使用，可选择 L 型沙发也可选择 3+2 或 3+1 的组合沙发，组合沙发更加灵活，具有多变性。

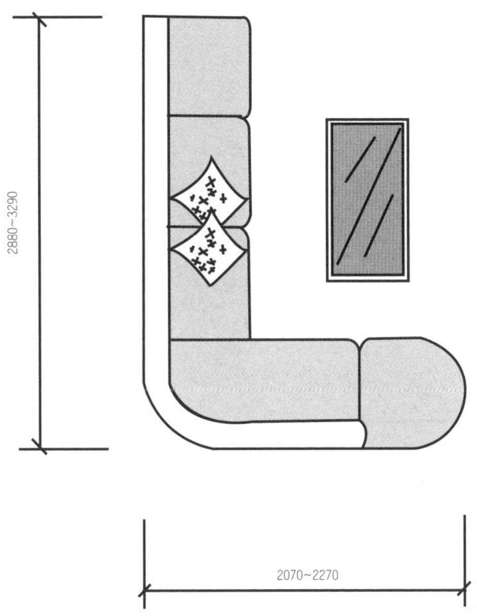

(4) U型

特点：U 型布置占地面积较大，更适合大面积的客厅，团坐的布置方式让家庭氛围更加亲近。

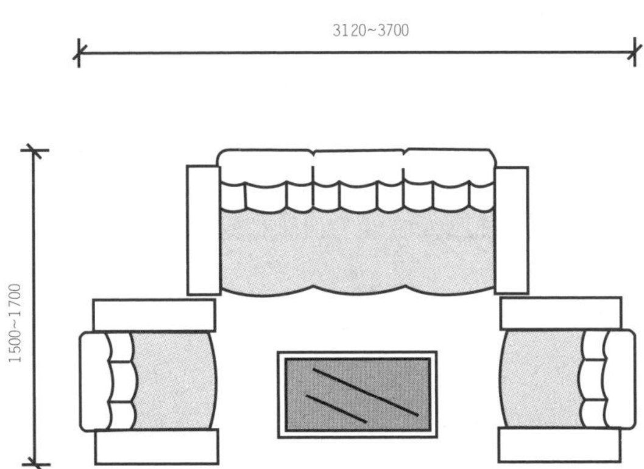

2 客厅的动线尺寸规划

家具的位置虽然重要，但是在进行布置的时候，也要重点注意家具之间的距离是否适合人们通行、视听以及陈列物品等的需要。

（1）通行距离尺寸关系

通行距离主要是为保障人能够在家具间顺利行走，保证动线的流畅性，给居住者更好的居住体验。因此，通常为了满足居住者的需求，在进行平面布置的时候，沙发与茶几间可留760~910mm的距离来方便通行，沙发转角的间距为200mm。

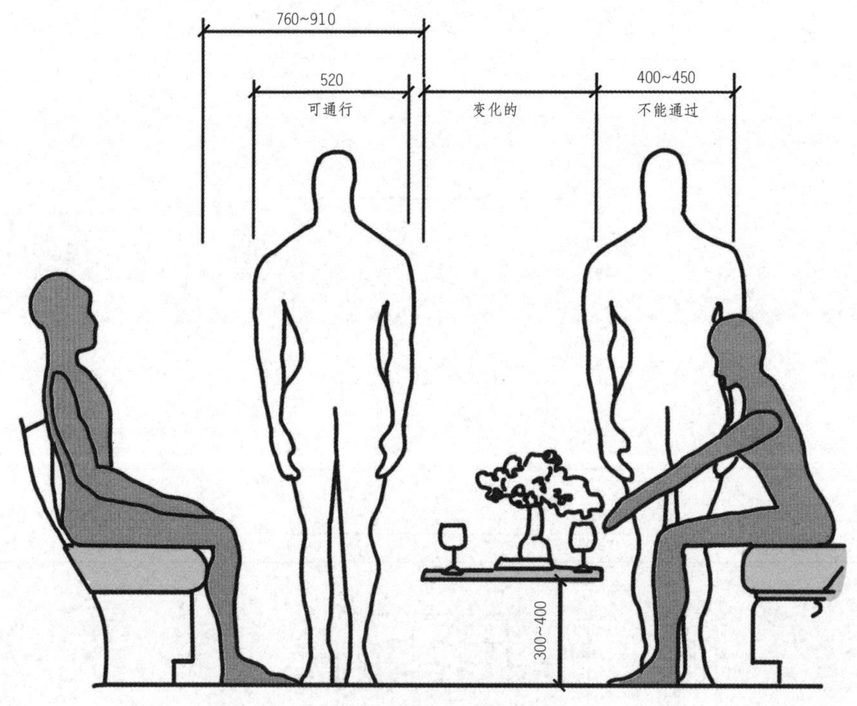

↑沙发与茶几间的通行尺寸

当正坐时，沙发与茶几之间的间距可以取 300mm，但通常以 400~450mm 为最佳标准

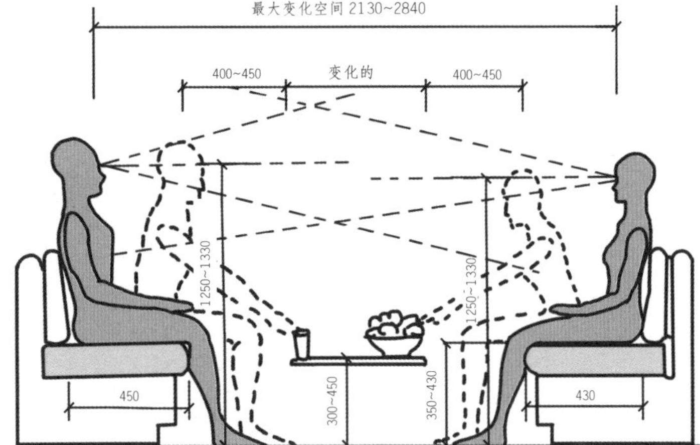

↑ 沙发与茶几间的活动尺寸

沙发左右可留出 400~600mm 的距离来摆放边桌或绿植

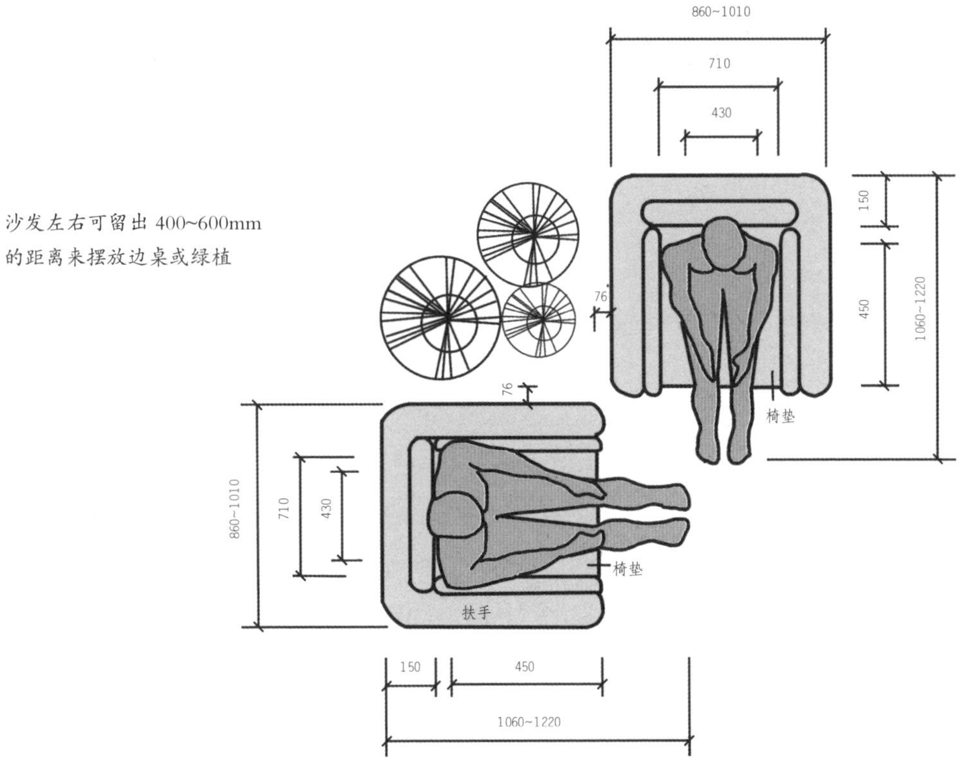

↑ 不可通行处的拐角沙发布置尺寸

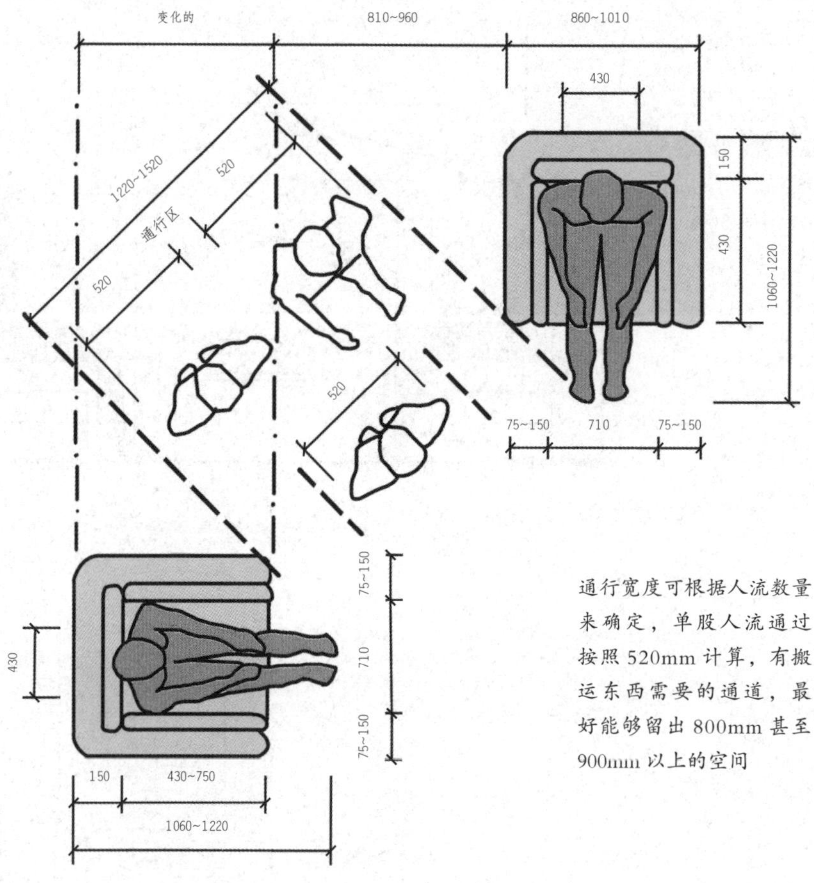

↑ 可通行拐角处沙发布置

（2）视听距离尺寸关系

看电视时，离得太近或太远都容易造成视觉疲劳。为保证良好的视听效果，沙发与电视的间距应根据电视的种类和屏幕尺寸来确定。通常沙发的中心与电视的中心在一条线上，方便居住者的观看。

随着科技快速发展，电视的显示技术日新月异，720P 以内的电视已经基本被淘汰，现在进入到 1080P、2K、4K 的高清时代，因而在选择时也可依据新的公式计算：

最大电视高度 = 视听距离 ÷1.5；

最小电视高度 = 视听距离 ÷3。

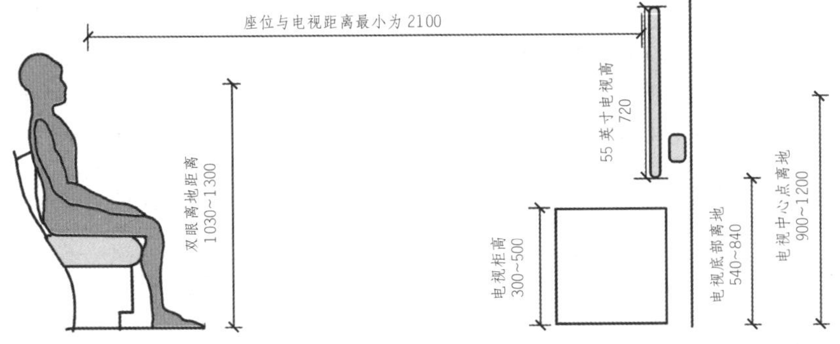

↑普通成年人的视听距离

小贴士

通常情况下，老年人由于年龄渐长会有驼背、视力下降的情况出现。因此，在以老年人使用为主的视听区布置时，应该减少老人和屏幕之间的距离或者选择较大的屏幕，同时，电视布置高度也要适当地降低。这样，才能为老人提供质量较高的视听感受。

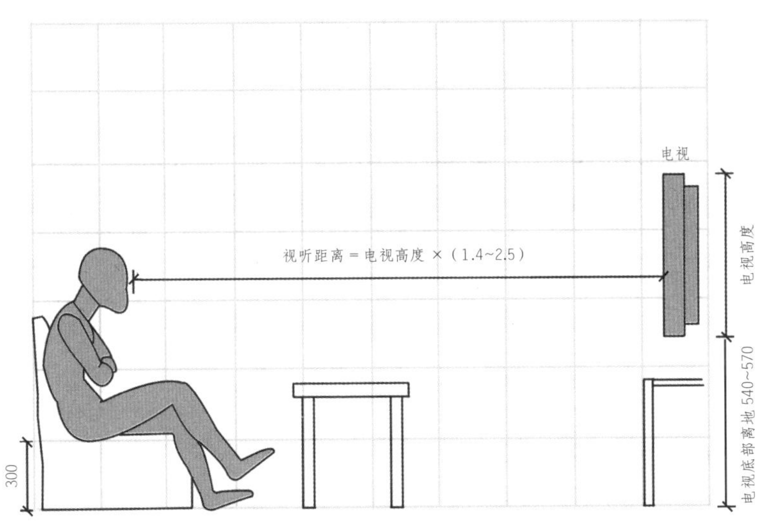

↑老年人的视听距离

（3）陈列距离尺寸关系

陈列高度指在墙上或者展台中陈列产品的高度，这个高度要符合人体的视觉角度。在客厅中的陈列物一般为装饰画或者整面的展示柜，可根据居住者的展示物品，确定展示柜的隔层高度。

一般男性视高为1650mm，女性视高为1530mm，参观者的视域一般在地面以上900~2500mm区域内，在这个高度区间陈列重点展品可以获得良好的效果。距离地面0~800mm区域内，可作为大型艺术品陈列区域。

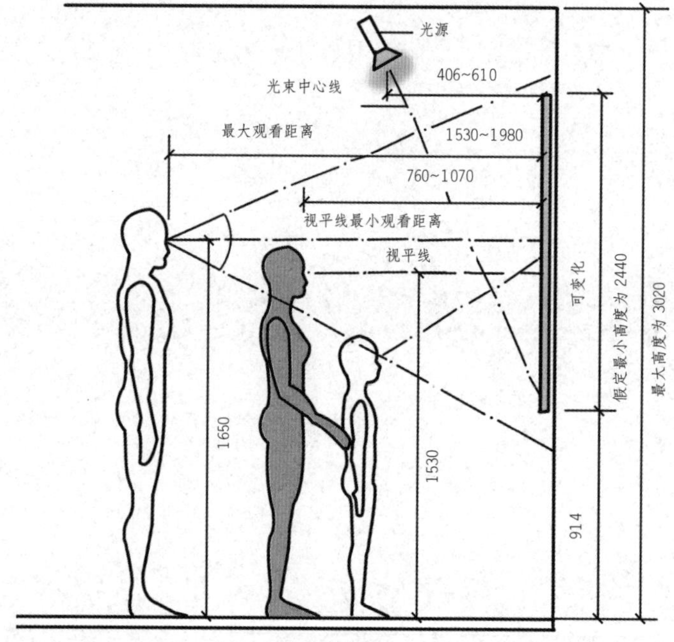

↑不同身高的观看距离范围

3 客厅与其他空间的组合配置

客厅的空间可与另一个空间结合，可使用开放性、穿透性的处理手法让客厅的开阔性及延展性更强。客厅加入了开放的阅读空间，让空间更有机动性；加入吧台区域，则更适合好客的居住者使用。

客厅中，书柜和座椅的距离中间最好足够容纳一个人蹲下取书和一人通行的距离，因此最好留有1200mm的通行及活动距离

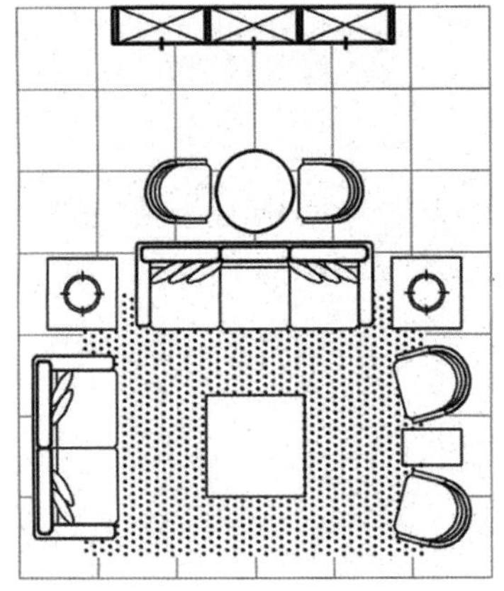

↑客厅与阅读区结合

客厅与吧台区结合时要注意沙发椅背与吧台之间的距离，一般为1370mm，同时酒柜与吧台的间距一般为760~910mm

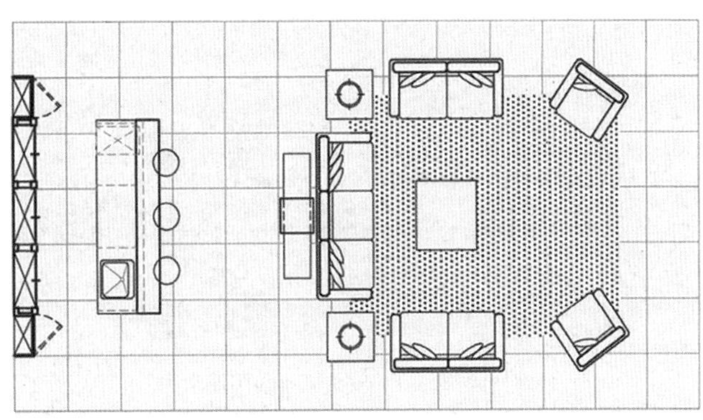

↑客厅与吧台区结合

思考与巩固

1. 客厅图块的组合方式有哪些？
2. 客厅配置时需要注意哪些尺寸？

三、餐厅图块组合配置

学习目标	本小节重点讲解餐厅图块的组合配置方式。
学习重点	了解餐厅图块的配置方法。

1 餐厅的布置方式

餐厅现今很少作为单独的空间存在，通常与客厅或者厨房相连接作为一个开放的区域。

(1) 平行对称式

特点：以餐桌为中线对称摆放，边柜等家具与餐桌椅平行摆放，空间简洁、干净。适合长方形餐厅、方形餐厅、小面积餐厅，以及中面积餐厅使用。

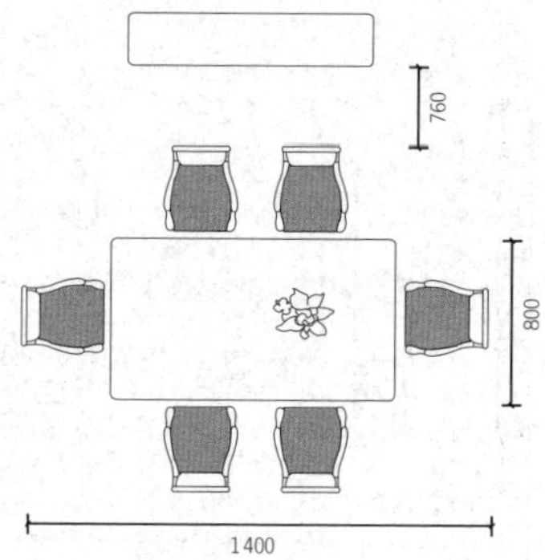

(2) 平行非对称式

特点：效果个性，能够预留出更多的交通空间，彰显宽敞感，适合长方形餐厅、小面积餐厅使用。

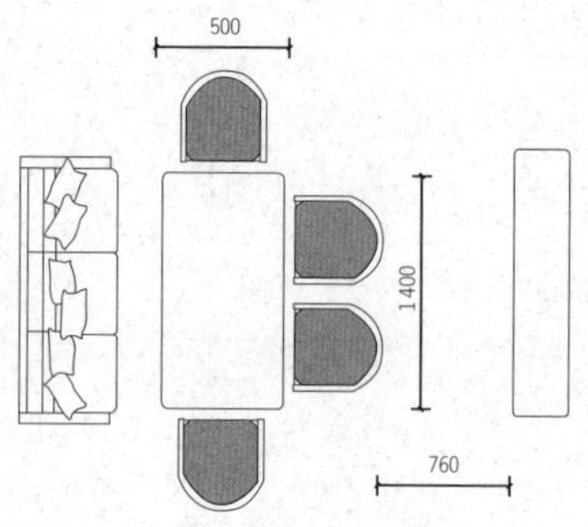

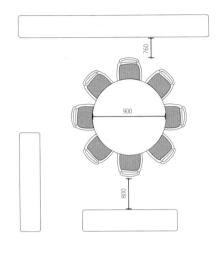

760

900

800

（3）围合式

特点：效果较隆重、华丽，适合长方形餐厅、方形餐厅，以及大面积餐厅使用。

（4）L直角式

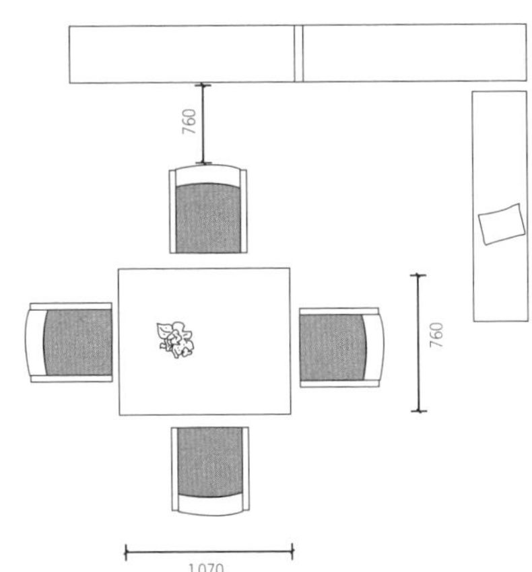

特点：餐桌椅放在中间位置，四周留出交通空间，柜子等家具靠一侧墙呈直角摆放，更具有设计感，适合面积较大、门窗不多的餐厅使用。

（5）一字型

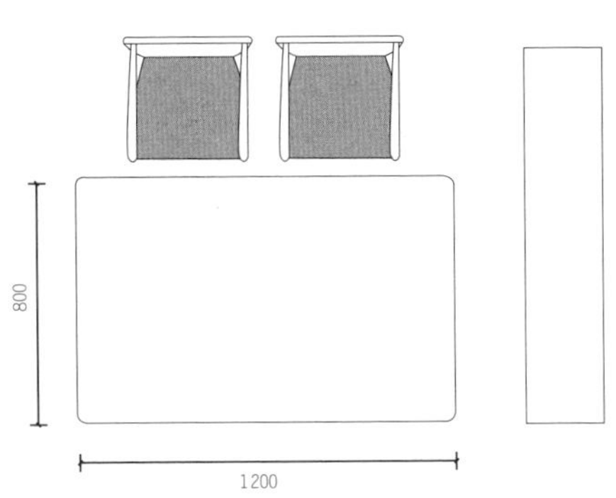

特点：有两种方式，一种是餐桌长边直接靠墙，餐椅仅摆放在餐桌一侧，适合长方形餐桌；另一种是餐椅摆放在餐桌的两边，餐桌一侧靠墙，适合小的方形餐桌。该布置方式适合面积较小的长方形餐厅使用。

2 餐厅的动线尺寸规划

餐厅中的家具主要是根据餐厅面积和家庭人口数进行选择。一般来说，餐桌大小不超过整个餐厅的 1/3。其中，大多数家庭会选用方形餐桌，其优点是比较方正，容易摆放。餐桌的周围通常都伴有餐边柜辅助收纳，在布置餐边柜时要注意餐边柜与餐桌之间的拿取距离。

（1）进餐的常见布置尺寸

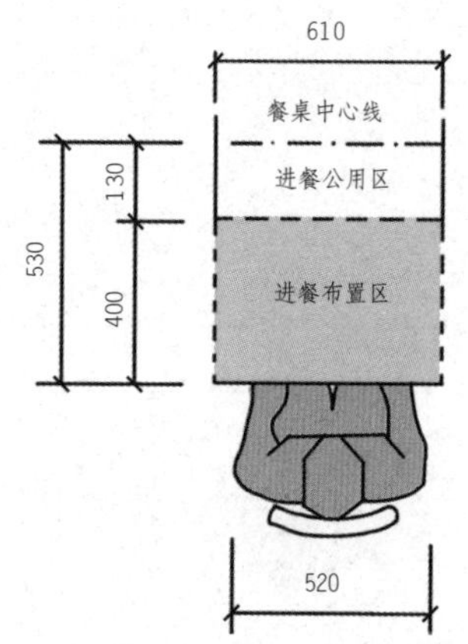

↑ 单人最小进餐布置尺寸

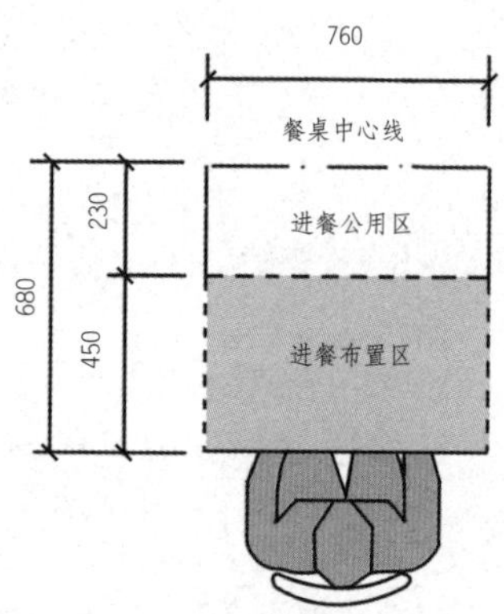

↑ 单人最佳进餐布置尺寸

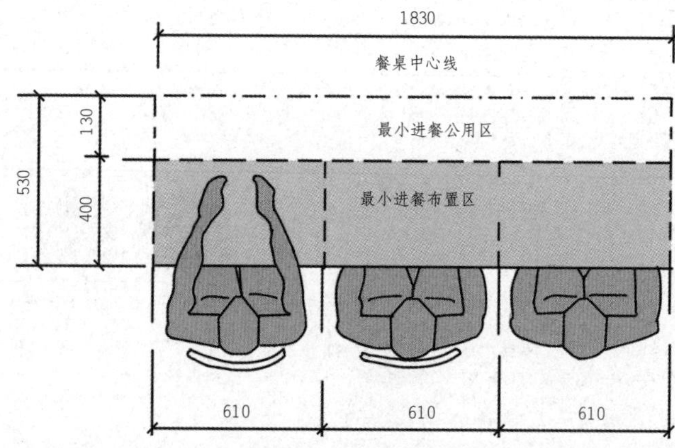

↑ 三人最小进餐布置尺寸

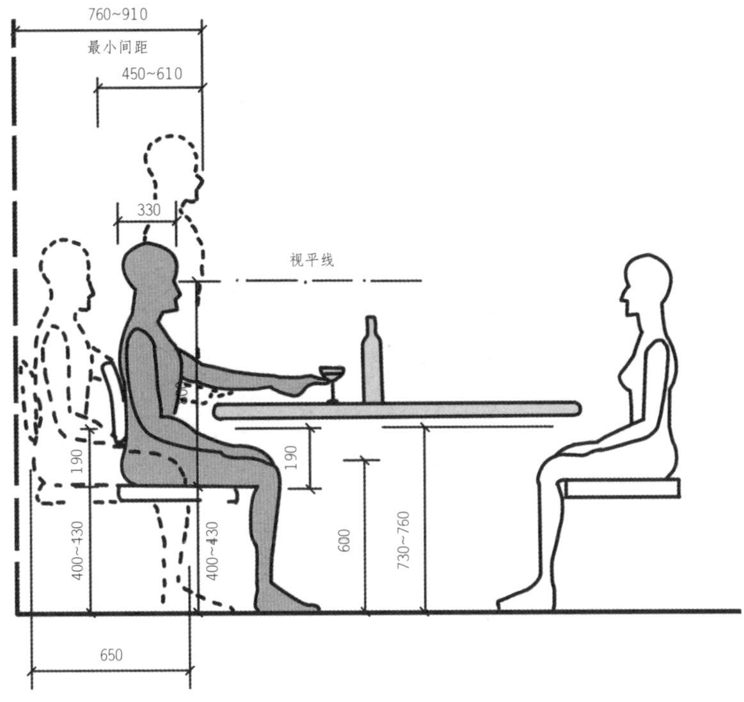

↑ 最小就座间距

(2) 圆桌常见布置尺寸

家庭用的餐桌一般是圆桌或者方桌，若比较喜欢围坐的氛围可以选择圆桌，但注意不能将圆桌靠墙布置，以免人无法入座。

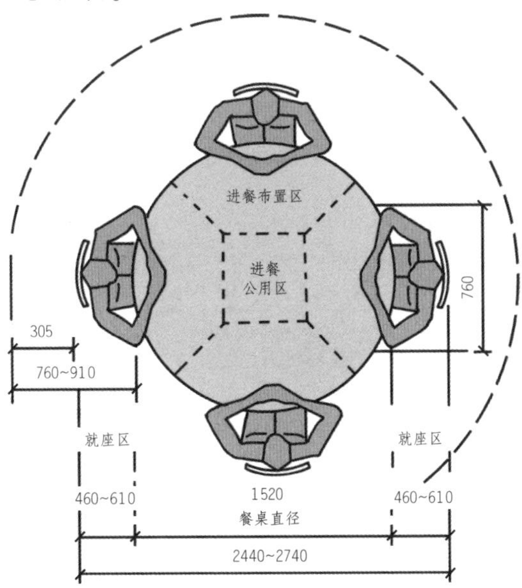

↑ 四人用圆桌（正式用餐的最佳布置尺寸）

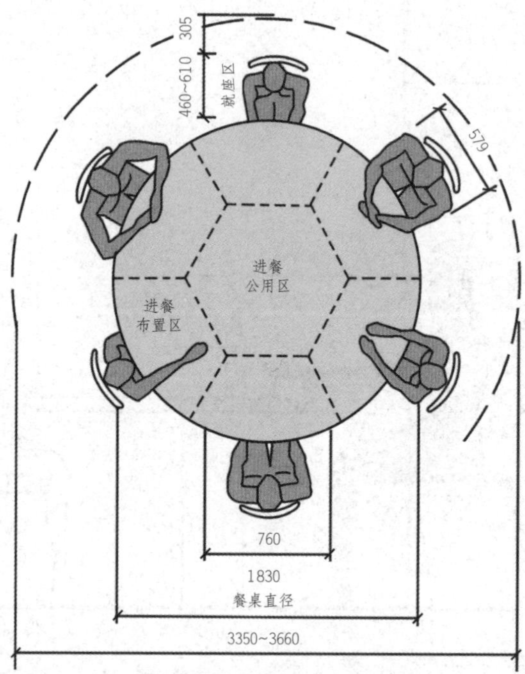

↑六人用圆桌（正式用餐的最佳布置尺寸）

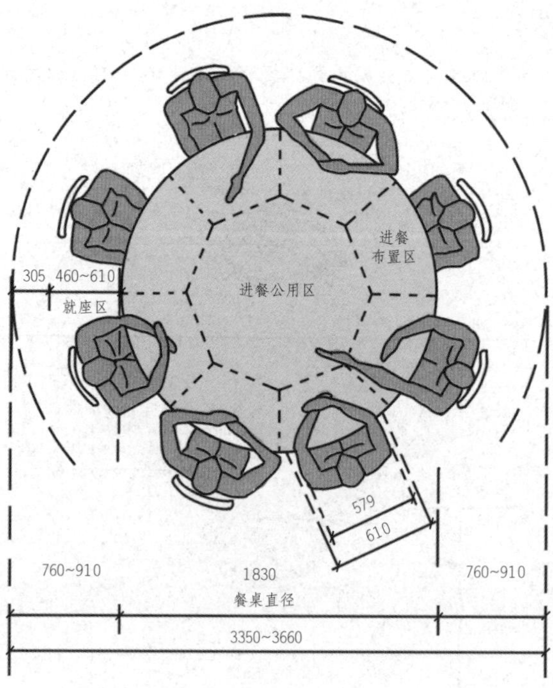

↑八人用圆桌（正式用餐的最佳布置尺寸）

（3）方桌常见布置尺寸

方桌可以使空间更为简洁，且较容易布置，是大多数家庭会选用的形式。一般来说，使一个人感觉舒适的进餐面的尺寸为 460mm×760mm，可以按照这个标准通过家庭成员人数来估算方桌的尺寸。

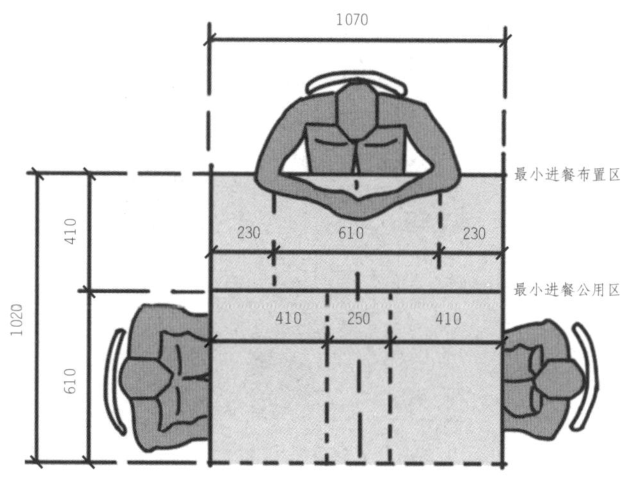

↑最小方桌尺寸

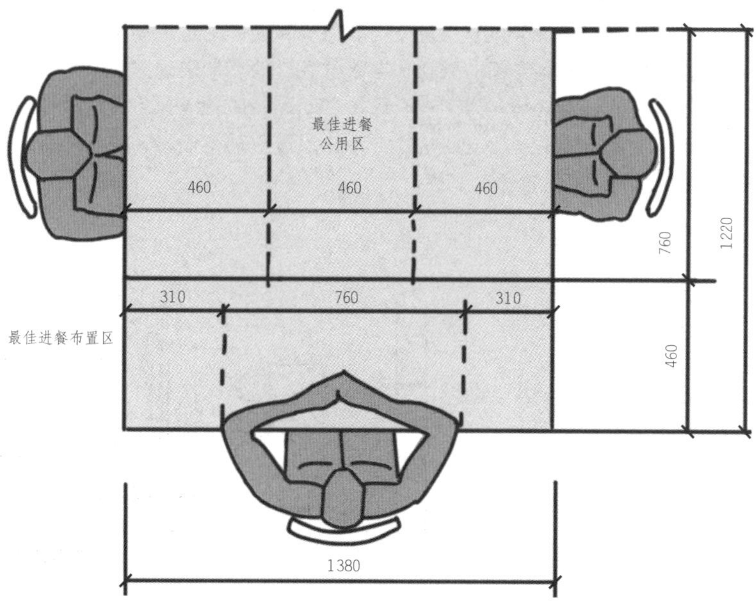

↑最佳方桌尺寸

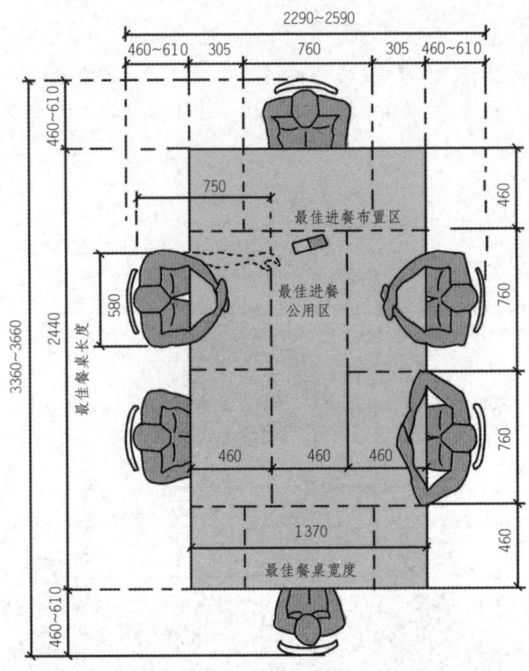

↑ 六人用方桌最佳尺寸

3 餐厅与其他空间的组合配置

餐厅通常与客厅或厨房进行结合。开放的餐厅与客厅结合，使得整体户型内动静分区更加明确。这种布置形式相对来说常见于小户型中。用餐和客厅都是活动场所，布置在一起可以获得更宽敞的就餐体验，这两种空间的融合，丰富了餐厅的功能表现形式，同时还增大了客厅面积。餐厅与客厅设在同一个房间，为了与客厅在空间上有所分隔，可通过矮柜、组合柜或软装饰做半开放或封闭式的分隔。餐厅与厨房结合，让动线更加得顺畅；餐厅与客厅结合的同时做开放式厨房，让整体空间更加通透、明亮。

方形餐桌与餐边柜共同组成餐厅空间，且与客厅相连接，同时用矮柜做半开放的分隔，保留一定的私密性。在餐厅与客厅结合设计时，需要在其中间预留足够的穿行空间，一般情况下可按一股人流计算，因而走道净尺寸应大于600mm

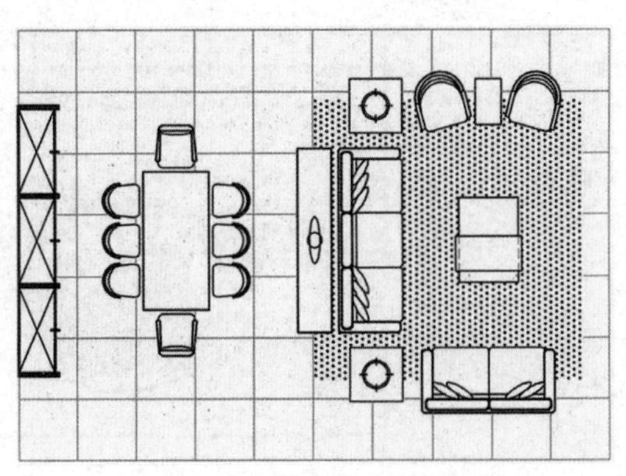

↑ 餐厅与客厅组合配置

餐厅和厨房合并布置是西方国家的一种布局手法，我国目前也较为流行。这种形式缩短了餐厅到厨房的动线，可以使家务的进行更加顺畅。有所不足的是烹调区域的油烟无法遮挡，进食时会受到影响

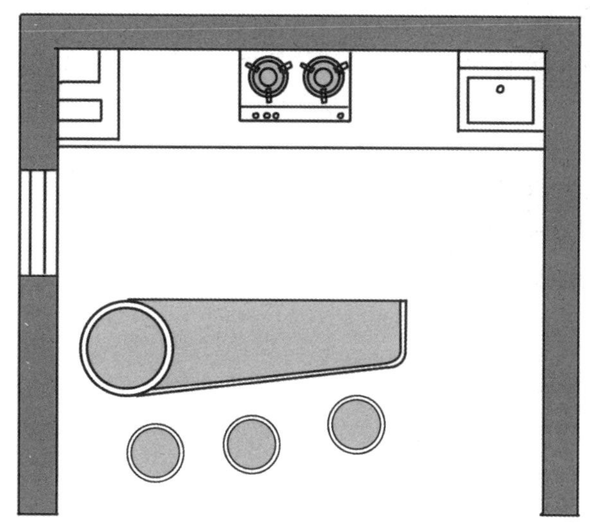

↑餐厅与厨房结合

这种布置形式将三个公共区域都结合起来，在户型缺少窗户的情况下，可以有效采光，保证空间的通透性。开放式的厨房更加适合常做西餐的家庭。中餐的油烟过大，可以通过设置移门等形式，有效阻隔油烟

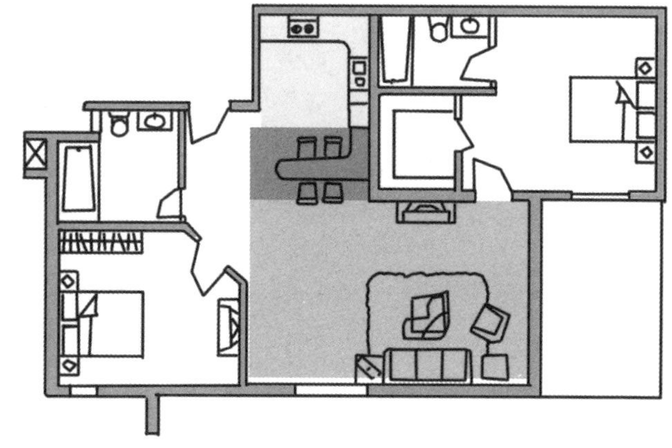

↑餐厅、客厅与厨房结合

思考与巩固

1. 厨房图块的组合方式有哪些？
2. 厨房配置时需要注意哪些尺寸？

四、卧室图块组合配置

学习目标	本小节重点讲解卧室图块的组合配置方式。
学习重点	了解卧室图块的配置方法。

1 卧室的布置方式

根据居住者和房间大小的不同，卧室内部可以有不同的功能分区，一般可以分为睡眠区、更衣区、化妆区、休闲区、读写区、卫生区。

(1) 围合式

特点：床与柜子侧面或正面平行，适合用于长方形卧室、方形卧室、小面积卧室及中面积卧室。

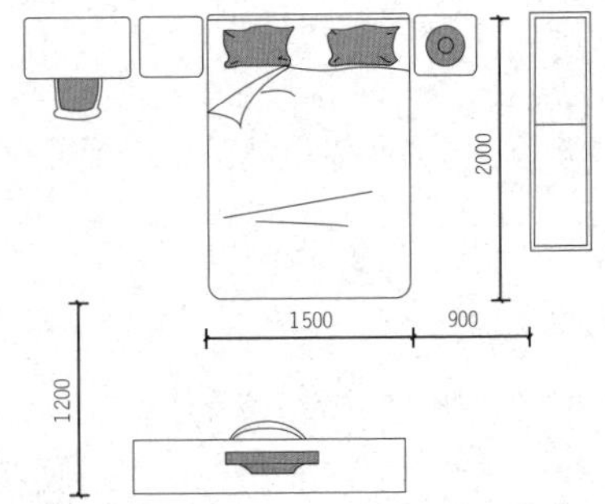

(2) C 字形

特点：充分地利用空间，满足单人的生活、学习需要。适合用在青少年、单身人士房间或兼做书房的房间内，通常使用在长方形卧室、方形卧室及小面积卧室中。

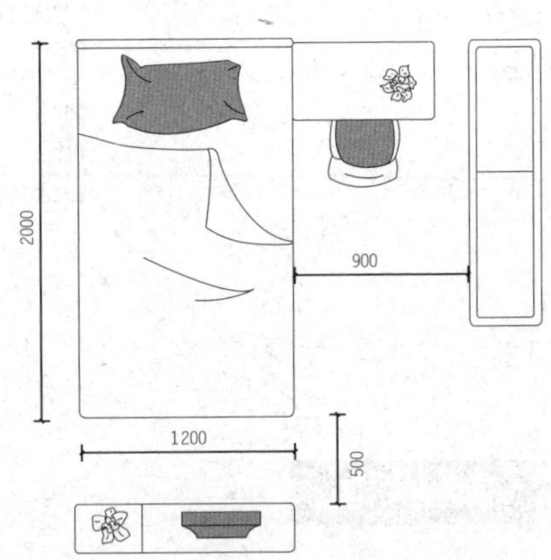

(3)工字形

特点：床两侧摆放床头柜、学习桌或梳妆台；衣柜或收纳柜摆放在床头对面的墙壁一侧，与床头平行。适合用于长方形卧室、方形卧室、小面积卧室及中面积卧室。

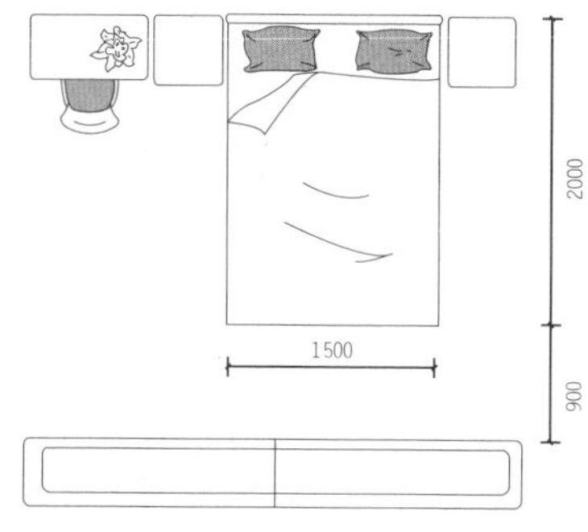

(4)混合式

特点：根据需求可以加入衣帽间、书房等区域，适合用于长方形卧室及大面积卧室。

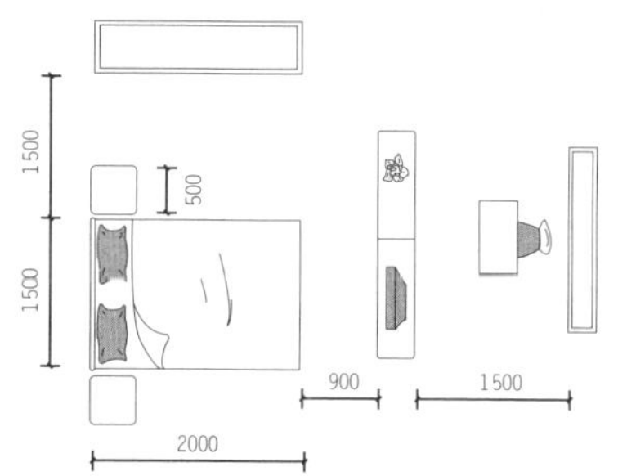

2 卧室的动线尺寸规划

(1)成人卧室动线尺寸

成人卧室的睡床应在两侧均预留出 40~50cm 的距离，方便行走。另外，也要考虑在家中做家务时的动线距离。

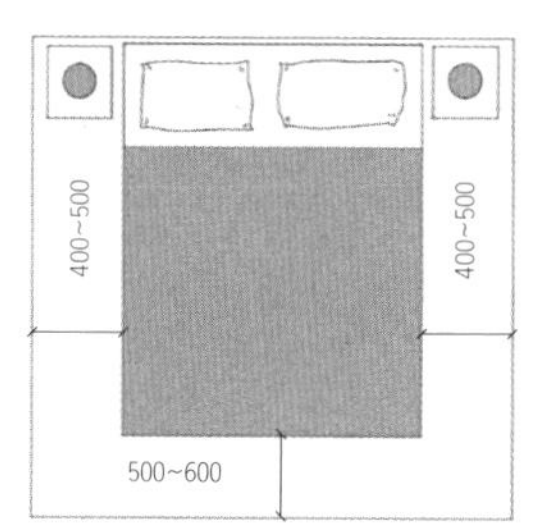

↑ 床两侧的行走间距

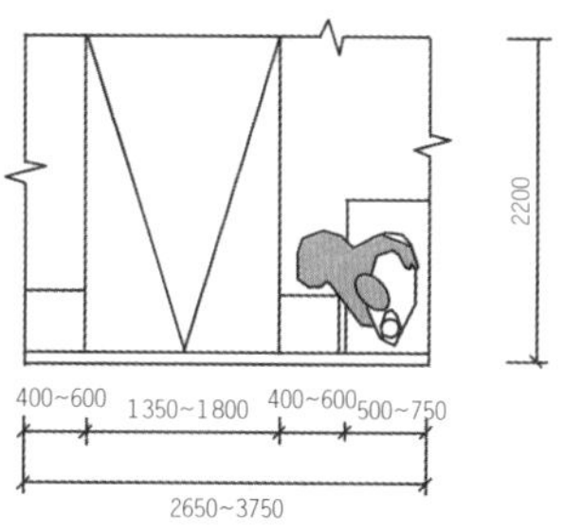

↑ 床与床头柜的位置关系

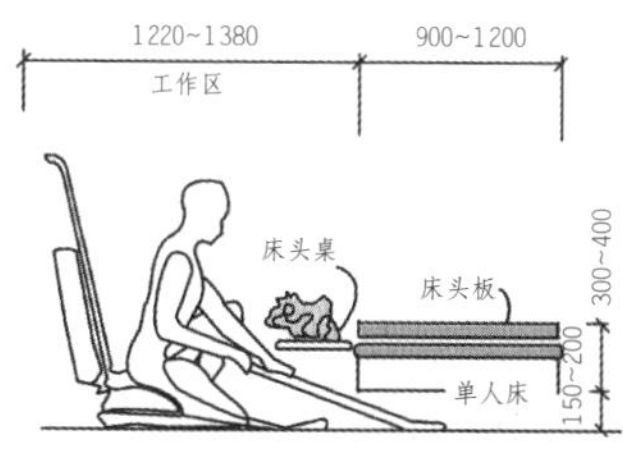

↑ 打扫床下所需间距

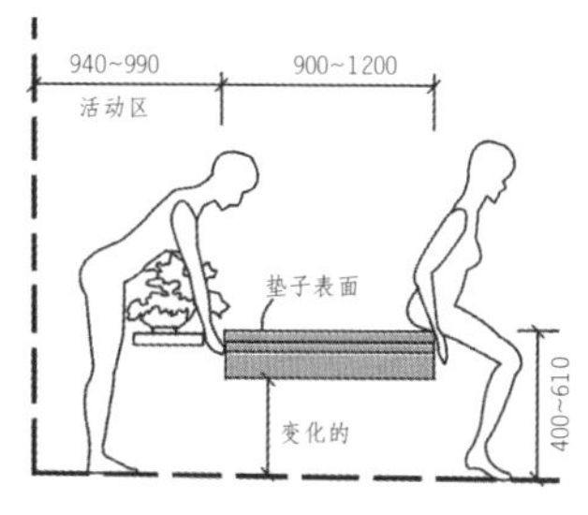

↑ 弯腰铺床间距

（2）儿童房动线尺寸

儿童房若只放置一张单人床，则可只在一侧预留出 40~50cm 的距离，节省空间面积。若为二孩儿房，需放置两张睡床，则两床之间至少要留出 50cm 的距离，方便两人行走。

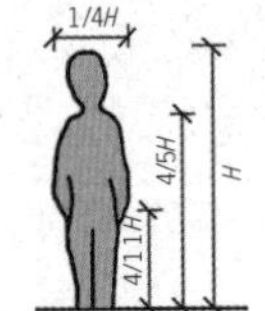

↑儿童常规身高尺寸

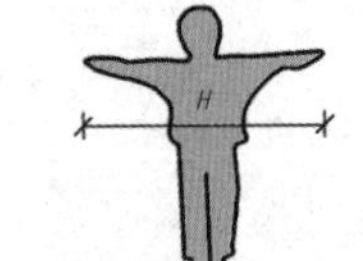

↑儿童展开双臂的尺寸

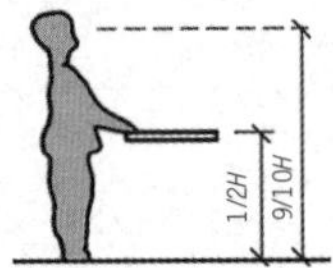

↑儿童站立及视线高度

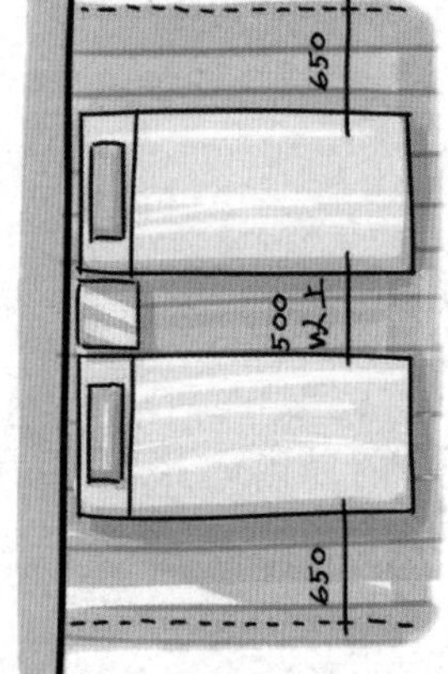

↑双床摆放间距

↑儿童手臂所能达到的最高尺寸

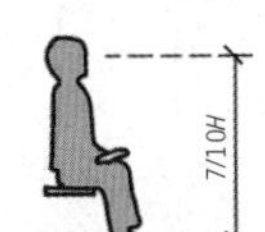

↑儿童正坐的视线尺寸

↑适合儿童的桌椅尺寸

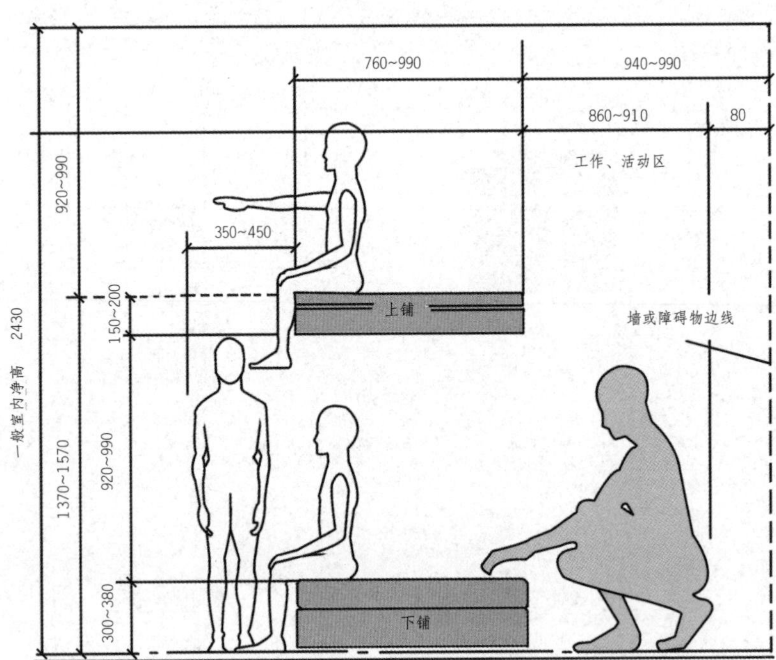

↑儿童双层床通常靠墙摆放，在摆放时需要根据上层床的通行道留出相应空间

（3）老人房动线尺寸

老年人卧室的整个空间布局，要针对家具的摆放位置、尺寸进行适老化设计。一般来说与成人房的动线尺寸差异不大，若有需要坐轮椅的老人，则应区分对待。由于坐轮椅老人的膝盖要比正常情况下高 40~50mm，且由于在轮椅上，视点较低，因而卧室衣柜中抽屉的位置应高于膝盖，低于肩膀。

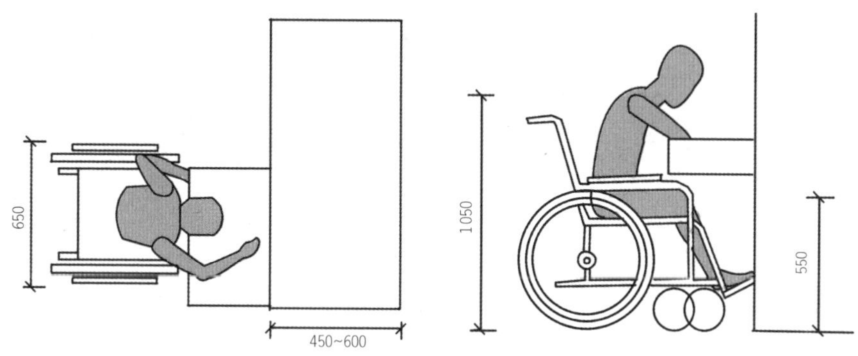

↑ 老人房衣柜抽屉设置尺寸

（4）视听距离

卧室的视听距离通常在 2600mm 左右，可以选择电视或投影仪进行观看，同时要注意投影幕布的高度不要过低，幕布最下方边线的高度应不低于 700mm。

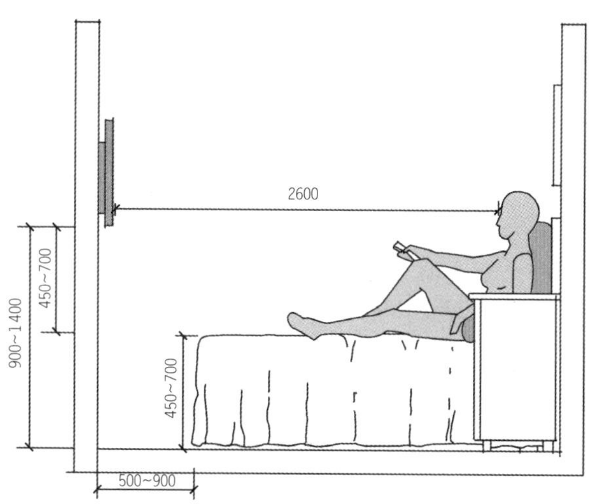

3 卧室与其他空间的组合配置

主卧通常会在常规卧室的基础上增加一个卫生间或者衣帽间。如有阳台或飘窗，则会在常规的基础上增加榻榻米、阅读区或者休闲区域。

卫生间的尺寸会根据主卧的使用人员情况而产生变化，卫生间的最小尺寸为1500mm×1700mm

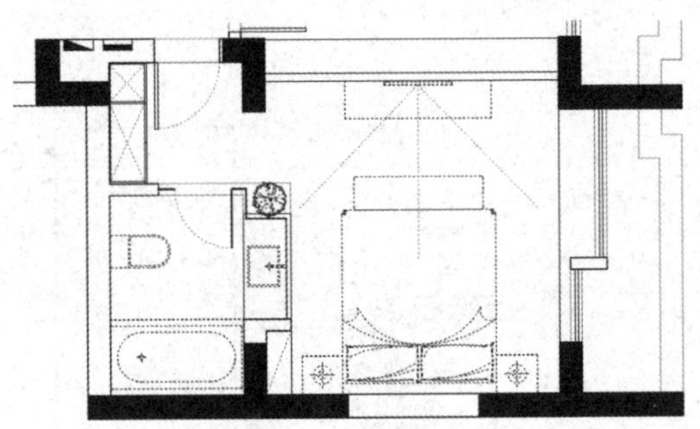

↑卧室与卫生间结合

卧室与阳台结合时，阳台充当书房或阅读区，可以以榻榻米的形式充分利用阳台的空间。书桌可选用宽度为600mm尺寸的，而书柜则通常选用深度为280~350mm的，可根据其常用尺寸对阳台空间进行布置

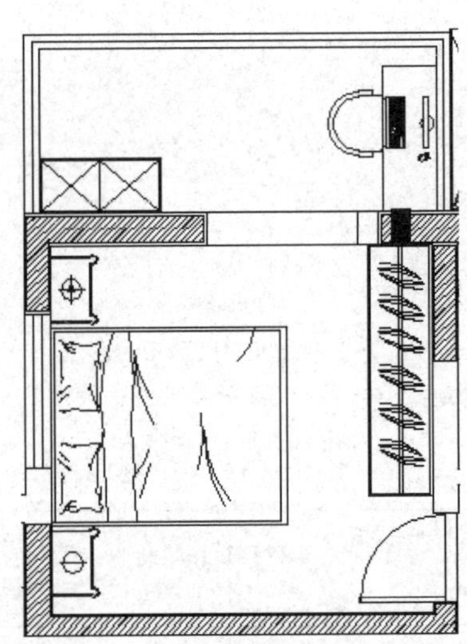

↑卧室与阳台结合

随着生活质量的提高，人们对服饰的需求有所增加，因此很多主卧空间中都会加入衣帽间来满足居住者的需求

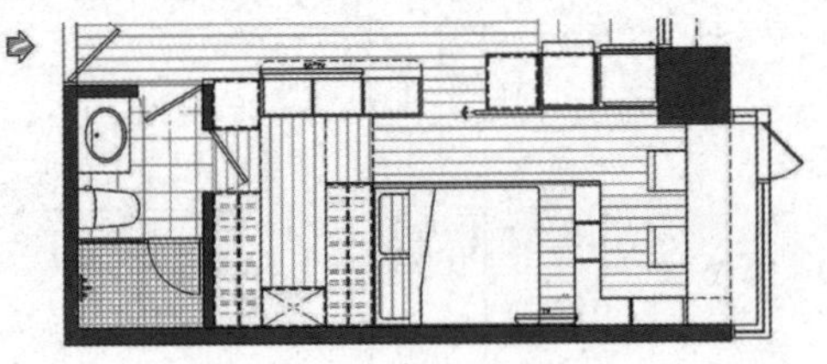

↑卧室与衣帽间结合

小贴士

步入式衣帽间分类

步入式衣帽间的平面布局通常有三种方式，分别为二字型、U型、L型。相对来说，U型布局容纳的衣物更多，但是转角处的位置不方便拿取，可以设置转角式拉篮，方便收纳和取出物品。

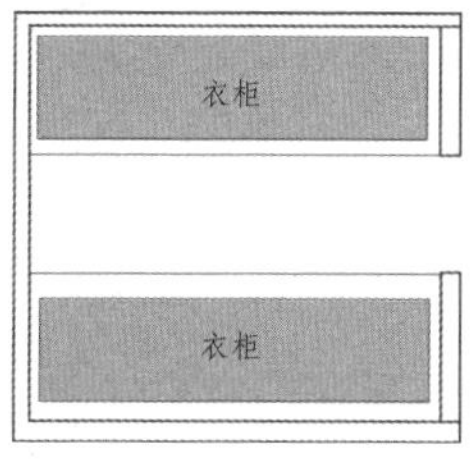

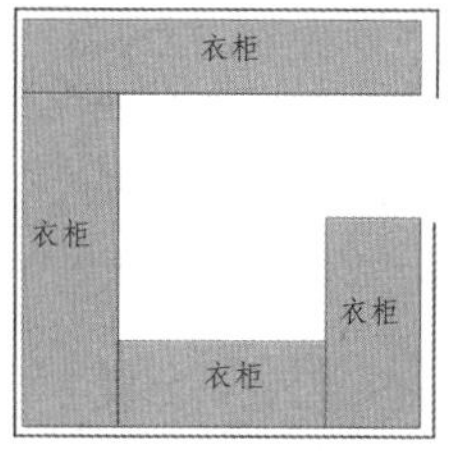

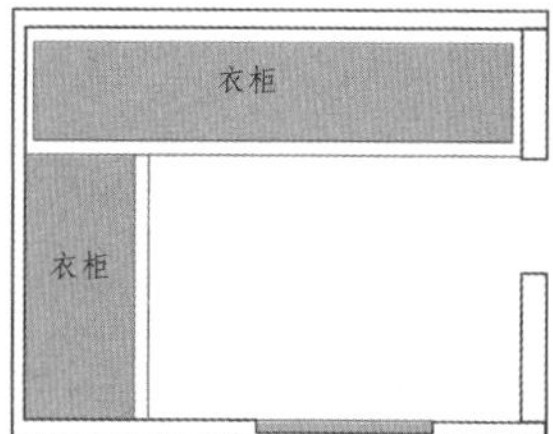

衣帽间尺寸

以下为衣帽间的理论最小尺寸，实际设计时可根据是否有足够面积进行设置。

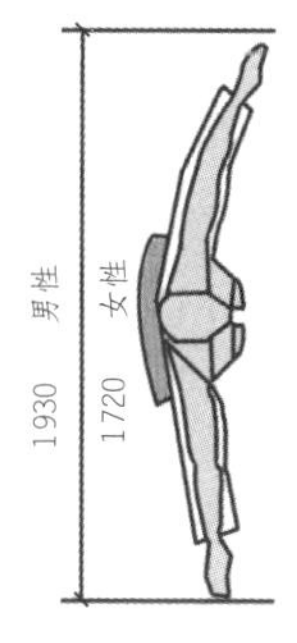

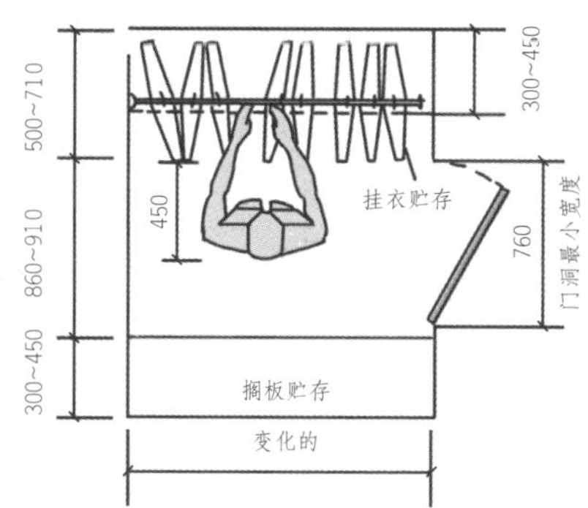

↑ 一字型衣帽间的最小尺寸

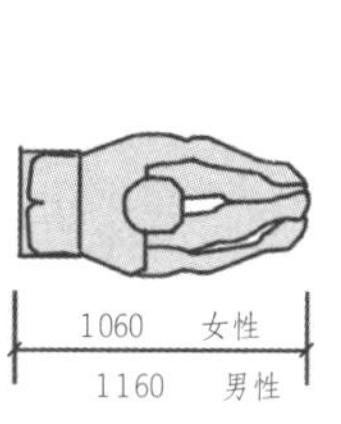

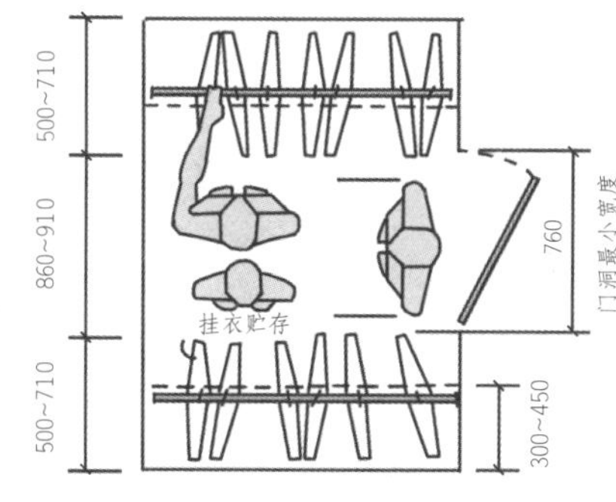

↑ 二字型衣帽间的最小尺寸

思考与巩固

1. 卧室图块的组合方式有哪些？

2. 卧室配置时需要注意哪些尺寸？

五、书房图块组合配置

学习目标	本小节重点讲解书房图块的组合配置方式。
学习重点	了解书房图块的配置方法。

1 书房的布置方式

书房通常是由桌椅与书架组成的，只要保证书房能够容纳业主的书籍，并有一定的办公或阅读区域即可。书房与卧室同属于静的空间，通常会被安排在与卧室较近的位置进行排布。

(1) L型

特点：中间预留空间较大，书桌对面可摆放沙发等休闲家具，适用于长方形书房及小面积书房中。

(2) 平行式

特点：存在插座网络插口的设置问题，可以考虑使用地插，但位置不要设计在座位边，尽量放在脚不易碰到的地方。适用于长方形书房、小面积书房及中面积书房。

(3) T型

特点：书柜放在侧面墙壁上，占满墙壁或者使之半满，适合藏书较多、开间较窄的书房及以长方形书房和小面积书房。

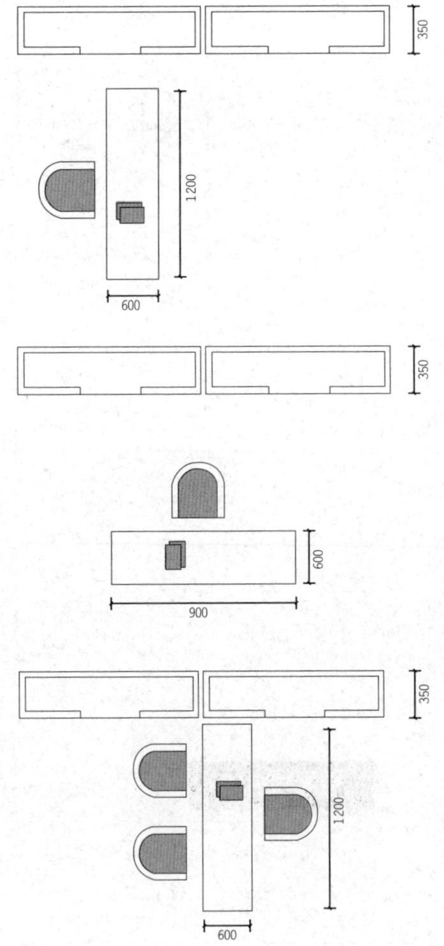

(4) U型

特点：使用较方便，但占地面积大。适用于长方形书房、方形书房及大面积书房。

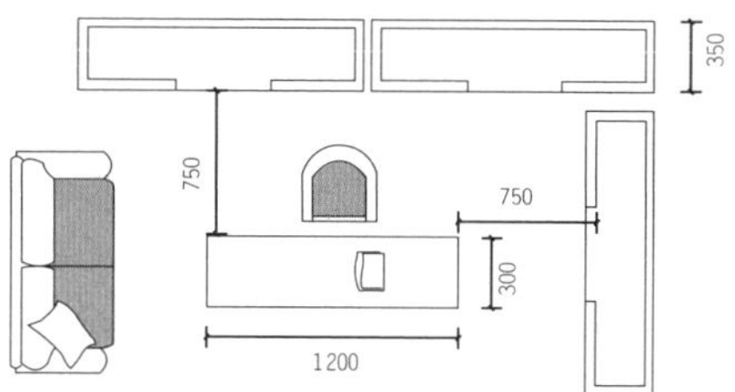

2 书房的动线尺寸规划

书房的动线相较其他空间来说更为简单，需要重点注意的主要是书桌与书柜的距离，以及针对不同需求的居住者其桌椅的尺寸。

(1) 人与桌椅的尺寸关系

特点：人在桌椅上的基本活动范围决定了桌子的最小尺寸，最少需要 900mm×500mm 的桌子，实际设计时可以综合考虑居住者的使用需求及书房空间的尺寸，再选择合适的书桌大小。

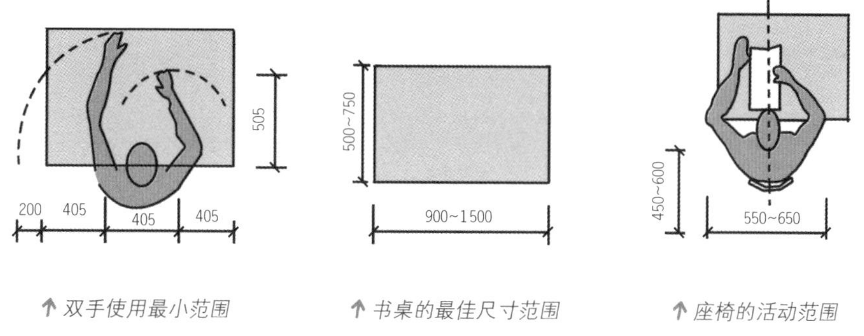

↑ 双手使用最小范围　↑ 书桌的最佳尺寸范围　↑ 座椅的活动范围

(2) 书桌的常见尺寸

正确的桌椅高度应该能使人在就座时保持两个基本垂直：一是当两脚平放在地面时，大腿与小腿能够基本垂直，这时，座面前沿不能对大腿下平面形成压迫；二是当两臂自然下垂时，上臂与小臂基本垂直，这时桌面高度应该刚好与小臂下平面接触，这样就可以使人保持舒适的坐姿。

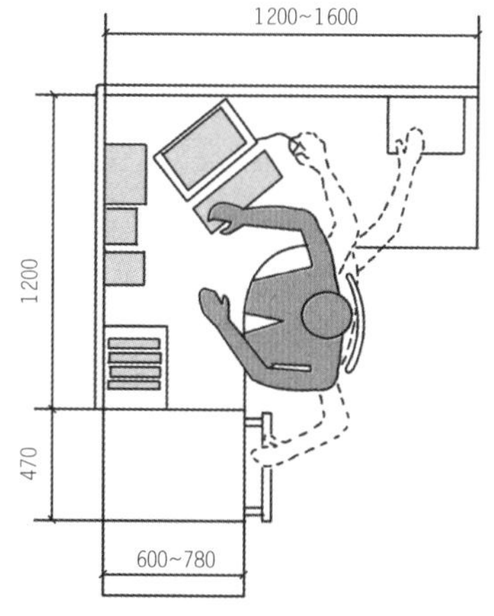

↑ 电脑桌的常用平面尺寸

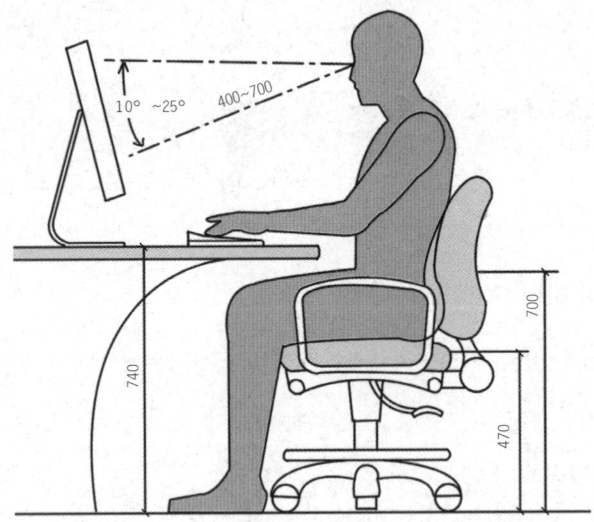

↑ 电脑桌的常用立面尺寸

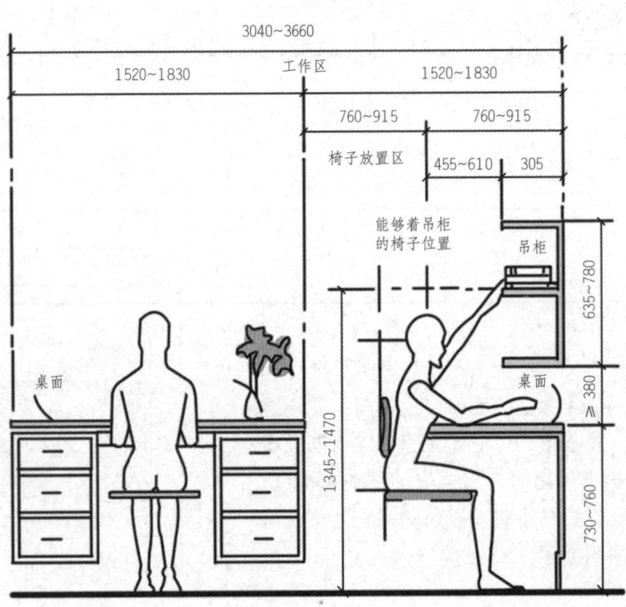

↑ 设有吊柜的书桌使用尺寸

3 书房与其他空间的组合配置

在空间有限的情况下，书房无法作为单独的空间，但可作为主要功能空间的附带区域去布置，或者将书房作为多功能空间，一室多用，如兼具茶室等功能。

书房与客厅结合，既有足够的办公或阅读空间，同时还节省空间。但是客厅会稍吵一些，如果需要更安静的空间，将书房和卧室结合使用会更符合居住者的要求

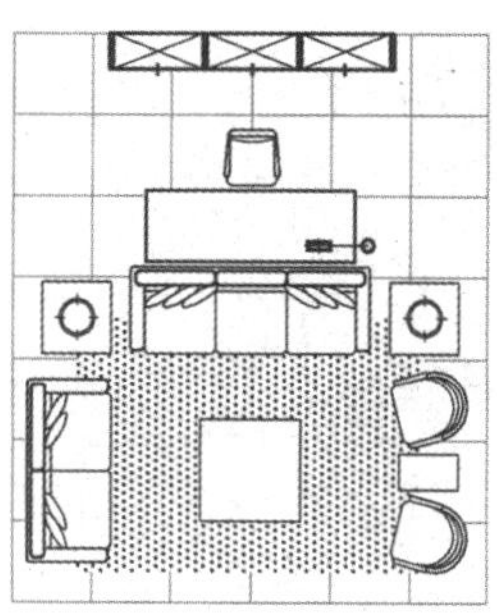

↑书房与客厅结合

书房与卧室结合，用窗帘作为软隔断，既能有效地隔绝视线又保证了空间的通透性。同时卧室较为安静更适合办公等需要沉静下来的行为

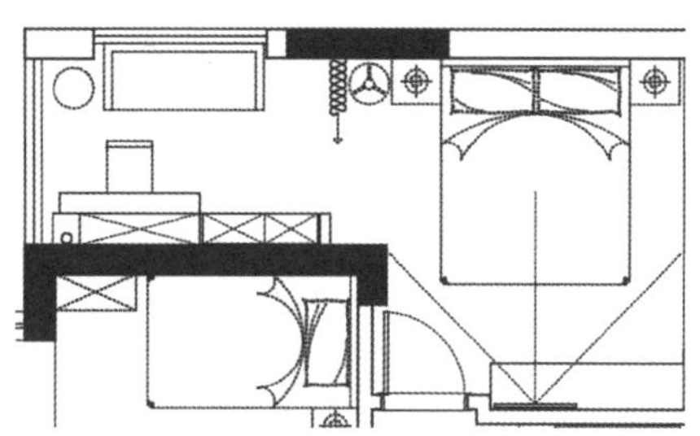

↑书房与卧室结合

书房与阳台结合，中间用推拉门进行分隔，既可做两个单独空间又可从阳台区域得到自然采光

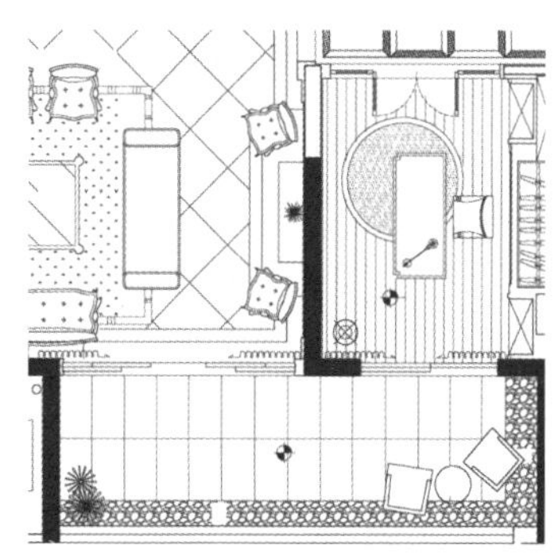

↑书房与阳台结合

思考与巩固

1. 书房图块的组合方式有哪些？
2. 书房配置时需要注意哪些尺寸？

六、厨房图块组合配置

学习目标	本小节重点讲解厨房图块的组合配置方式。
学习重点	了解厨房图块的配置方法。

1 厨房的布置形式

厨房的配置需注意厨具使用的流程，此流程为洗、切、煮，这三个流程是影响厨房设计的要素。近年来因饮食习惯及文化上的差异，为兼具整体的美感和功能性，有了“双厨房”的设计概念。所谓“双厨房”是指轻食与熟食分开料理，而轻食指冷食、水果、微波食品等简单无烟的食物及饮料，轻食空间通常利用岛台等形式采用开放式的设计。熟食是指热炒食物，熟食空间一般设置于靠近阳台、通风良好的空间，与轻食空间之间用透明玻璃门做空间上的分隔。

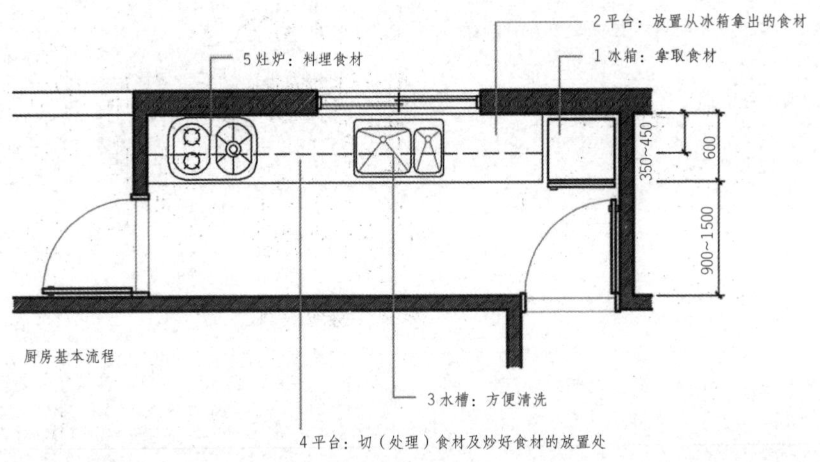

↑ 厨房的极限布置尺寸

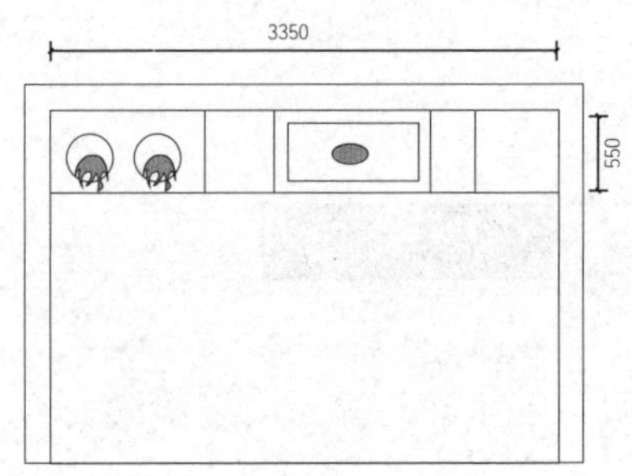

（1）一字型

特点：结构简单明了，节省空间面积，适合小户型家庭，适合擅长合理安排收纳及操作台的消费者。

（2）L 型

特点：节省空间面积，实用便捷。但是具有一定的局限性，两面墙的长度至少需要 1.5m。

（3）U 型

特点：两边柜体之间距离以 1200 ～1500mm 为佳，最好不要超过 3000mm。该形式需要空间面积≥ $4.6m^2$，两侧墙壁之间的净空宽度在 2.2m 以上。

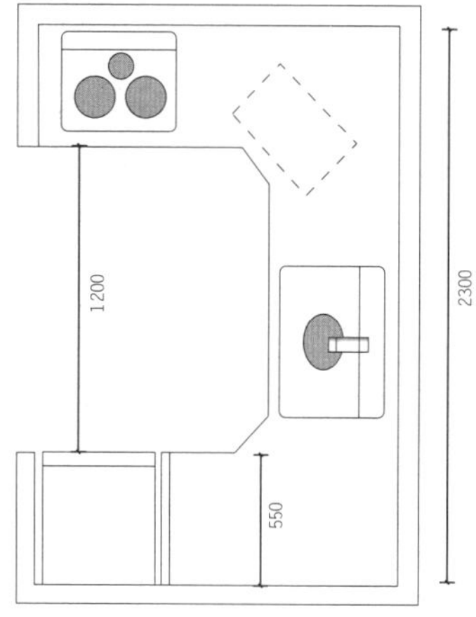

（4）走廊型

特点：动线比较紧凑，可以减少来回穿梭的次数。一般在狭长的空间中出现，使用率较低。

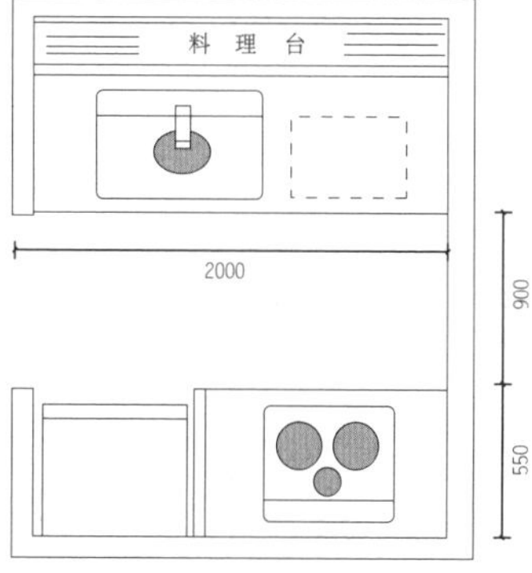

（5）中岛型

特点：空间开阔，中间设置的岛台具备更多使用功能，但是需要的空间面积较大。

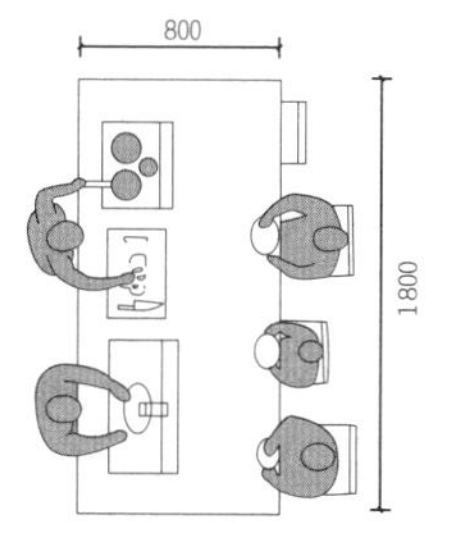

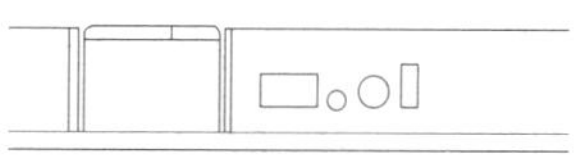

小贴士

岛台是指独立的台面兼具吧台、简餐台功能，并可以处理洗、切、备料的工作台。具有岛台配置的厨房空间采用开放式厨房造型居多，同时与餐厅空间结合，让厨房具有更大的发挥空间及互动关系。岛台的设计需注意：

①岛台与橱柜的距离不得少于900mm，也不宜大于1200mm。

②岛台长度尺寸至少为1500mm才够大方，但不宜大于2500mm。

③岛台深度尺寸应为800~1200mm。

④当岛台用来当吧台或者餐桌时，要处理好椅子的位置，需在伸出脚时有容纳之处。

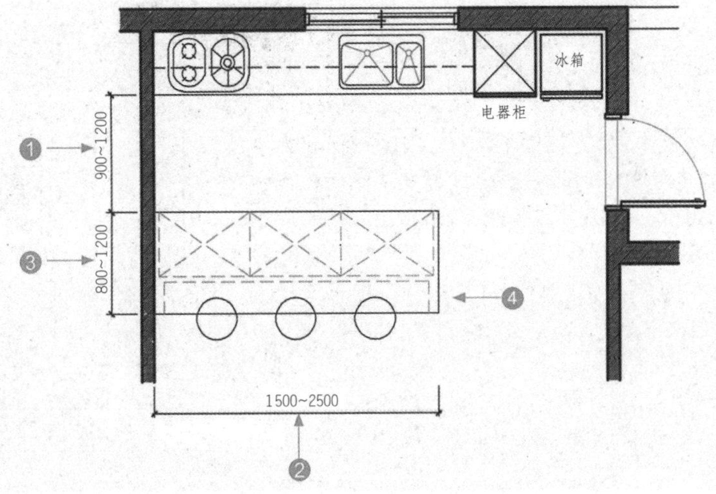

岛台的造型

厨房的宽度及纵深会影响岛台的设计配置，当然也要考虑个人使用需求及习惯，往往因为这些因素而延展出不同的岛台造型。

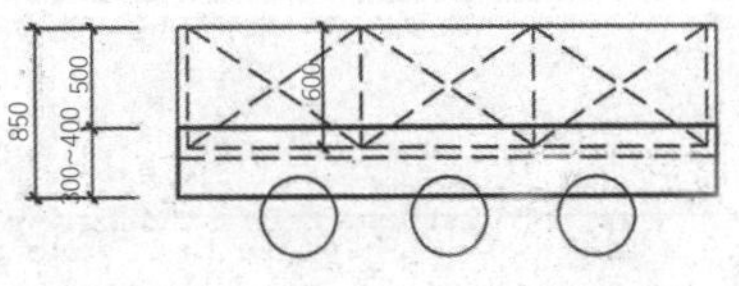

↑带吊柜的岛台造型

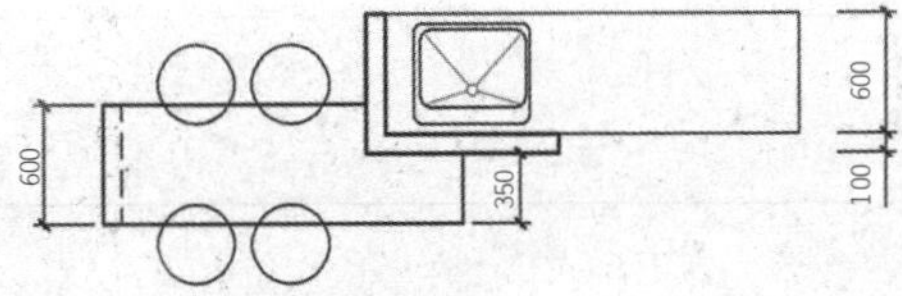

↑与吧台相连的岛台造型

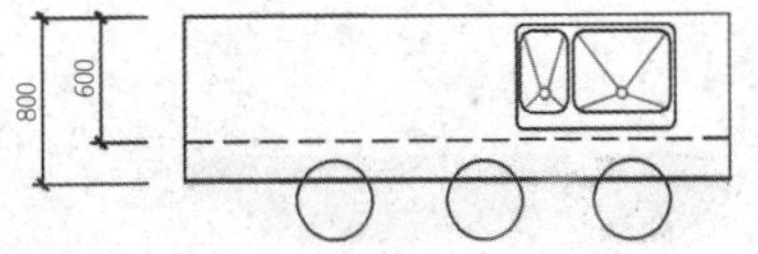

↑带洗菜池的岛台造型

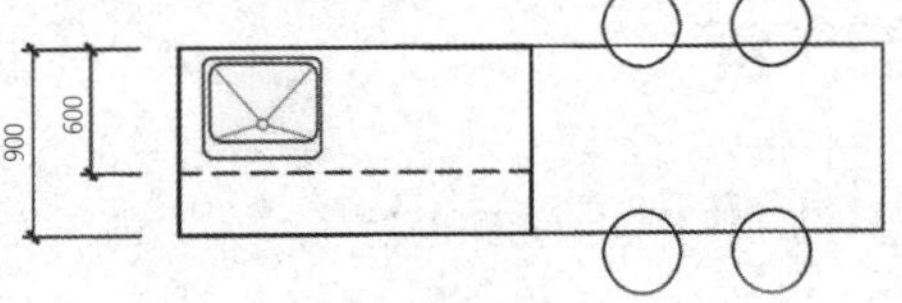

↑带洗菜池并与吧台相连的岛台造型

(6)混合型

多功能的岛台近几年很受大众的喜爱。不同形式的橱柜与岛台共同布置的厨房空间，可以兼具部分接待的功能，使厨房具有多功能性的同时，也增加了操作的空间。但是混合式布置比单独使用一字型等布置所需的空间要相对多一些。

①一字型＋岛台　形成回字动线，增加操作台的面积，而且转身即可拿取物品，对居住者来说方便又快捷。

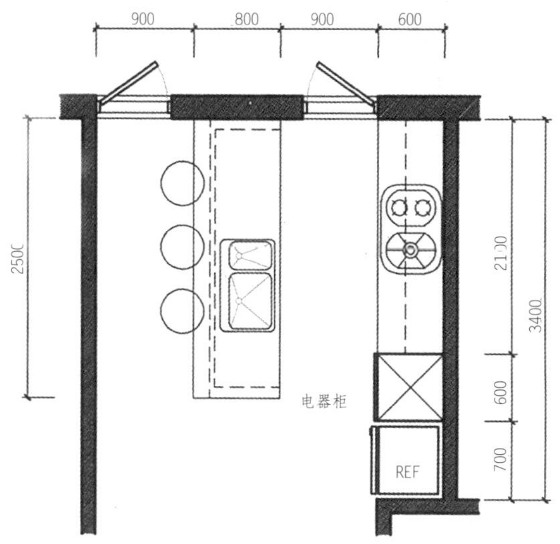

②L型＋岛台　岛台较小，但是能够有效地利用中间的空间，增加空间的利用率。

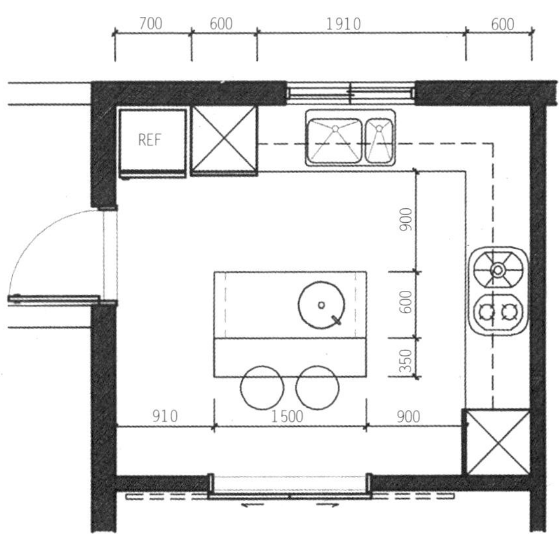

③走廊型＋岛台　走廊型结构和岛台形成U型动线，动线流畅，且增加了储物及拿取空间。

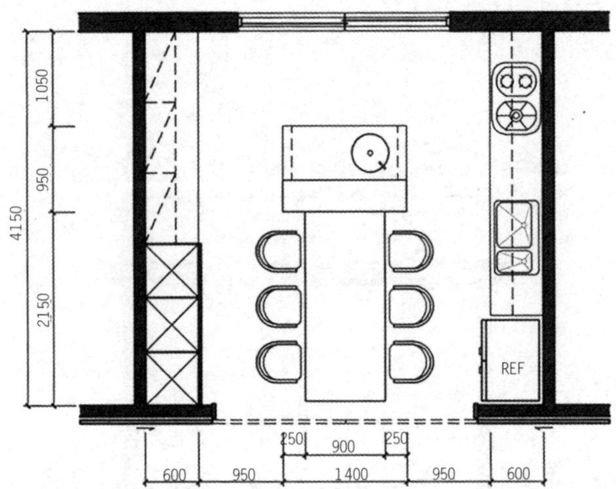

④双厨房　将冷食和热食分开。用玻璃拉门隔开热食区，可有效隔离油烟。冷食区能够进行一些西餐类的烹饪。

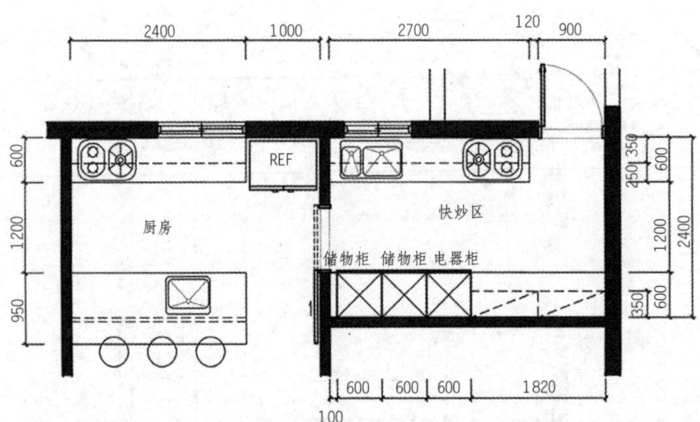

2 厨房的动线尺寸规划

（1）炉灶操作的人体尺寸关系

灶台到抽油烟机之间的距离最好不要超过 60cm，同时考虑主妇做饭时的便利程度，可结合其身高做一些适当调整。

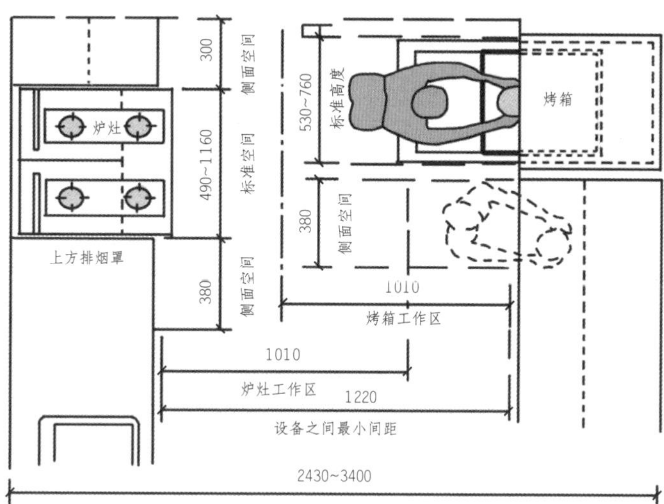

↑ 炉灶及活动范围尺寸图

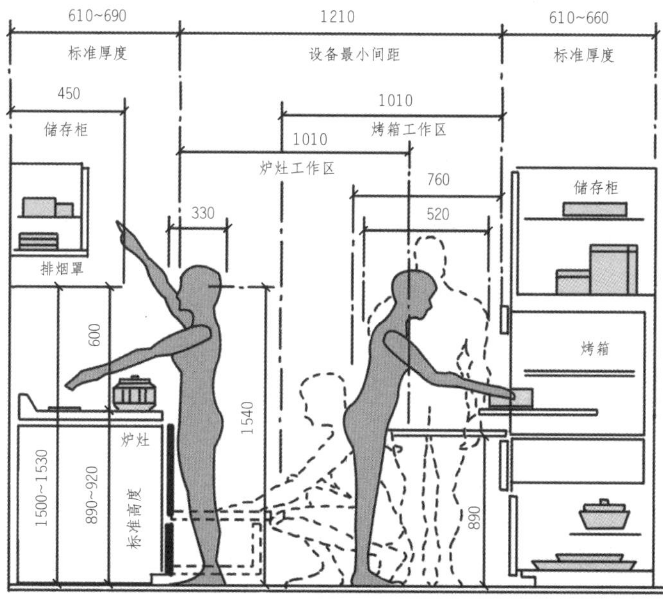

↑ 厨房拿取尺寸范围图

（2）案台操作动线尺寸

通常来说，若厨房面积较大，台面宽度≥600mm，这样的宽度一般的水槽和灶具的安装尺寸均可满足，挑选余地比较大；若厨房面积较小，台面宽度≥500mm即可。一般来说，台面适合65cm的深度。

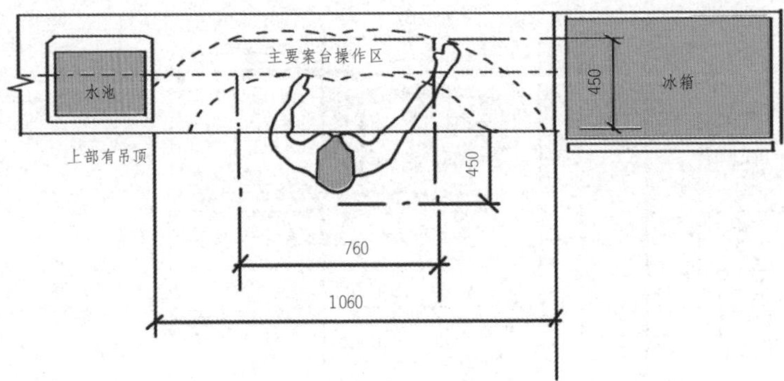

一般来说，台面适合650mm的深度

↑厨房案台操作尺寸

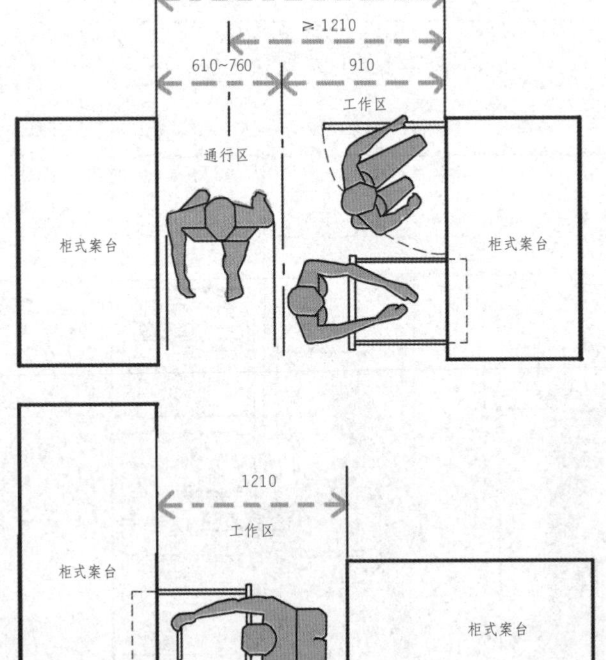

案台的操作面尺寸应根据使用者需求及其就餐习惯来确定，如：操作者前臂平抬，从手肘向下100~150mm的高度为厨房台面的最佳高度

↑厨房案台间的通行尺寸

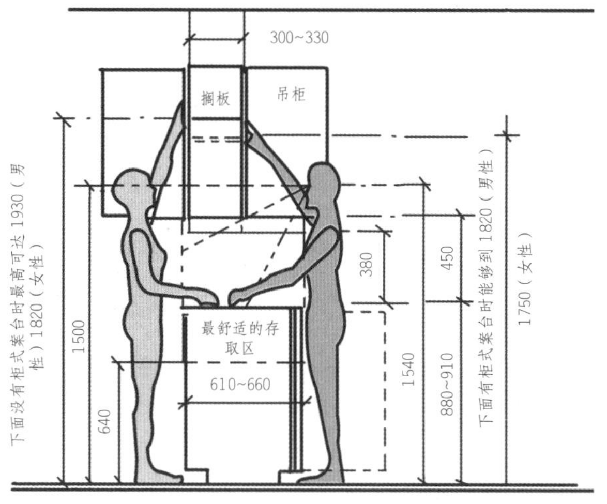

↑ 橱柜操作的人体尺寸关系

若想使下面的柜子容量大，可选择 100~150mm 的台面厚度，如果考虑到承重，就可以选择 250mm 厚的台面

（3）水池操作动线尺寸

根据工效学原理及厨房操作行为特点，在条件允许的情况下可将橱柜工作区台面划分为不等高的两个区域。水槽、操作台为高区，燃气灶为低区。

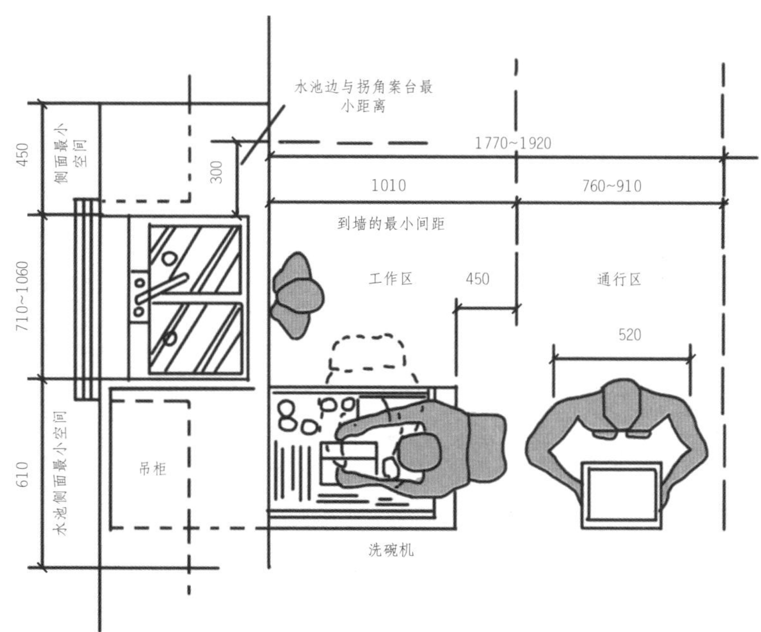

↑ 水池操作动线平面图

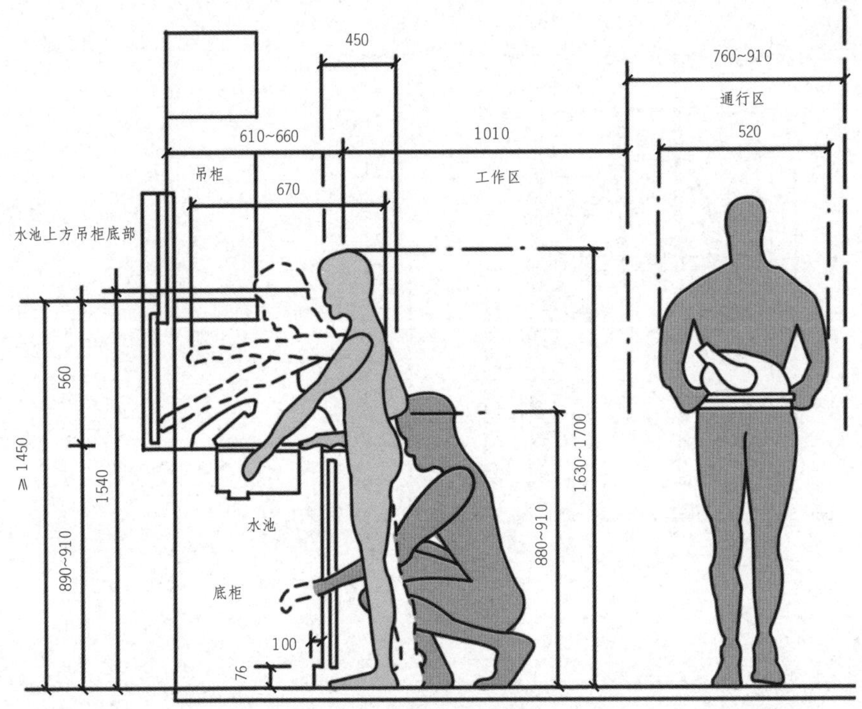

↑水池操作动线立面图

(4)冰箱操作动线尺寸

在摆放冰箱时，要把握好工作区的尺寸，以防止转身时太窄，整个空间显得局促。冰箱两边要各留 50mm，顶部留 250mm，这样冰箱才能更好地散热，从而不影响正常运作。

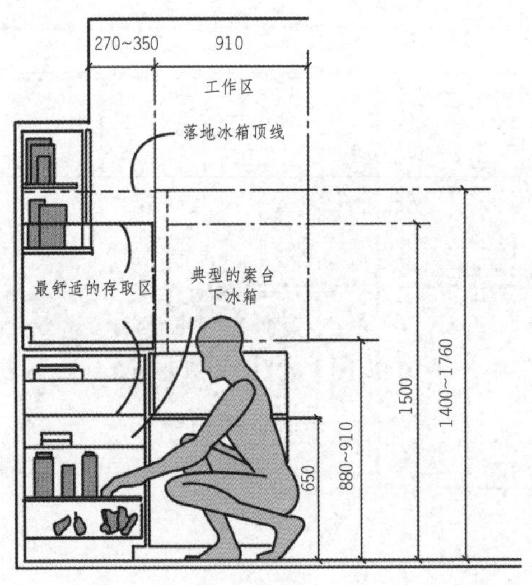

↑蹲下拿取冰箱物品时所需尺寸

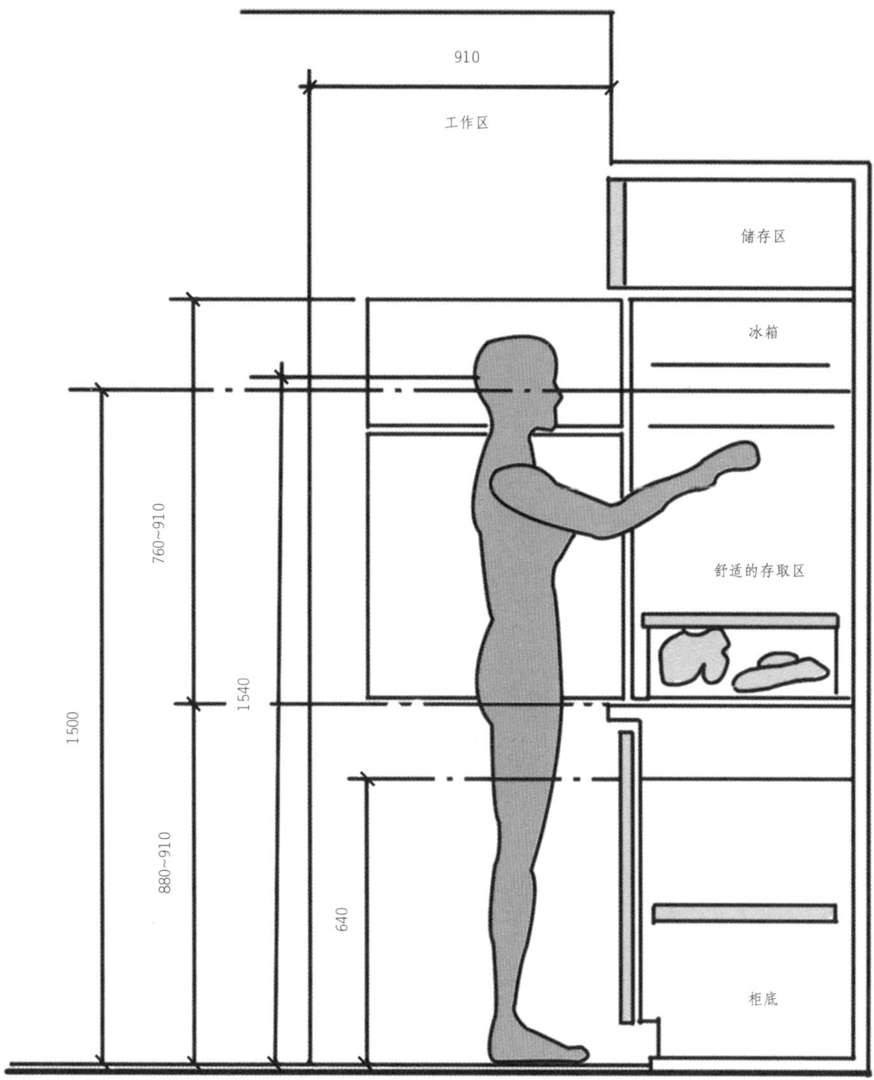

↑站立拿取冰箱物品时所需尺寸

思考与巩固

1. 厨房的布置形式有哪些？岛台的配置要点有哪些？

2. 厨房布置时需要注意哪些尺寸？

七、卫浴间图块组合配置

学习目标	本小节重点讲解卫浴间图块的组合配置方式。
学习重点	了解卫浴间图块的配置方法。

1 了解卫浴间图块的配置方法

卫浴间在家庭生活中是使用频率较高的场所之一，不仅是人解决基本生理需求的地方，而且还具有私密性，因而要时刻体现人文关怀，布置时合理组织功能和布局。

（1）折中型

特点：相对是经济实惠且使用方便的布置形式，组合方式也比较自由，但是部分设备布置在一起，会产生相互干扰的情况。

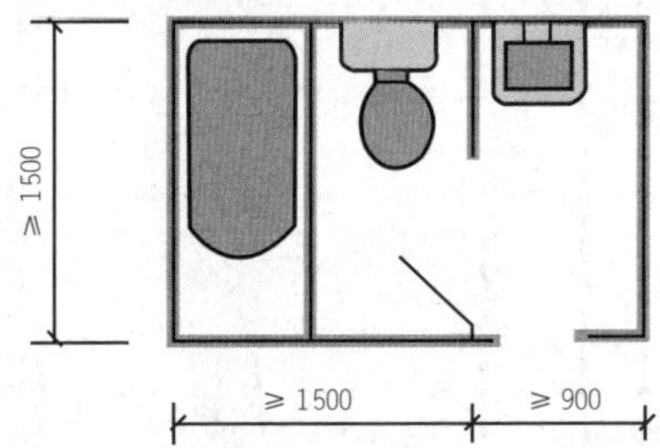

（2）兼用型

特点：节省空间面积、管道布置简单，相对经济、性价比高，且所有活动集中在一个空间内，动线较短。但是空间较局促，且当有人使用时，他人就不能使用；相应储藏能力低，不适合人口多的家庭使用。

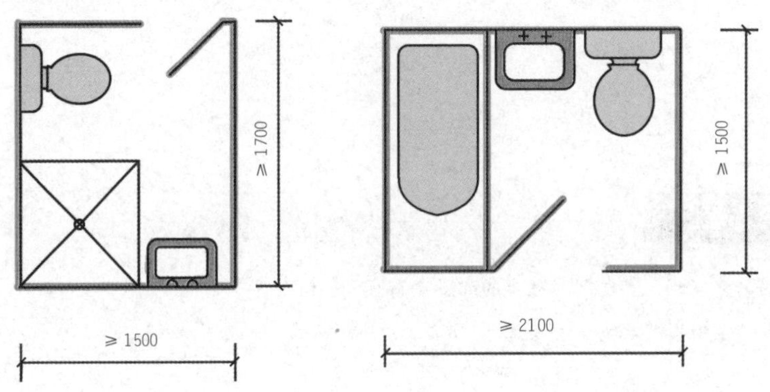

(3) 独立型

特点：各空间可以同时使用，在使用高峰期可避免相互干扰，各室分工明确，令人更舒适，适合人口多的家庭使用。但是占用较大空间面积，造价也较高。

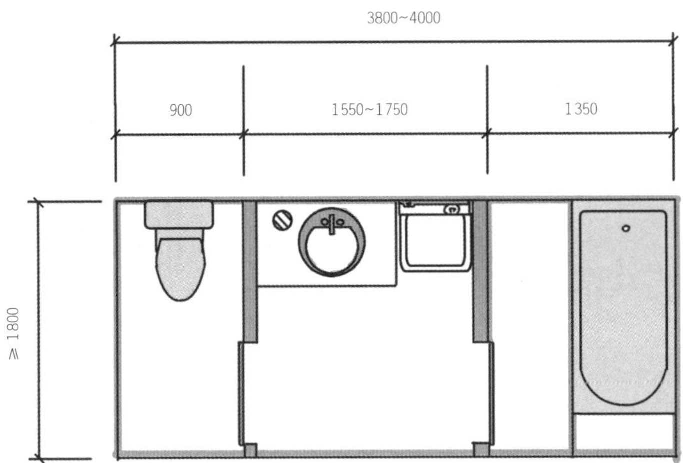

2 卫浴间的动线尺寸规划

(1) 洗漱动作尺寸

盥洗环节主要涉及的动作是台盆处的洗漱动作。一般洗脸台的高度为 800~1100mm，理想情况一般为 900mm，这也是符合大多数人需求的标准尺寸。

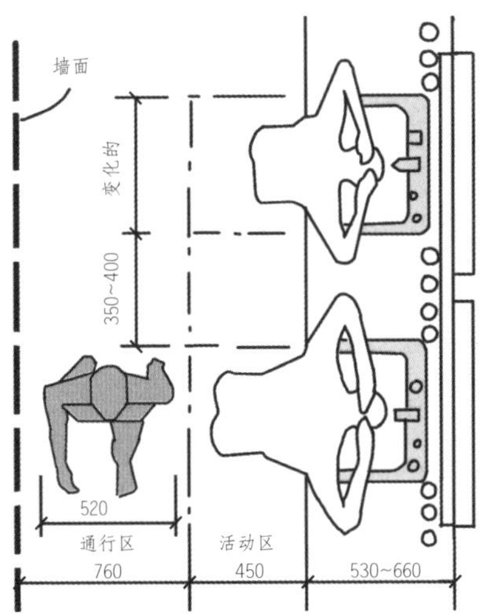

↑ 洗脸盆平面及间距

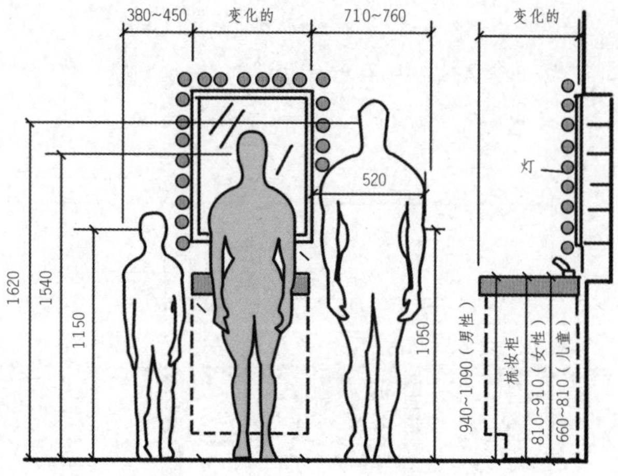

↑洗脸台通常考虑的尺寸

（2）便溺动作尺寸

坐便器前端到障碍物的距离应大于450mm，以方便站立、坐下等动作。

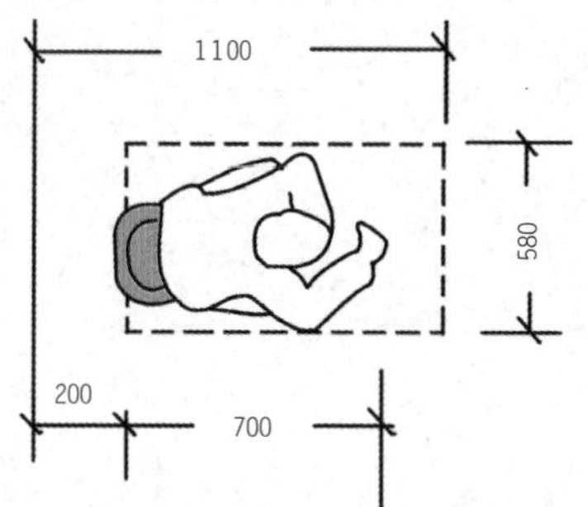

↑蹲便器（朝内）的平面尺寸

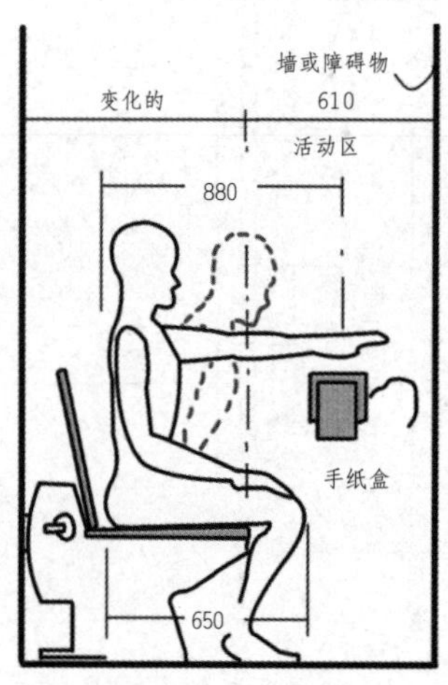

↑坐便器立面及间距

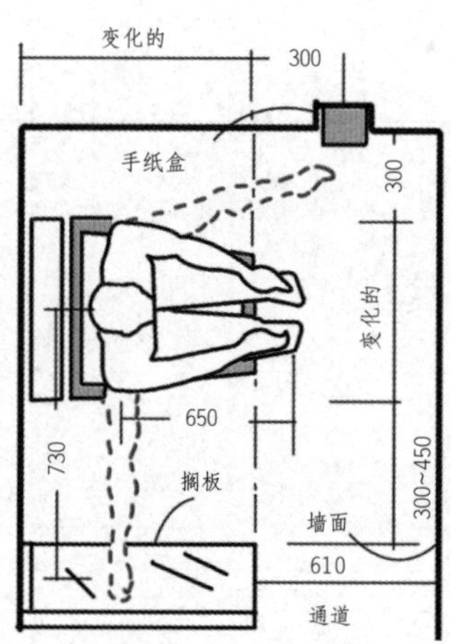

↑坐便器通常考虑的尺寸

(3）洗浴动作尺寸

洗浴时可以采用淋浴或者坐浴，这两种洗浴动作所需空间尺寸相差较大，设计时应该根据使用者习惯、卫生间空间大小来合理安排。

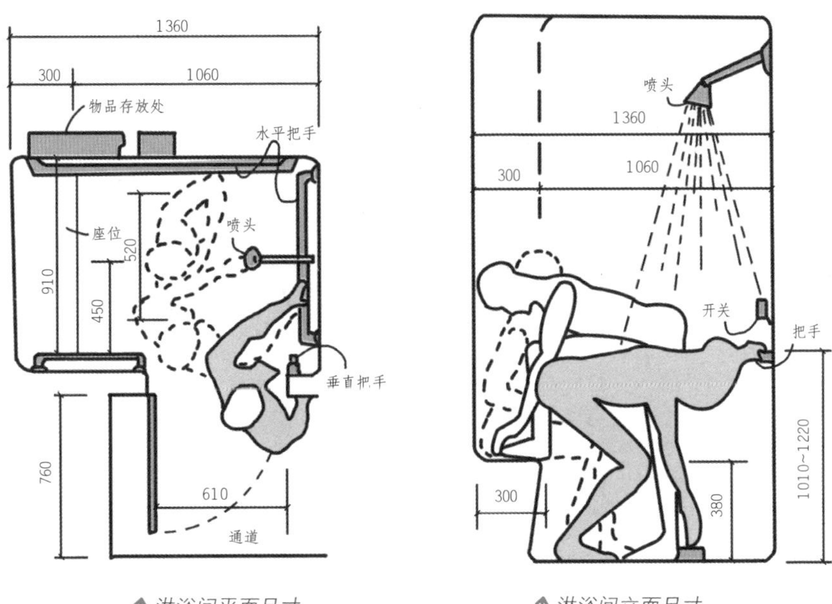

↑淋浴间平面尺寸　　↑淋浴间立面尺寸

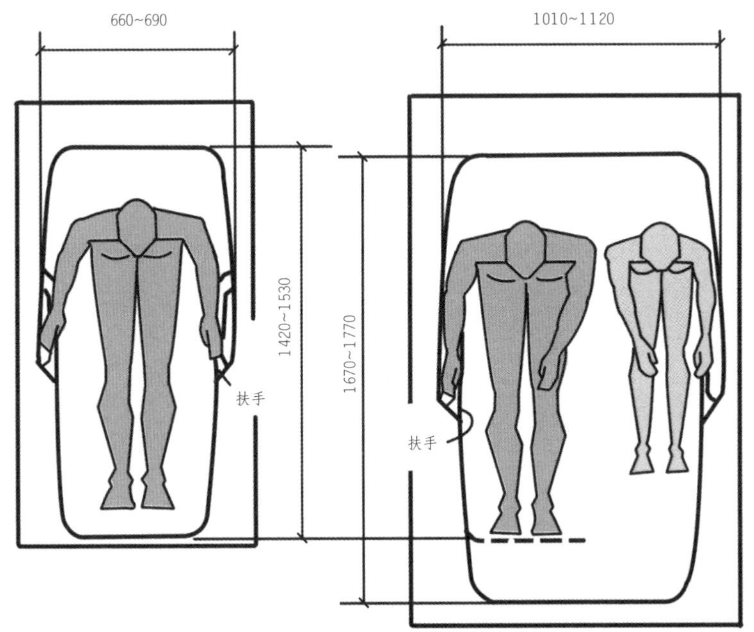

↑单人浴盆的平面尺寸　　↑双人浴盆的平面尺寸

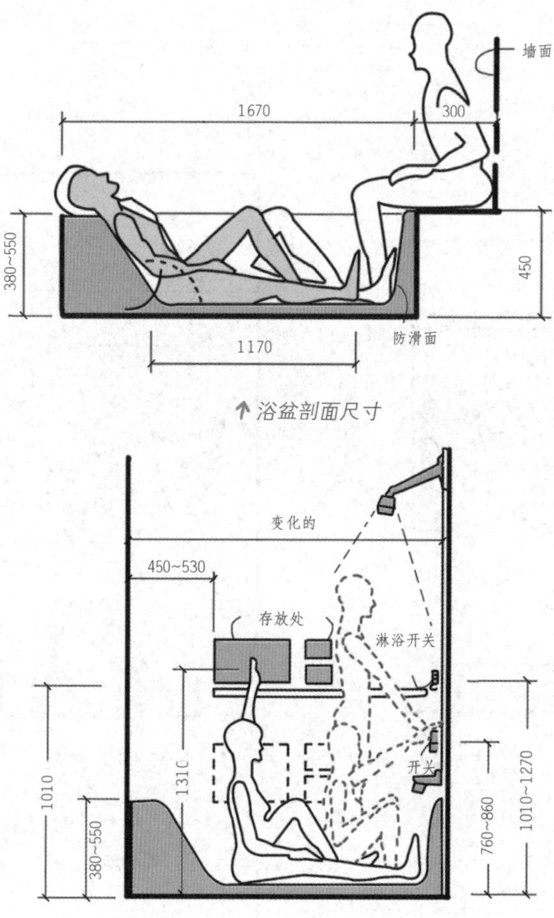

↑浴盆剖面尺寸

↑淋浴、坐浴立面活动范围所需的立面尺寸

（4）设备尺度规划

卫生间中的常见设备包括洗脸台、坐便器和淋浴房等，这些设备之间或与其他设备之间也应保有适宜的距离。例如，人的左右两肘撑开的宽度为 760mm，因此坐便器、洗脸台中心线到障碍物的距离不应小于 450mm。

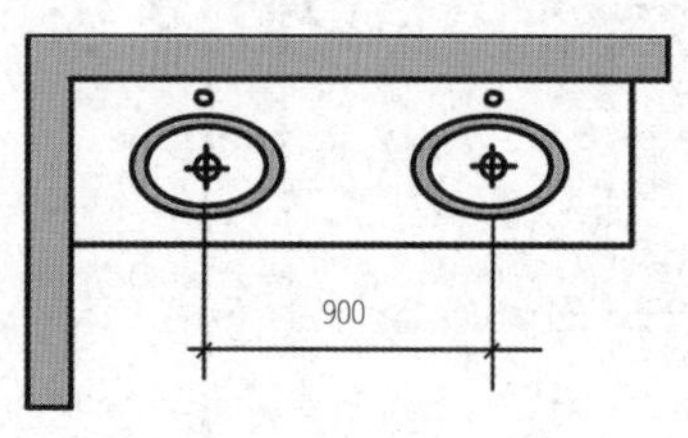

↑双洗脸台最佳距离

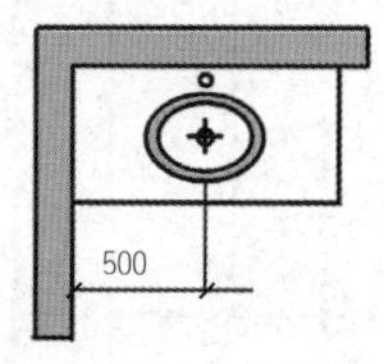

↑单洗脸台距墙最佳距离

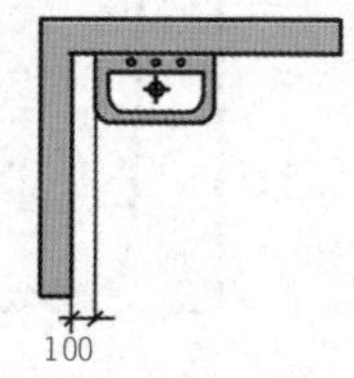

↑立式洗脸台距墙最小距离

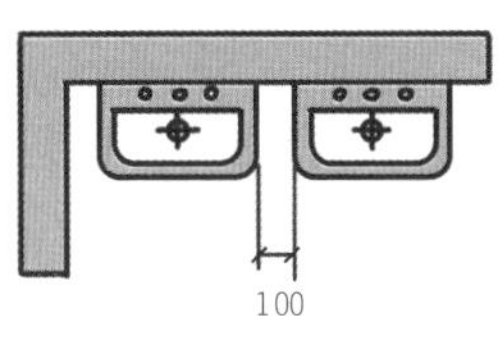

↑双立式洗脸台最小间距

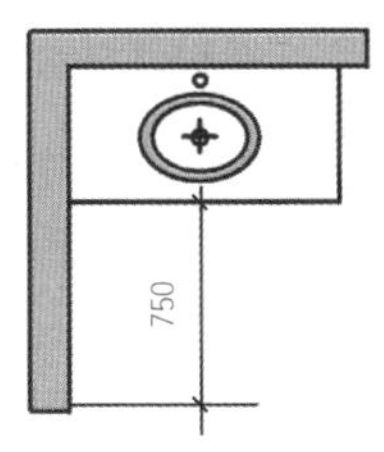

↑单洗脸台最佳距离

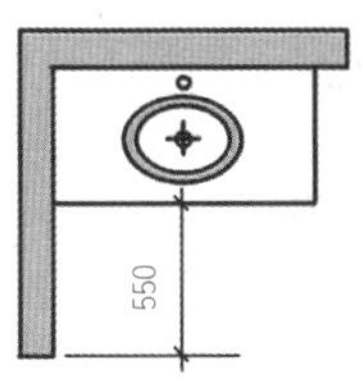

↑单洗脸台最小距离

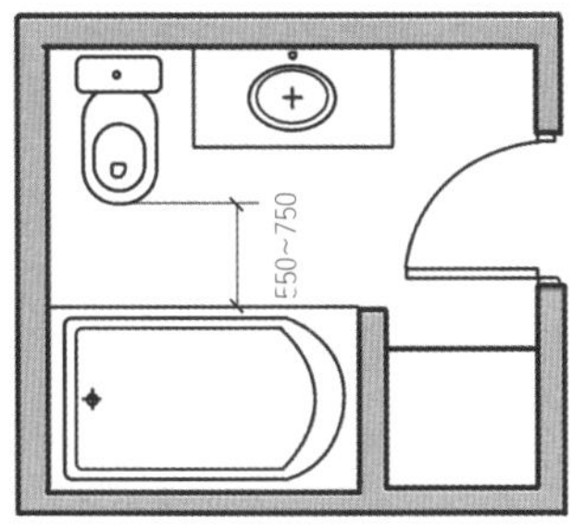

↑坐便器与浴缸之间的尺寸

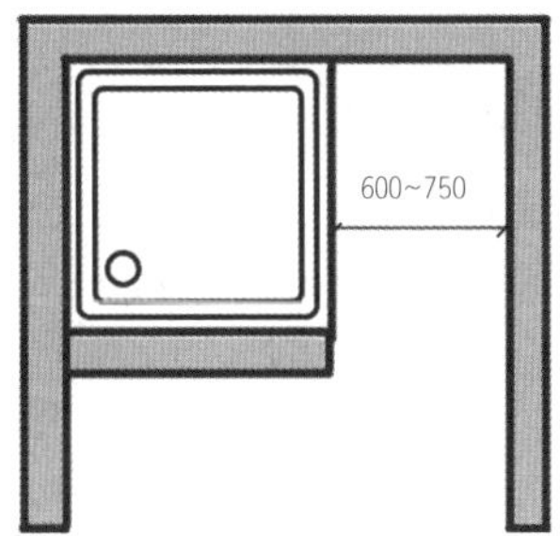

↑淋浴房距墙尺寸

因为通常人们会选择在浴室中站着照镜子，所以浴镜的高度应根据家庭成员的身高进行调节，浴镜离地高度应保持在 1300mm 左右，镜子中心保持在离地 1600~1650mm 比较好

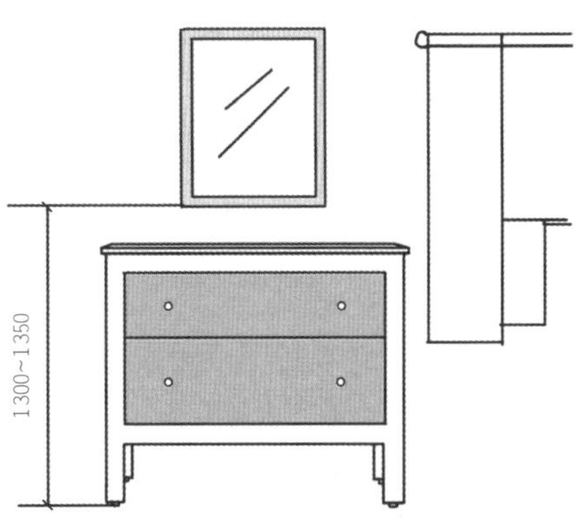

↑镜子的布置尺寸

思考与巩固

1. 卫浴间的配置分为哪几类？分别是什么？
2. 卫浴间的布置需要注意哪些尺寸？

八、整体户型图块组合配置

学习目标	本小节重点讲解整体户型中不同图块的组合方式。
学习重点	了解整体户型图块的配置方法。

1 整体户型中动线设计的尺寸应用

（1）个体的站立尺寸

个体站立时的空间是通行动线设计的主要依据。由于不同季节或者不同的人体情况的差异，工效学尺寸对于通行动线设计有着一定的影响。

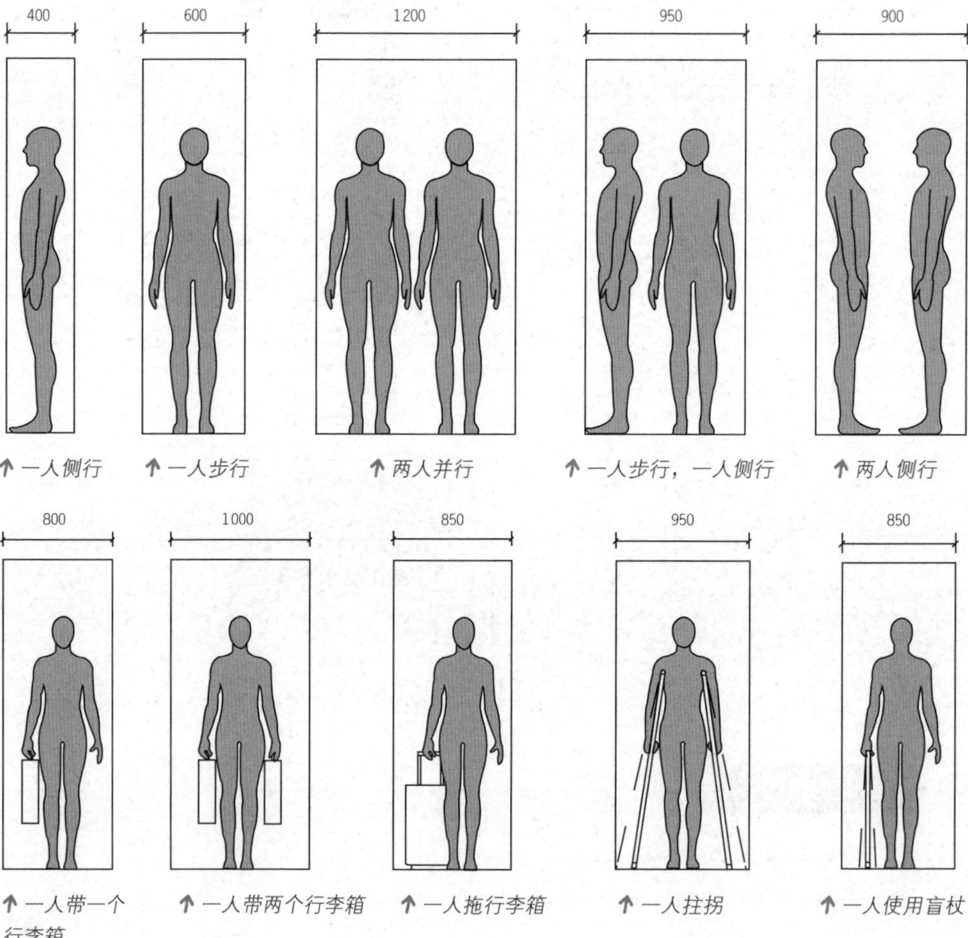

↑一人侧行　↑一人步行　↑两人并行　↑一人步行，一人侧行　↑两人侧行

↑一人带一个行李箱　↑一人带两个行李箱　↑一人拖行李箱　↑一人拄拐　↑一人使用盲杖

(2)人体的动作域

人体动作域相对来说是动态的，这种动态的尺度与活动情景有关。人体动作域是人们在室内运动的范围的大小，是确定室内空间的因素之一。室内家具的布置、室内空间动线的组织安排都需要考虑人在活动的情况下所需的空间。

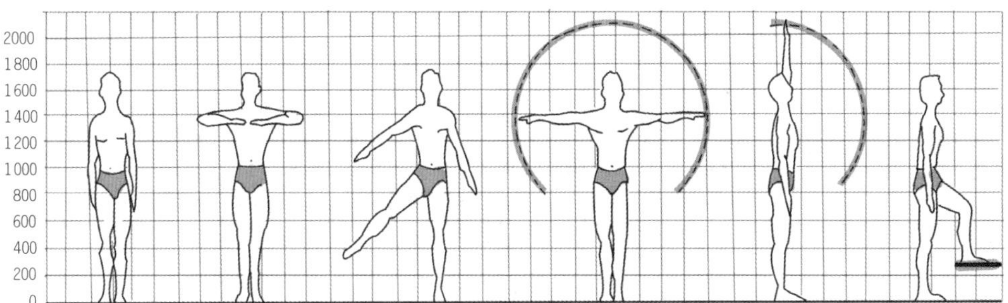

人体基本动作尺度 1——立姿、上楼动作尺度及活动空间（单位：mm）

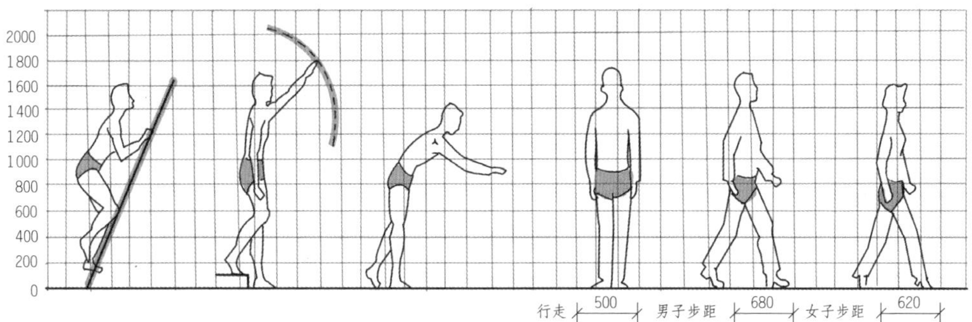

人体基本动作尺度 2——爬梯、下楼、行走动作尺度及活动空间（单位：mm）

↑ *上方两个图中人体活动所占的空间尺度是以实测的平均数为准，特殊情况可按实际需要适当增减*

2 整体户型的配置

整体户型在配置时，不仅要考虑居住者对空间功能上的需求，还要考虑整体空间动线的流畅性。室内空间动线根据人的行为习惯和生活方式把空间组织起来。室内动线应符合居住者的日常生活习惯，尽可能简洁，避免费时、低效的活动。室内动线布局方案如下。

(1)根据空间重要性确定主动线

依照空间重要性排列即按照通常意义上的功能定位，对住宅进行大致的功能动线分析，通过草图梳理出主动线的序列，并对不合理的地方进行更改，避免浪费空间。

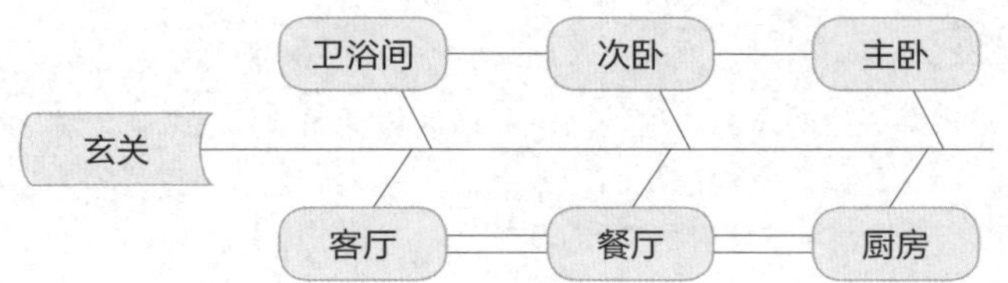

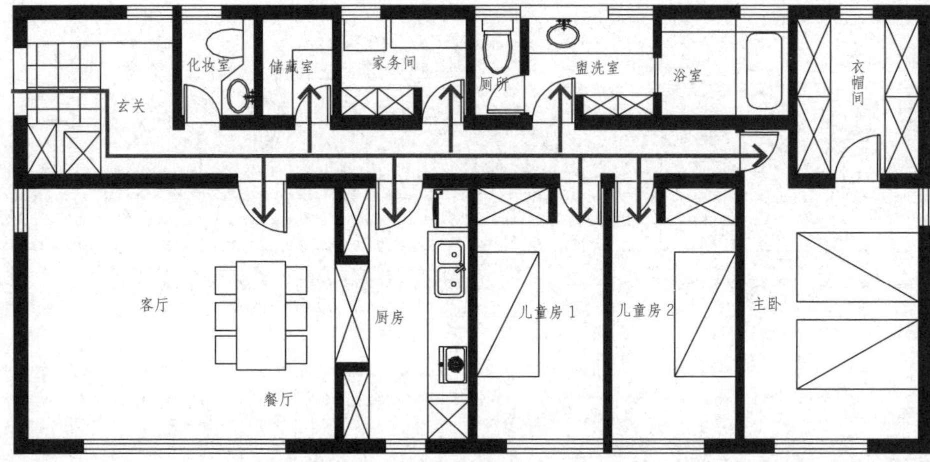

↑ 原户型动线分析

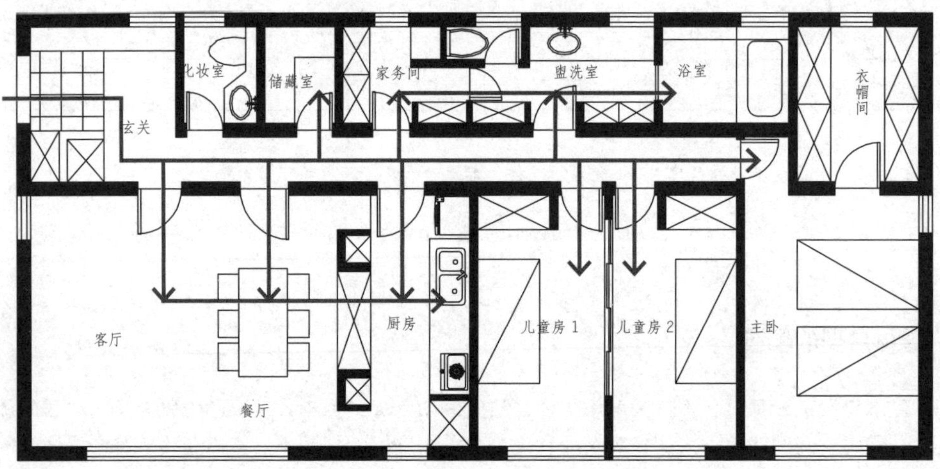

↑ 户型改造后动线分析

（2）依生活习惯安排空间顺序

每个家庭、每个居住者都有不相同的生活习惯，会对空间有不一样的需求，因此便有了不同的空间顺序，从而导致动线的不同。因此，在规划动线之前须先了解住宅使用成员的生活习惯，才能做好空间顺序的安排，打造符合居住者使用习惯的顺畅动线。

例如：家中书房的位置规划一般有独立式和开敞式两种。如果是在家办公或在阅读时对环境要求较高的居住者，独立式书房可以不容易被打扰；如果对于阅读氛围要求并不高，同时也想在阅读时能兼顾一些其他活动，比如照看孩子、看电视等，则可以选择开敞式书房。在动线安排上，上图的独立式书房由于是大家共用，会规划在公共领域，动线安排在次动线上；下图的开放式书房与客厅的动线整合在一起，适合一心多用的场景。

↑ *独立式书房大家共用，大都规划于公共领域，动线安排在次动线上*

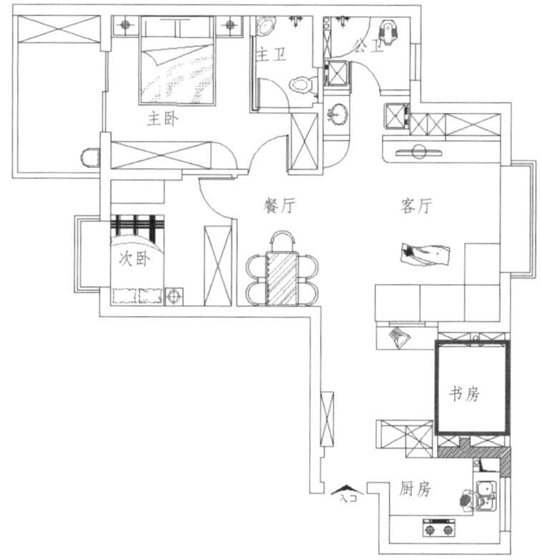

↑ *开放式书房与客厅的动线整合在一起，适合一心多用的场景*

(3)共用动线，重叠主次动线

动线可分为从一个空间移动到另一个空间的主动线，以及在同一空间内所发生的包括移动性与机能性的次动线。而将多个移动的主动线整合成一个主动线，或是将移动的主动线与机能的次动线重叠在一起，都能形成共用动线。这种方式不仅可以让动线更加明快流畅，而且还能节省不必要的空间，使空间变大，视觉宽敞度相对也会增加。

①“主动线 + 主动线”的重叠：将空间与空间移动的主动线尽量重叠，可节省空间。例如，玄关→客厅→主卧→厨房→次卧→书房，本来需要 5 条主动线，现在可用一条贯穿的主动线来整合这 5 条移动的主动线，创造空间的最大使用效率。

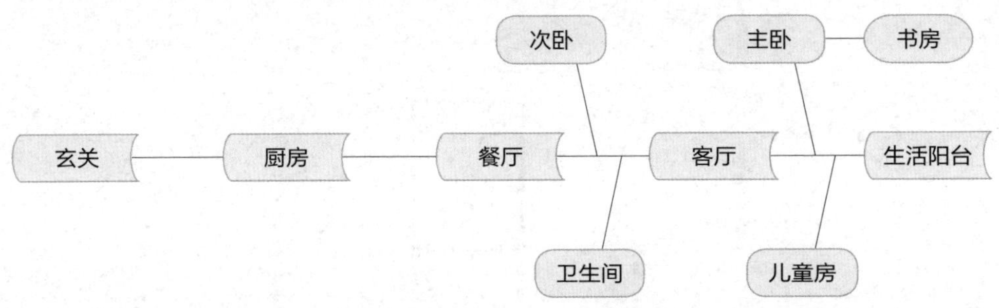

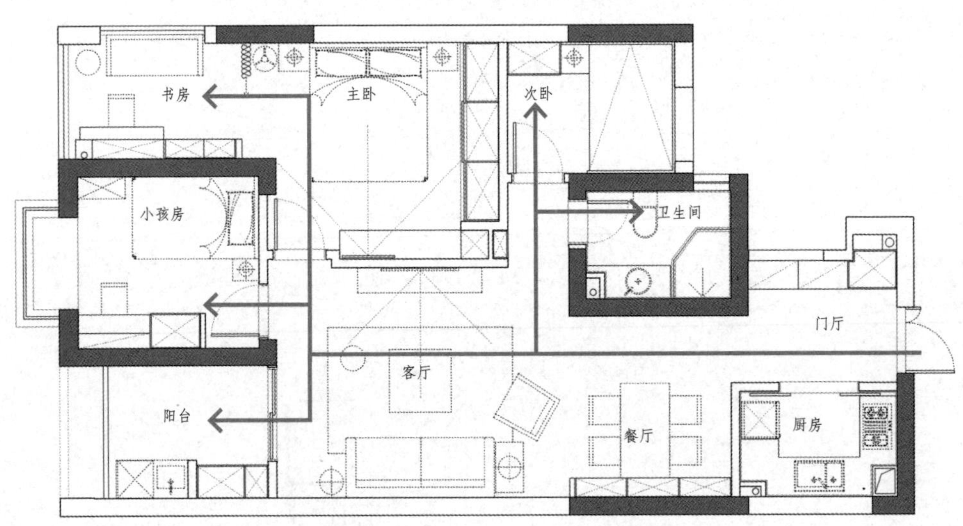

↑将厨房、餐厅、客厅与阳台的主动线重叠，然后通过客厅两边限定出的虚拟走道将其他功能空间的主动线串联起来，形成较为简单的网状动线结构

②“主动线＋次动线”的重叠：主动线与次动线重叠不仅节省空间，更能创造流畅的动线。

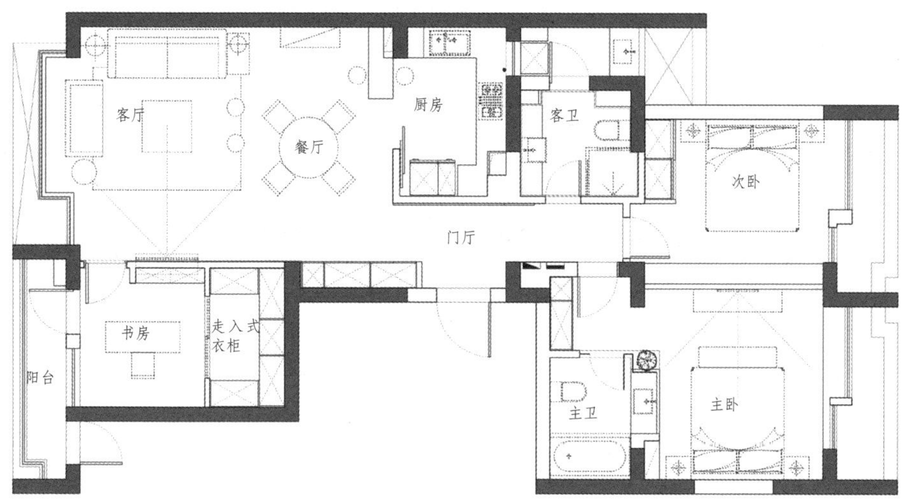

↑将从客厅移动到书房的主动线，与在客厅使用电视柜时柜子前的次动线整合在一起，就是主动线与次动线重叠

③“主动线＋主动线＋次动线”的重叠：将主动线与主动线以及次动线全部整合在一起，则可打造不论是空间到空间的移动行走，或是在空间使用机能上的最佳流畅动线。

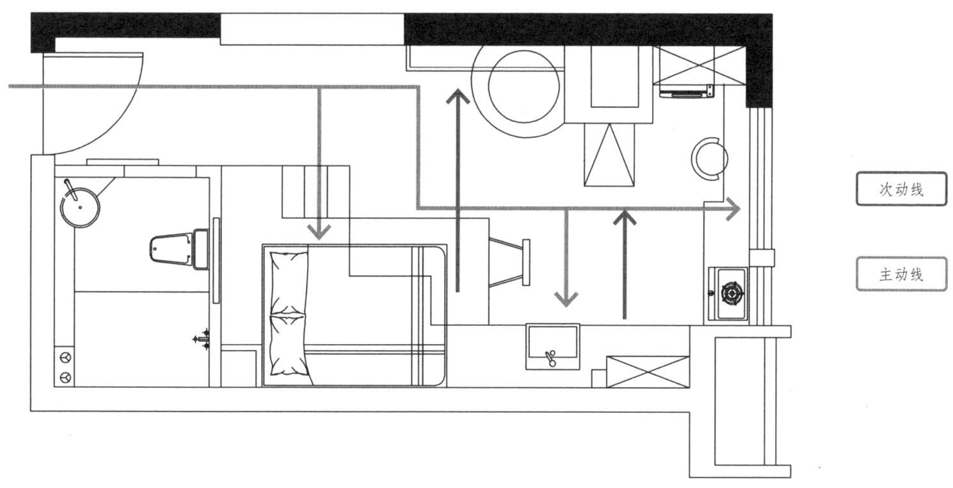

↑用一条共用走道，整合所有的动线，包含玄关→客厅→餐厅→厨房→卧室→卫浴间等空间之间的主动线，而这个走道还整合了使用客厅电视与餐厨的机能次动线

小贴士

门的开法决定动线方向

门的开法决定了人运动的方向，对动线有着很大的影响。常见的开门方向有两种，分别是外开和内开，选择时需考虑到空间环境以及人的动作，这样才能创造方便、舒适的动线。

房间门一般向内开是因为房间通常有窗，门内开后，房间的气流会顺势把门抵着。若房门向外开，屋内气流就很有可能会把门推开。

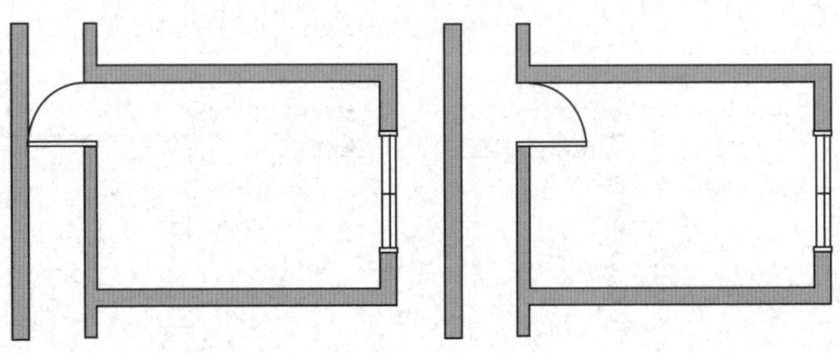

（4）增加灵活变化的动线

虽然直线动线行走明快、节省空间，但有时反而失去空间的变化趣味性。例如，根据空间格局的特性规划出回字形动线，和直线动线有机结合就能让行走路线有两种变化方式，增强空间转换的趣味性。

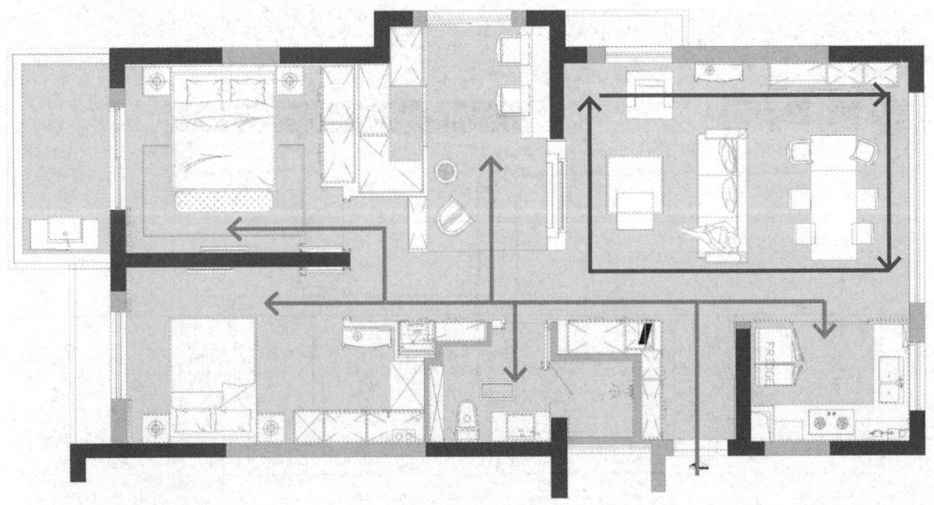

思考与巩固

1. 整体户型配置中动线该如何规划？
2. 动线规划中需要注意的尺寸有哪些？

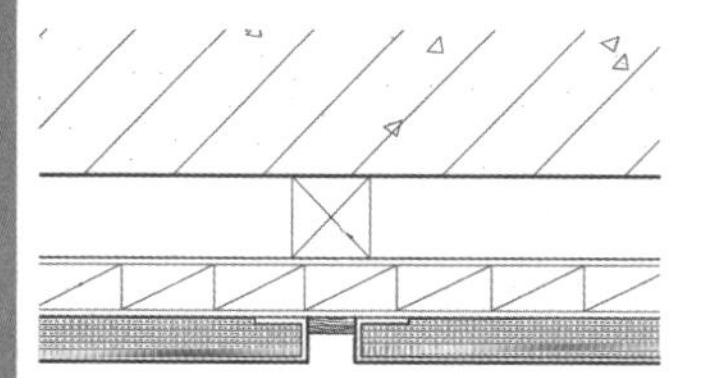
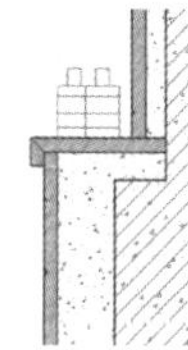
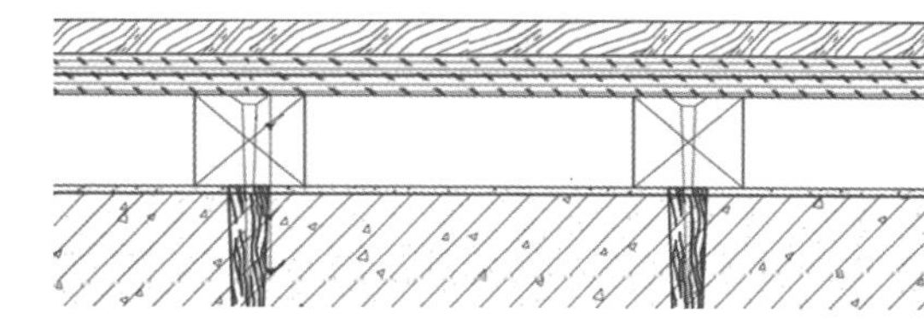

第四章 施工图的设计与表达

施工图的设计与表达关系着设计的最终呈现效果，系统的施工图纸能够清晰明了地表达整体的施工流程。每张施工图所解决的问题都不同，但每张图都是相互对应的，合在一起才能更好地解决现场施工的问题。

扫码下载本章课件

一、施工图的绘制内容与流程

学习目标	本小节重点讲解施工图的作用以及图纸流程。
学习重点	了解施工图的概念，明确施工图的流程。

1 施工图纸包括的内容

施工图纸一共包含了 16 种图纸类型，每份图纸都有其绘制的意义，方便不同工种的施工人员能够依据准确的尺寸去施工，从而达到设计效果与实际施工相符合的目的。

原始平面图 → 墙体拆除图 → 墙体新建图
↓
平面布置图 → 家具尺寸图 → 天花布置图
↓
天花尺寸图 → 地面配置图 → 面积示意图
↓
开关控制图 → 插座布置图 → 水路系统图
↓
电路系统图 → 立面索引图 → 立面系统图
↓
节点系统图

↑ *施工图纸的类型及绘制流程*

2 了解施工流程的重要性

设计师在工作中避免不了接触到实际现场施工的相关内容。设计很重要，但是让设计能够按照图纸落地也是一项很重要的内容。

在施工人员进场前一定要制订好进度、计划及人工计划表，合理地安排施工计划才能够让施工有序的进行，并能够避免一些施工失误的发生。另外，要注意在每项施工完成后都要对该项目进行验收，尤其是水电工程这类隐蔽工程，若是施工后期才发现错误，弥补失误的成本会很高。

接受施工图任务（图纸、合同书、报价单等资料）

安排工程监理

与业主见面，设计交底以及物业报建

施工准备

设备验证 —— 人工计划 —— 材料计划 —— 进度计划

施工人员进场，现场交底

拆除工程

原材料进场基础验证

泥工砌墙及抹灰

水电前期施工

防潮、防水施工及隐蔽工程检测

泥水铺贴地面砖

木工制作（框架部分）及检测（设计师现场交底）

泥工镶贴墙面瓷砖、门槛石、窗台石

木工制作及检测

油漆、批灰前期施工及检测

绘水电竣工图

泥、木、油漆、批灰后期施工

工程扫尾及卫生清理

竣工验收

工程结算

交付使用

售后服务

↑ *施工流程图*

思考与巩固

1. 施工图纸包含哪些图纸？图纸流程是什么？

2. 施工的流程是什么样的顺序？

二、原始平面图及墙体拆除与新建图

学习目标	本小节重点讲解原始平面图、墙体拆除图及墙体新建图的内容。
学习重点	了解原始平面图、墙体拆除图及墙体新建图的内容。

1 原始平面图

原始平面图是设计师根据原始建筑图纸（通常可从物业手中获取），并综合现场测量的数据绘制而成的，其平面图真实地反映了空间的现状及具体尺寸，方便设计师进行设计，并且减少图纸与实际施工的误差。

原始平面图的绘制内容

① 明确建筑的平面结构，包括隔墙的位置、横向与竖向构件及管井的位置等内容。

② 根据原始建筑图纸，表达出建筑轴号、轴线及尺寸。

③ 综合原始建筑图纸和现场实际情况，标明空间内的标高。

通过图例标明烟道、管井等构造的具体位置。

图例（以右图为例）	名称
	承重墙体（不可拆除）
	非承重墙（可拆除）
	梁
	电梯间
	给、排水管
	烟道

图面中不同图层的线型要按照要求（详见本书第二章）进行区分。

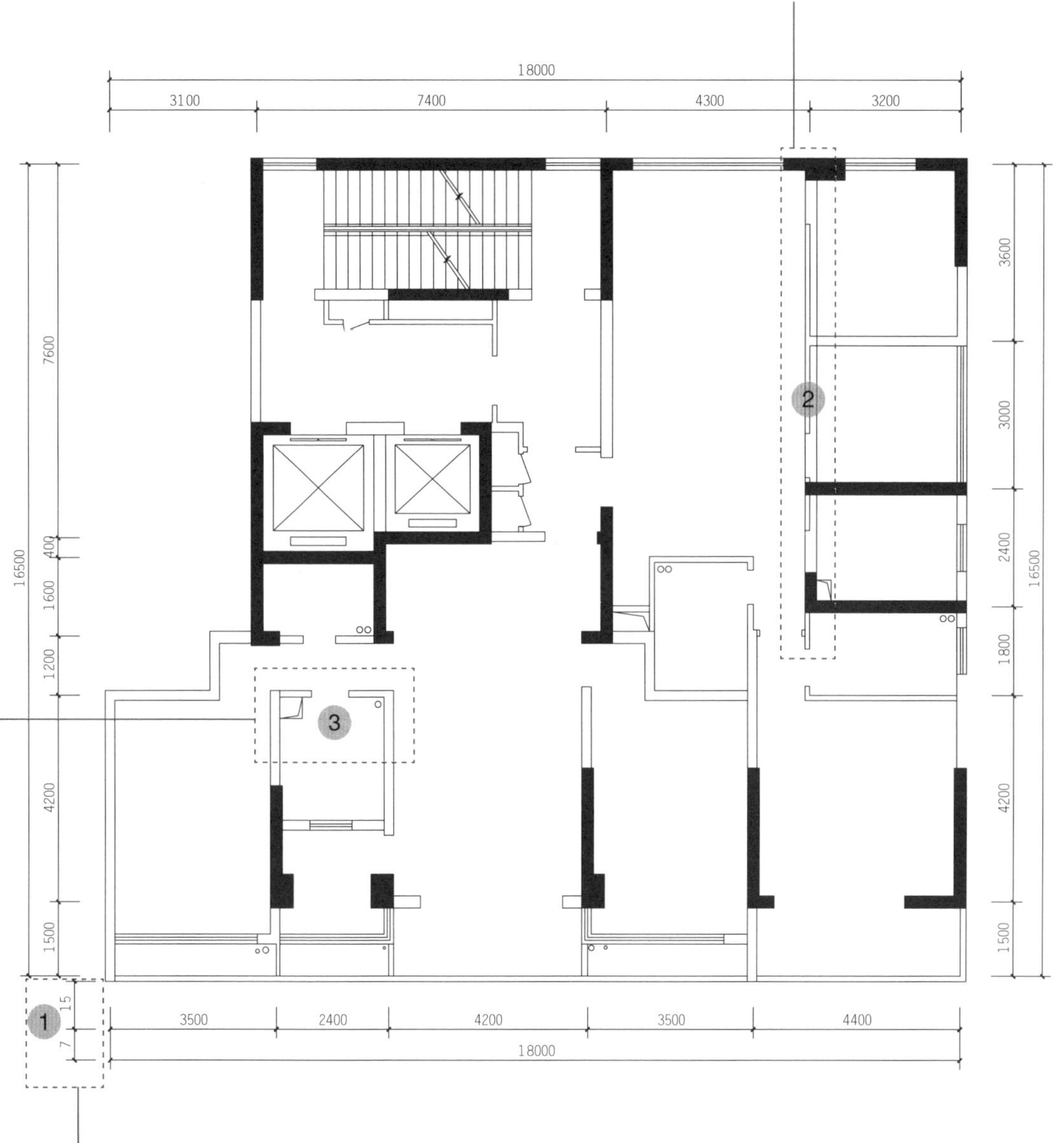

尺寸线与图样最外轮廓线的距离为 15mm，尺寸线之间的距离为 7mm，版面必须整洁规范，尺寸不能盖住轴线。

↑原始平面图版面绘制解析

2 墙体拆除图

当室内设计因平面布置图影响到原有隔墙时，就需修改墙体，要注意承重结构及墙体钢筋都不可拆除。而且所绘制的图要明确标识拆除的位置及尺寸，这样才能减少拆除时所产生的误差及问题。通常情况下现场拆除时，也会依拆除示意图，使用喷漆或者粉笔等工具标识在现场需要更改及拆除的墙面上。

墙体拆除图的绘制内容

① 标明拆除墙体的位置。
② 标注拆除墙体的尺寸。
③ 标明轴线的位置。

4

图例（以右图为例）	名称
	拆除的墙体

注：以上图例为绘制墙体拆除图中的常见图例，以及约定俗成的图例绘制方式。

3100

7600

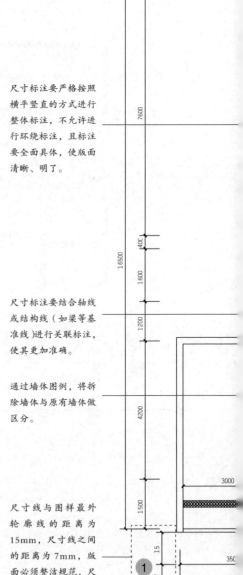

400

16500

尺寸标注要严格按照横平竖直的方式进行整体标注，不允许进行环绕标注，且标注要全面具体，使版面清晰、明了。

尺寸标注要结合轴线或结构线（如梁等基准线）进行关联标注，使其更加准确。

通过墙体图例，将拆除墙体与原有墙体做区分。

尺寸线与图样最外轮廓线的距离为15mm，尺寸线之间的距离为7mm，版面必须整洁规范，尺寸不能盖住轴线。

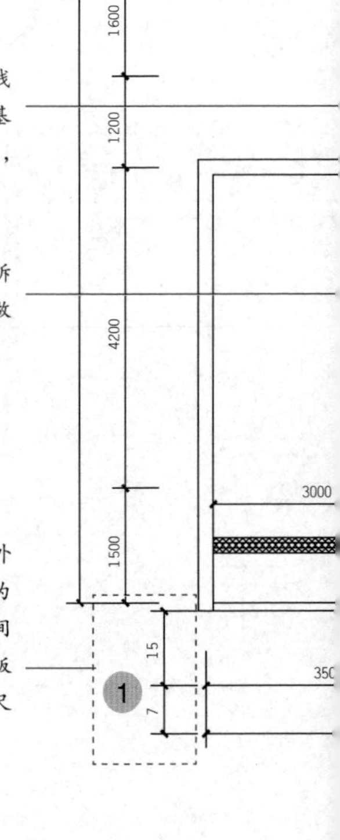

墙体遇到门洞、窗洞或者拆除设备、地面及墙面表面材质时，需加注文字说明。若是项目较大，门洞数量和样式较多的情况下，可以对门洞进行索引。

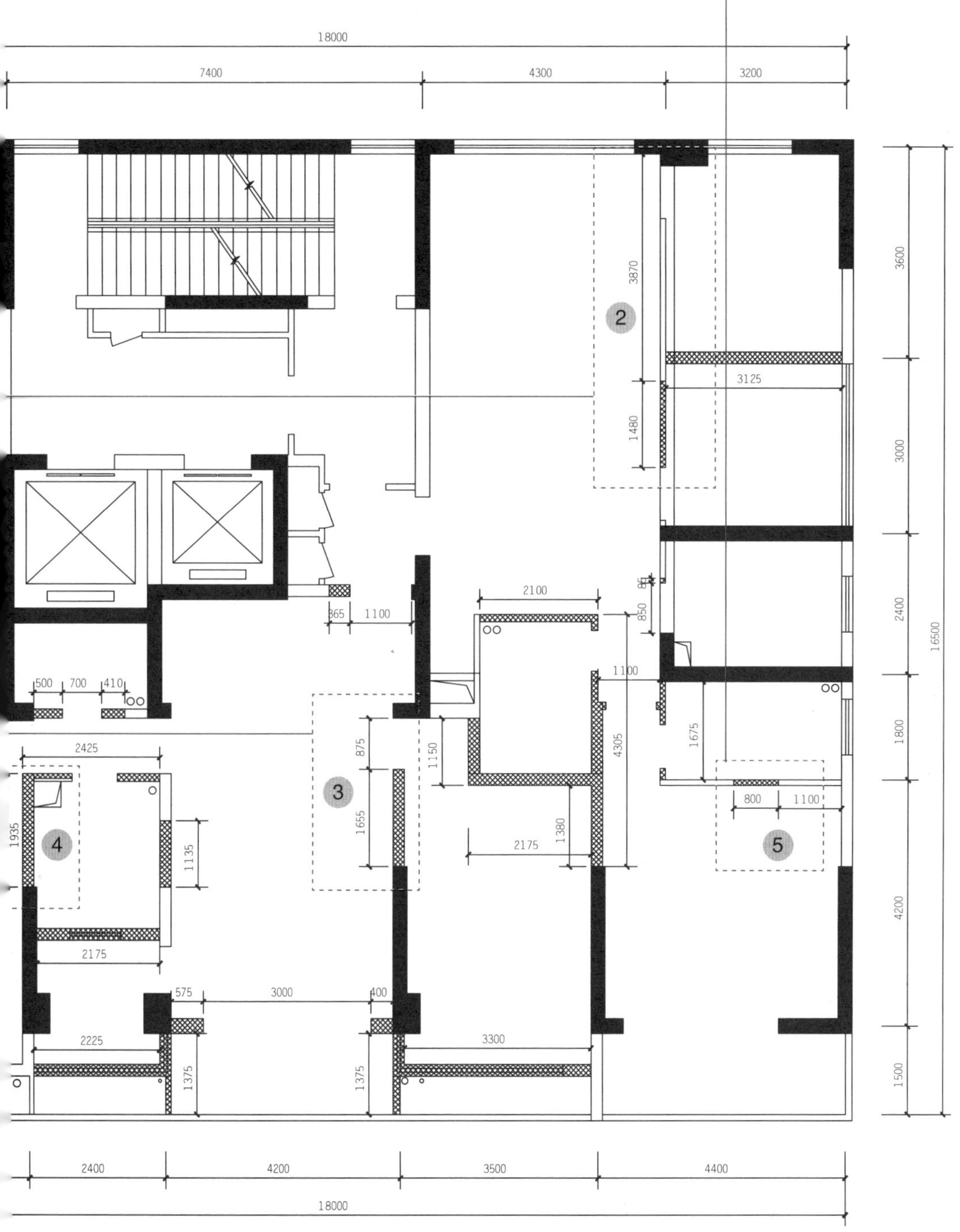

↑ 墙体拆除图版面绘制解析

3 墙体新建图

墙体新建图需要重点标明新建墙体的位置以及墙体的厚度和长度，方便施工单位进行施工。

墙体新建图的绘制内容

① 新建墙体的位置。

② 新建墙体的类型，最好标明新建墙体的做法。

③ 新建墙体的尺寸标注。

④ 轴线的位置。

图例（以右图为例）	名称
（斜线填充图例）	新建的墙体

注：以上图例为绘制墙体新建图中的常见图例，以及约定俗成的图例绘制方式。

索引符号	门洞尺寸（宽 × 高）/mm
D-01	2700×2400
D-02	1000×2200
D-03	900×2200
D-04	850×2200
D-05	800×2200
D-06	650×2200

通过墙体图例，如有多种不同工艺的墙体，则需注明不同图例对应的工艺做法。

尺寸标注要严格按照横平竖直的方式进行整体标注，不允许进行环绕标注，且标注要全面具体，使版面清晰、明了。

尺寸标注要结合轴线或结构线（如梁等基准线）进行关联标注，使其更加准确。

尺寸线与图样最外轮廓线的距离为15mm，尺寸线之间的距离为7mm，版面必须整洁规范，尺寸不能盖住轴线。

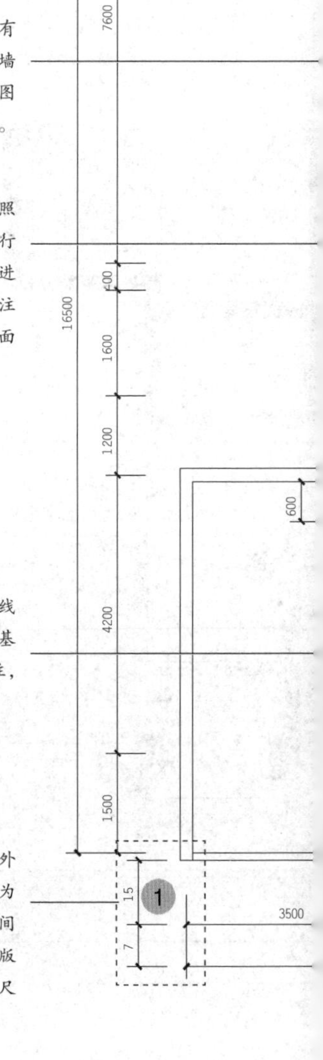

新建墙体中若有门洞的位置，应通过索引符号对门洞区域进行索引。

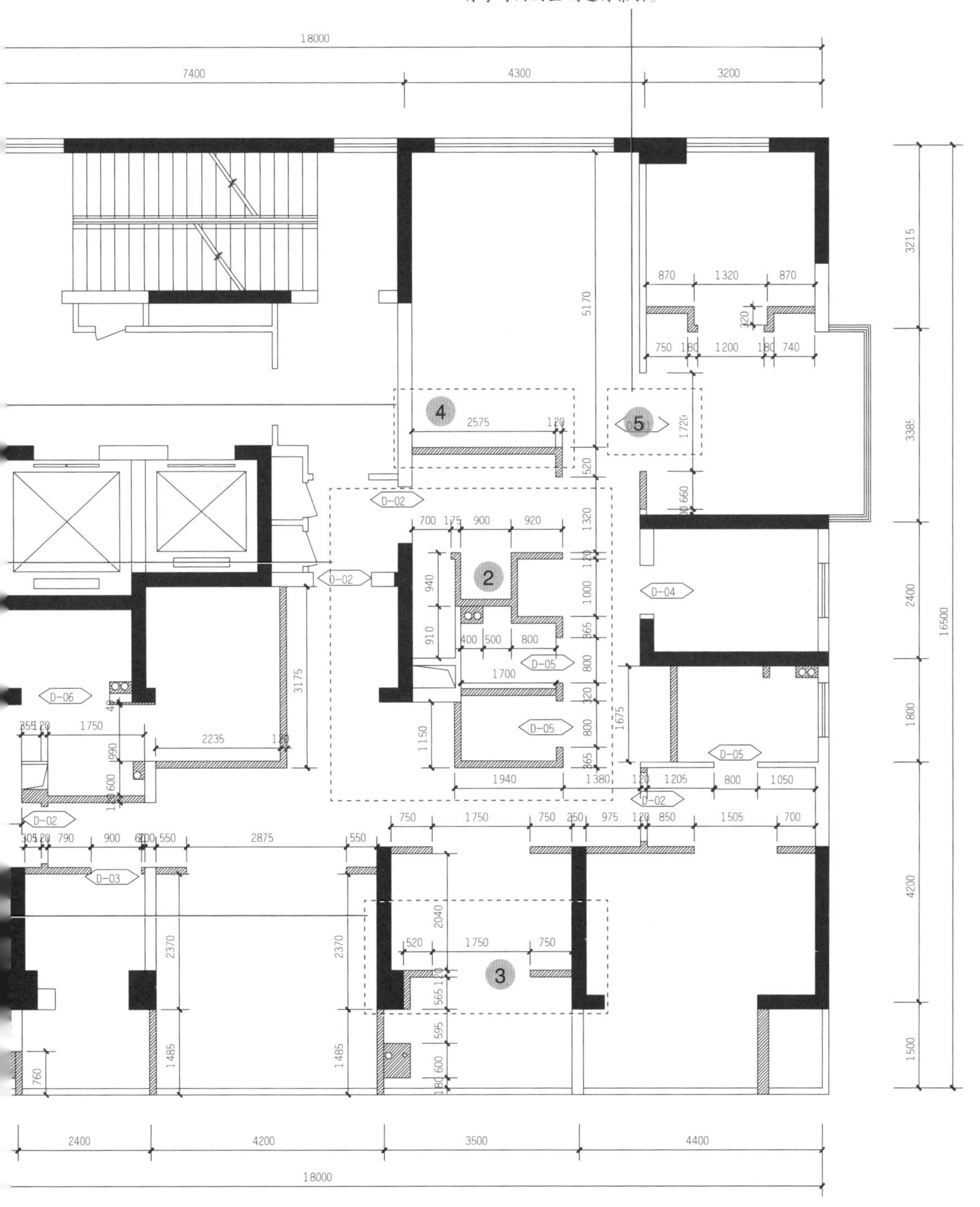

↑ 墙体新建图的版面绘制解析

墙体新建图的深化思维解析

新建墙体的选择依据

室内隔墙经常采用的材质有 1/2B 砖砌块墙、轻钢龙骨隔墙等。通过高度及墙体完成面材料，进行墙体承重能力分析，从而确定墙体材料，获取墙体厚度。比如家装中多层别墅中有面 5m 高的墙体，墙面为石材，分析 5m 高的墙体属于超高墙体，墙面石材若采用湿贴会产生安全隐患，故采用干挂安装，此处隔墙直接使用钢结构隔墙即可。

特殊区域的施工要点

卫生间湿区隔断：为防止楼板与墙体接缝处发生渗漏，需从楼板上做地梁及防水处理。

隔墙门洞窗洞：考虑开关闭合易导致墙体变形开裂，为避免墙体变形需进行加固处理。

砌块墙门洞处：需添加过梁，使门洞上方砌块不会因建筑重量而产生变形。

小贴士

新建墙体所处区域不同或者厚度需求不同，其做法也不一样，在施工图中进行标注的时候要注意区分它们在厚度和画法上的差别。并且在图例旁边标注好墙体的做法说明，帮助施工人员更好地按图纸施工。

图例	墙体做法说明
	砌块隔墙：砌块隔墙采用600mm×300mm×200mm立砌，通过水泥逐块逐层黏合成为墙体，上块之间竖缝错开1/2，配以钢筋ϕ6加固。双面抹灰15mm厚
	轻钢龙骨隔墙：镀锌钢方管50mm×50mm×3mm@400mm，楼板至结构顶（M10膨胀螺栓固定，满填防火隔声岩棉120kg/m^2；地面做C20地垄墙一道，宽度同隔墙，高度300mm），双面双层9.5mm厚水泥压力板，双层粗细钢挂网（镀锌钢网ϕ5mm，孔径80mm×80mm），镀锌钢网ϕ0.6mm、孔径100mm，20mm厚水泥砂浆抹灰层（内掺建筑黏结胶）；两遍聚氨酯防水涂料，地面上翻300mm，10mm厚水泥砂浆保护层，腻子找平，面层刷乳胶漆
	隔断：镀锌钢方管50mm×50mm×3mm@400mm，楼板至结构顶（M10膨胀螺栓固定，满填防火隔声岩棉120kg/m^2；地面做C20地垄墙一道，宽度同隔墙，高度300mm），面层为木饰面/石材

图内大部分墙体均采用120mm厚的轻钢龙骨隔墙，这也是比较常见的隔墙之一。

门洞处留有相应的位置，并标注门洞的索引符号，使施工单位明确门洞的位置与尺寸。

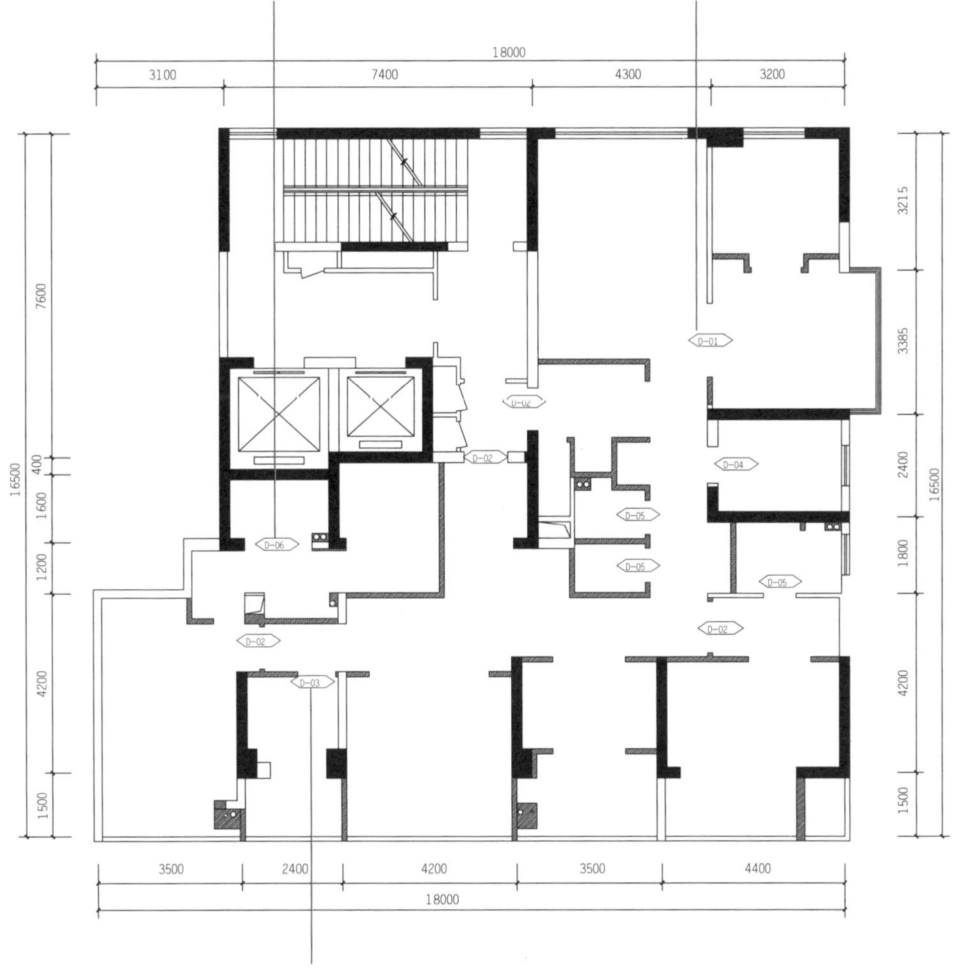

图中均将管道的位置做了包立管的设计，保证美观性的同时，也保护了管道。

↑ 墙体新建图深化思维解析

思考与巩固

1. 原始平面图、墙体拆除图及墙体新建图分别是什么？版面绘制的要求有哪些？

2. 它们的图纸常用图例有哪些？

三、平面布置图与家具尺寸图

学习目标	本小节重点讲解平面布置图与家具尺寸图的内容。
学习重点	了解平面布置图及家具尺寸图的作用与内容。

1 平面布置图

平面布置图是设计师根据业主的需求对原有空间进行设计的图纸，在配置上要对现场有足够的了解，力求平面图能够正确及完整，这样才不至于影响后续图的绘制及施工，设计师必须审慎思考及加强经验积累，才能让布置图上的每一个线条及对象都正确无误。

平面布置图的绘制内容

① 标明不同区域的名称、编号。

② 表达出隔墙、隔断、固定家具、固定构件、活动家具、窗帘的位置。

③ 完整展示出电器、绿化植物、灯饰及陈列的图例。

④ 标明轴线的位置。

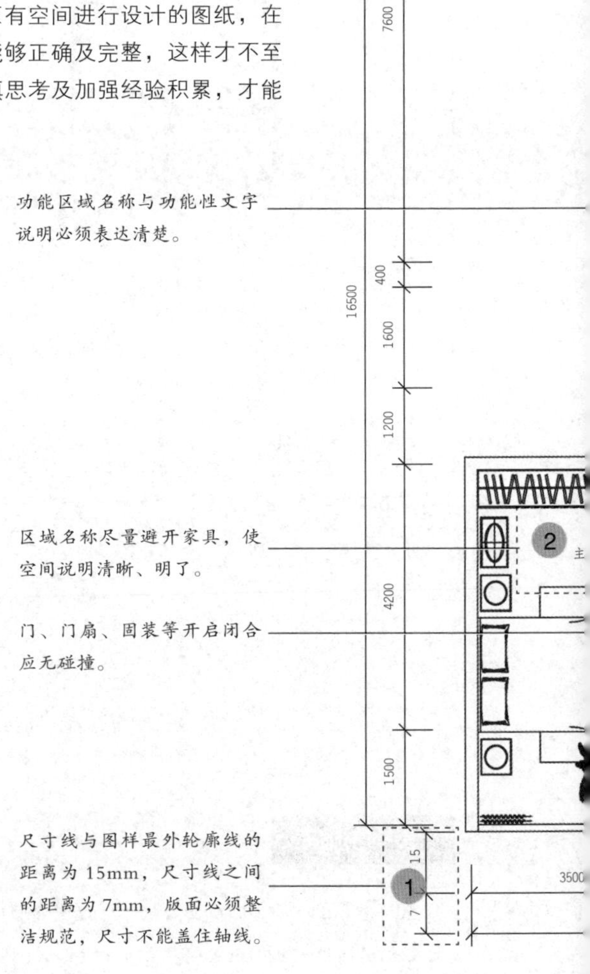

3100
功能区域名称与功能性文字说明必须表达清楚。
7600
16500
400
1600
1200
区域名称尽量避开家具，使空间说明清晰、明了。
2
4200
门、门扇、固装等开启闭合应无碰撞。
1500
尺寸线与图样最外轮廓线的距离为15mm，尺寸线之间的距离为7mm，版面必须整洁规范，尺寸不能盖住轴线。
15
1
7
3500

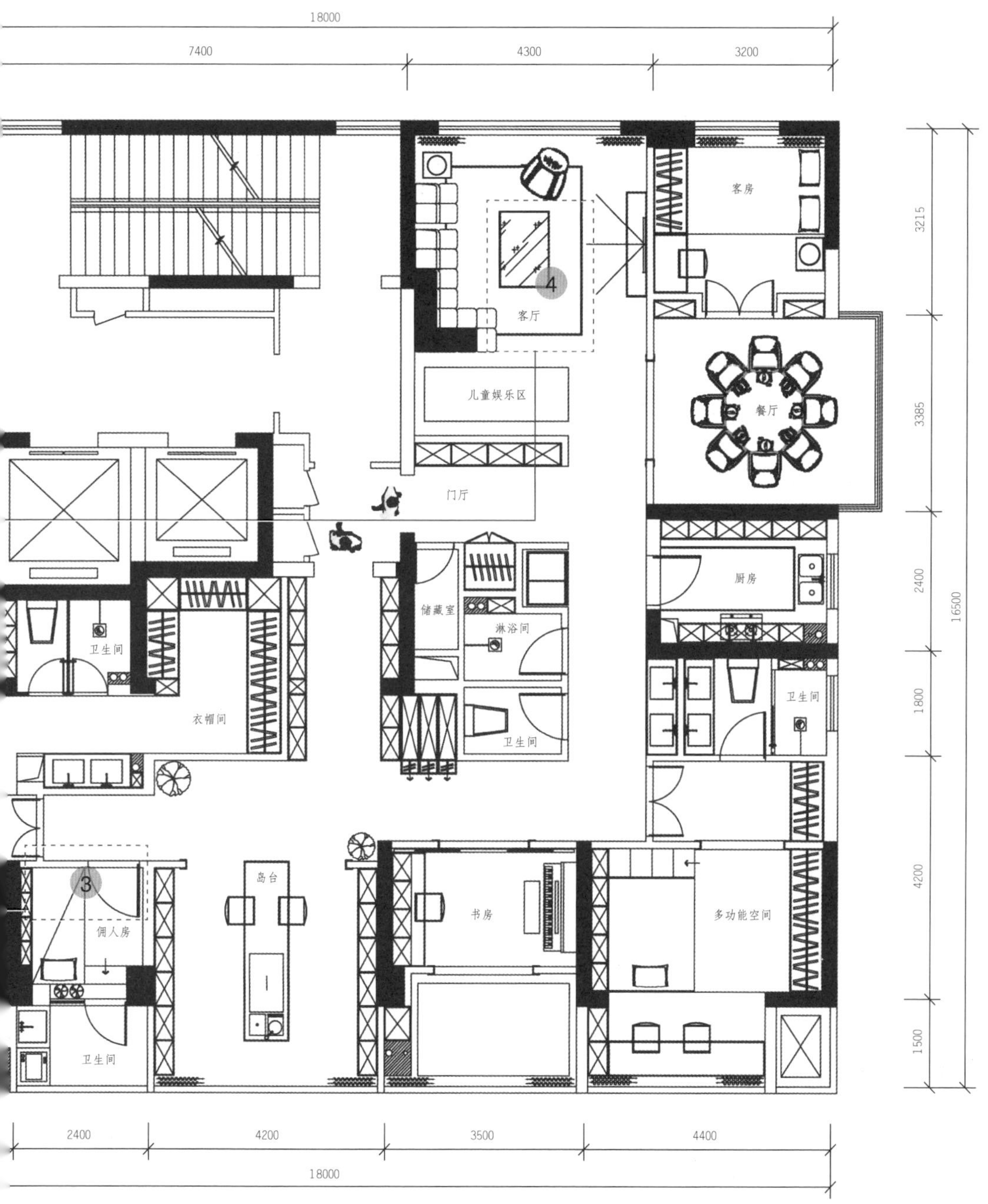
18000
7400
4300
3200
客房
客厅
4
儿童娱乐区
餐厅
门厅
储藏室
淋浴间
厨房
卫生间
衣帽间
卫生间
卫生间
岛台
3
佣人房
书房
多功能空间
卫生间
3215
3385
2400
1800
4200
1500
16500
2400
4200
3500
4400
18000

↑ 平面布置图版面绘制解析

平面布置图的深化思维解析

平面布置图深化要点

① 明确空间中通行、案台操作等不同行为的尺寸，合理排布图块。

② 根据家庭中每个人的行为方式，把空间组织起来，通过动线设计分隔空间。

③ 在改变户型原有格局时需要重点注意厨房和卫生间。厨房及卫生间部分管路（如地面排水、粪管等）都是整栋大楼由上至下贯穿的，在面临变更厨房位置时，要考虑现场条件是否允许、管路配置是否将造成日后问题等。而卫生间部分浴缸的给排水、淋雨间的地面排水及给水、洗脸盆的给水、马桶的给水及粪管等管路都会经过管道间，所以，一般情况下，住宅的卫生间楼顶板都能看到一些管路。

卫生间变更位置的注意事项

① 变更粪管的位置主要考虑粪管的管径比较大，还有粪管走向需要坡度落差。如果卫生间不是下沉式，就需要将地面（指地面完成面）垫高 20cm，否则可能造成日后管道堵塞，如果是下沉式卫生间就不需要抬高。

② 卫生间附近都会有管道间，主要负责管道的连通及污水处理。

③ 注意不要把卫生间的位置放在楼下卧室的正上方，这样会影响楼下住户的生活。

④ 变更卫生间的管路时，若可以贯穿楼地板施工，需考虑梁的位置是否影响，同时需要做好防水处理。

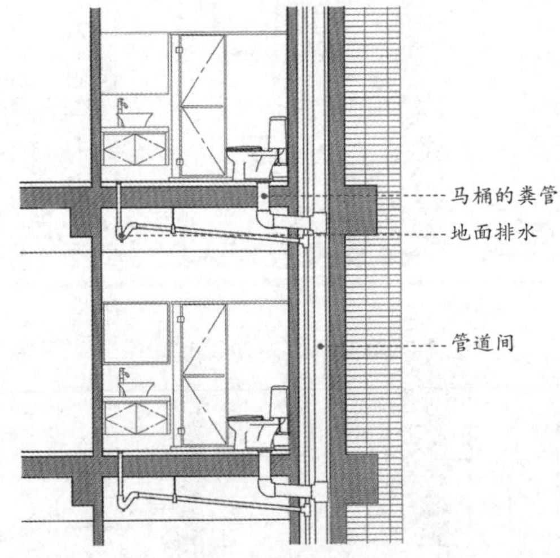

↑ 卫生间的管路

小贴士

应养成检查平面布置图的习惯：看似简单的平面布置图，却是检查前期设计有无问题的基本方法，而在绘制平面布置图时，应同时思考立面造型、面的延展，以及天花板的配置。若在平面布置图阶段没有注意细节，后面绘制立面图时必会产生问题，严重的话甚至还得重绘平面布置图或修改平面布置图，这样就会造成时间上的浪费，甚至延误工期。

圆形餐桌占地面积虽大，但能满足居住者好客并且经常在家中聚餐的需求。

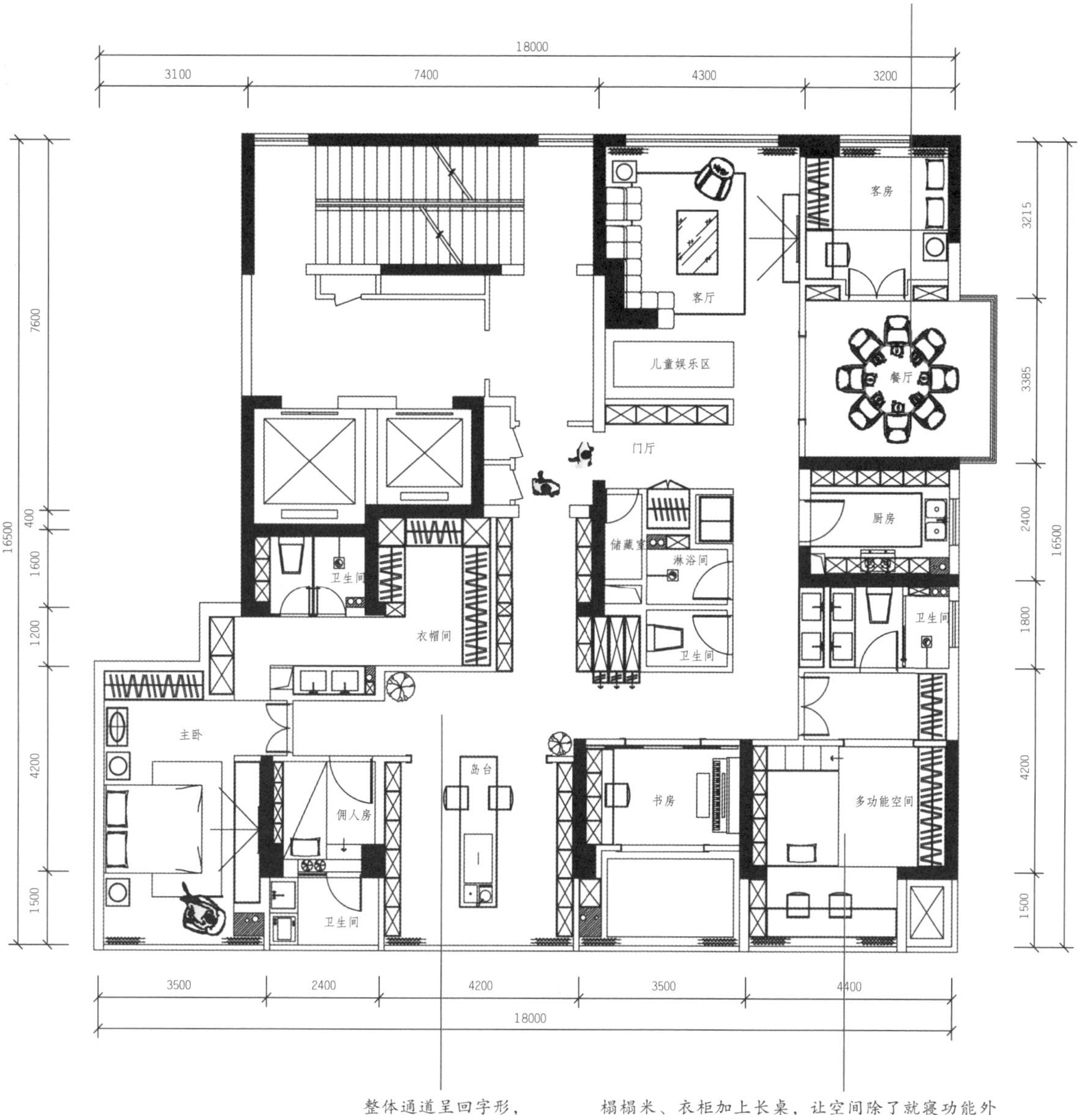

整体通道呈回字形，流线通畅自然。

榻榻米、衣柜加上长桌，让空间除了就寝功能外还兼具了休闲功能，成为了一个多功能空间。

↑平面布置图深化思维解析

2 家具尺寸图

对空间重新进行构建后，里面的尺寸会相对应发生变化，因此现场制作的柜子要在图纸上表现出尺寸，以确保工人在施工的过程中更好地把控。

家具尺寸图的内容

①标明固定家具的位置。
②标清不同固定家具的长宽尺寸。

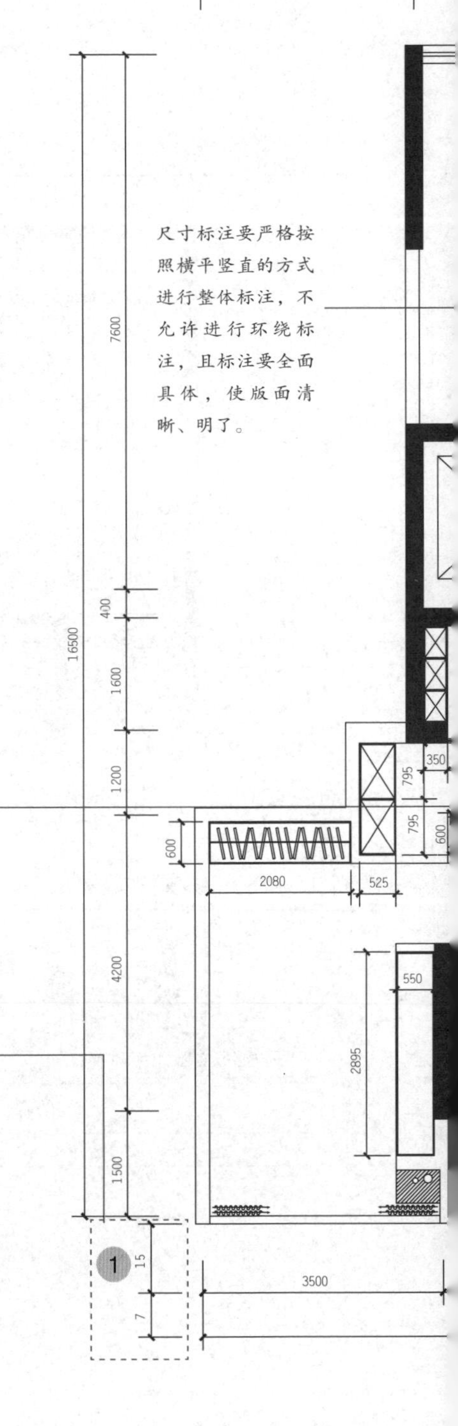

尺寸标注要严格按照横平竖直的方式进行整体标注，不允许进行环绕标注，且标注要全面具体，使版面清晰、明了。

尺寸标注要结合轴线或结构线（如梁等基准线）进行关联标注，使其更加准确。

尺寸线与图样最外轮廓线的距离为15mm，尺寸线之间的距离为7mm，版面必须整洁规范，尺寸不能盖住轴线。

思考与巩固

1. 平面布置图与家具尺寸图分别是什么？
2. 它们的图纸内容是什么？

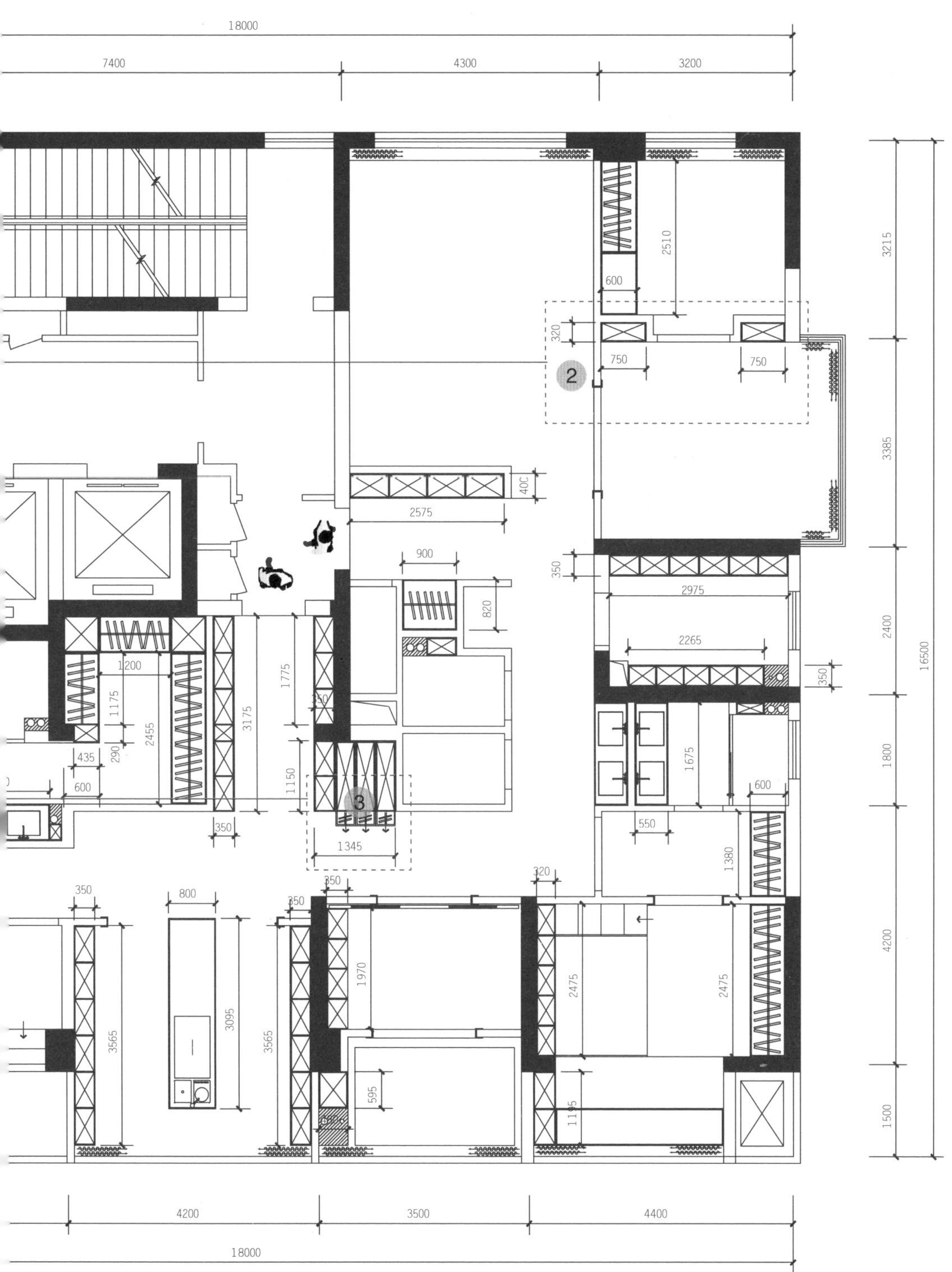

↑ 家具尺寸图版面绘制解析

四、天花布置图与天花尺寸图

学习目标	本小节重点讲解天花布置图与天花尺寸图的内容。
学习重点	了解天花布置图与天花尺寸图的内容。

1 天花布置图

天花的造型可以让空间在设计上更有层次感，也能将顶面上的一些梁、管道、灯具、空调设备进行隐藏处理，从而起到美化空间的效果。不同层次的天花高度及应用材料都需要标识清晰，以保证施工可见。

天花布置图的内容

① 天花平视造型线。
② 风机出风回风点位。
③ 检修口。
④ 天花材料标高索引。

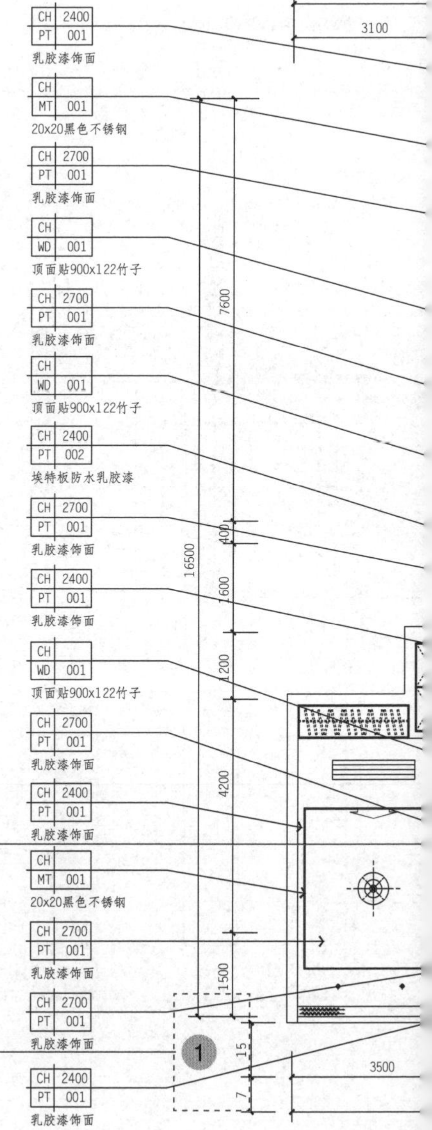

通过空间的中线辅助确定天花造型以及灯具的位置，使设计整洁美观。

尺寸线与图样最外轮廓线的距离为15mm，尺寸线之间的距离为7mm，版面必须整洁规范，尺寸不能盖住轴线。

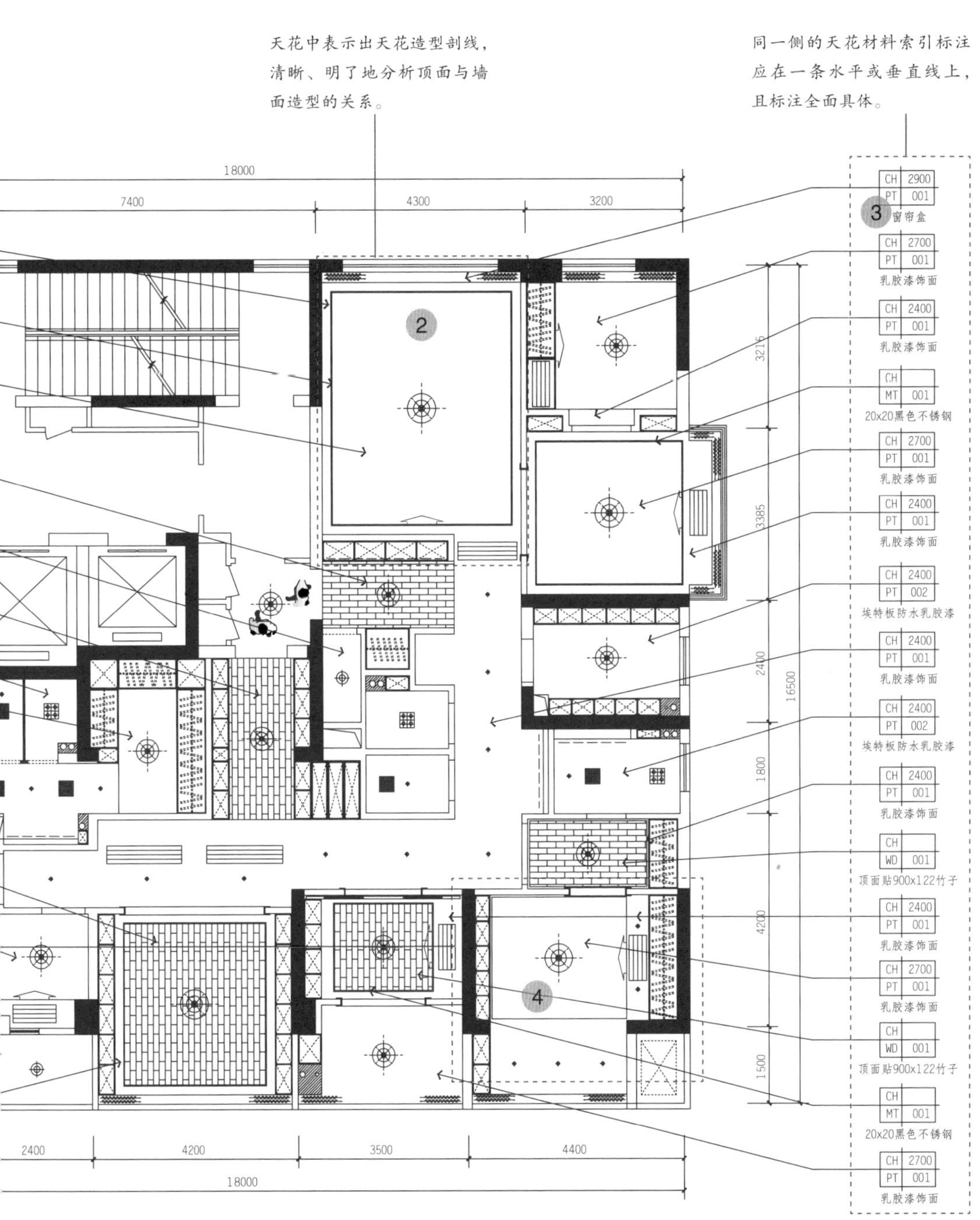

↑ 天花布置图版面绘制解析

天花布置图的深化思维解析

天花布置图的深化要点

① 靠近窗户的位置会根据居住者的需要而设置窗帘，设置窗帘就需要设置窗帘盒，窗帘盒的宽度和高度一般控制在200~250mm，窗帘搭接处需进行重叠处理，不小于150mm。

② 在进行吊顶设计时要考虑部分高柜是否需要到顶。

③ 在进行天花设计时，要重点注意灯具或者设备的安装间距，综合各专业（暖通、消防、机电、灯光）进行多方面的考虑，检测各专业设备点位是否有冲突，如有冲突则需要综合各专业进行协调优化，以保证各专业符合相关规范的要求。

窗帘造型的深度尺寸

窗帘盒部分因使用的窗帘造型不同会影响窗帘盒的深度。一般使用的窗帘造型及窗帘盒尺寸（窗帘深度尺寸）如下：

窗帘造型	窗帘深度尺寸 /cm
双层布帘	20~30
卷帘、直立帘、百叶帘	10~15
风琴帘	10~15

灯具安装间距

① 烟感与灯具最小间距为300mm，如果是高温光源，灯具水平间距不应小于500mm。

② 烟感与暗藏扬声器间距不应小于300mm。

③ 喷淋与灯具中心间距不小于300mm，若灯具规格较大则需另行考虑。

④ 结合声学和灯光设计需求，满足场景的灯光及声学需求。

烟感、温感的安装间距要求及规范

① 烟感安装间距一般为直径15m，半径7.5m，温感安装间距一般为直径10m，半径5m。

② 设计走道时烟感按15m的间距设置，温感按10m间距设置。

③ 探测器至墙壁、梁边的水平距离不应小于500m。

④ 探测器周围500m，不应有遮挡物。

⑤ 探测器至空调送风口边的水平距离不应小于1500m，至多孔送风顶棚孔口的水平距离不应小于500mm。

⑥ 烟感与消防喷淋间距不应小于300m。烟感与防火门、防火卷帘的间距，一般为1000~2000mm。

消防喷淋头安装间距

① 喷淋头安装间距一般为直径 3600mm，半径 1800mm。
② 喷淋头最大保护面积为 12.5 ㎡。
③ 喷淋头距墙不能小于 300mm。
④ 当喷淋头与吊顶距离大于 800mm，且吊顶内有可燃物时需使用上下喷喷淋头。

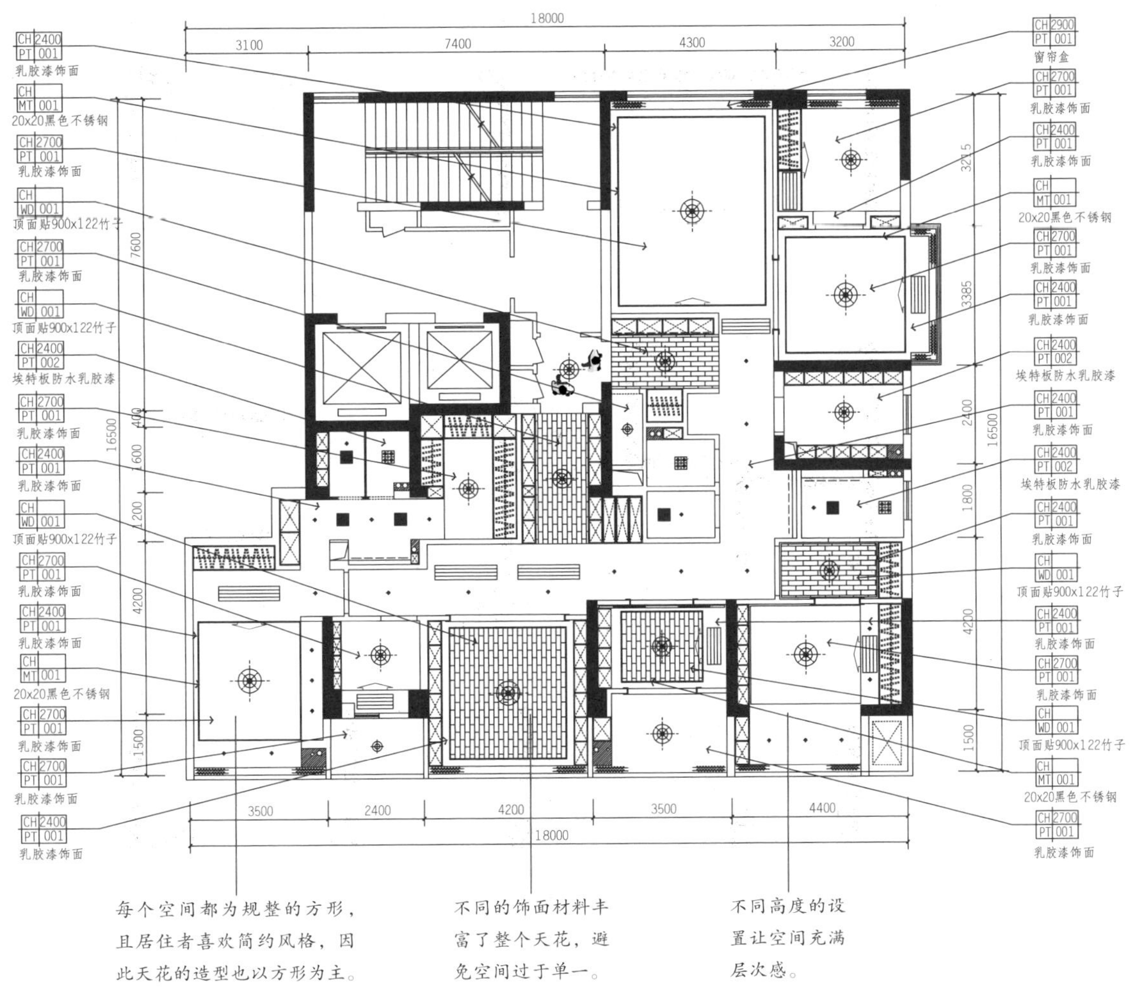

↑ 天花布置图深化思维解析

2 天花尺寸图

为了更加清晰地定位天花的长宽及灯具的位置和间距，天花尺寸在整个施工图中可以独立成图。在天花尺寸图中需要重点标注不同高度吊顶的长宽尺寸以及灯具在水平以及垂直方向上的距离。

注：空调出风口特殊处理，根据天花吊顶进行加长。

尺寸标注要结合轴线或结构线（如梁等基准线）进行关联标注，使其更加准确。

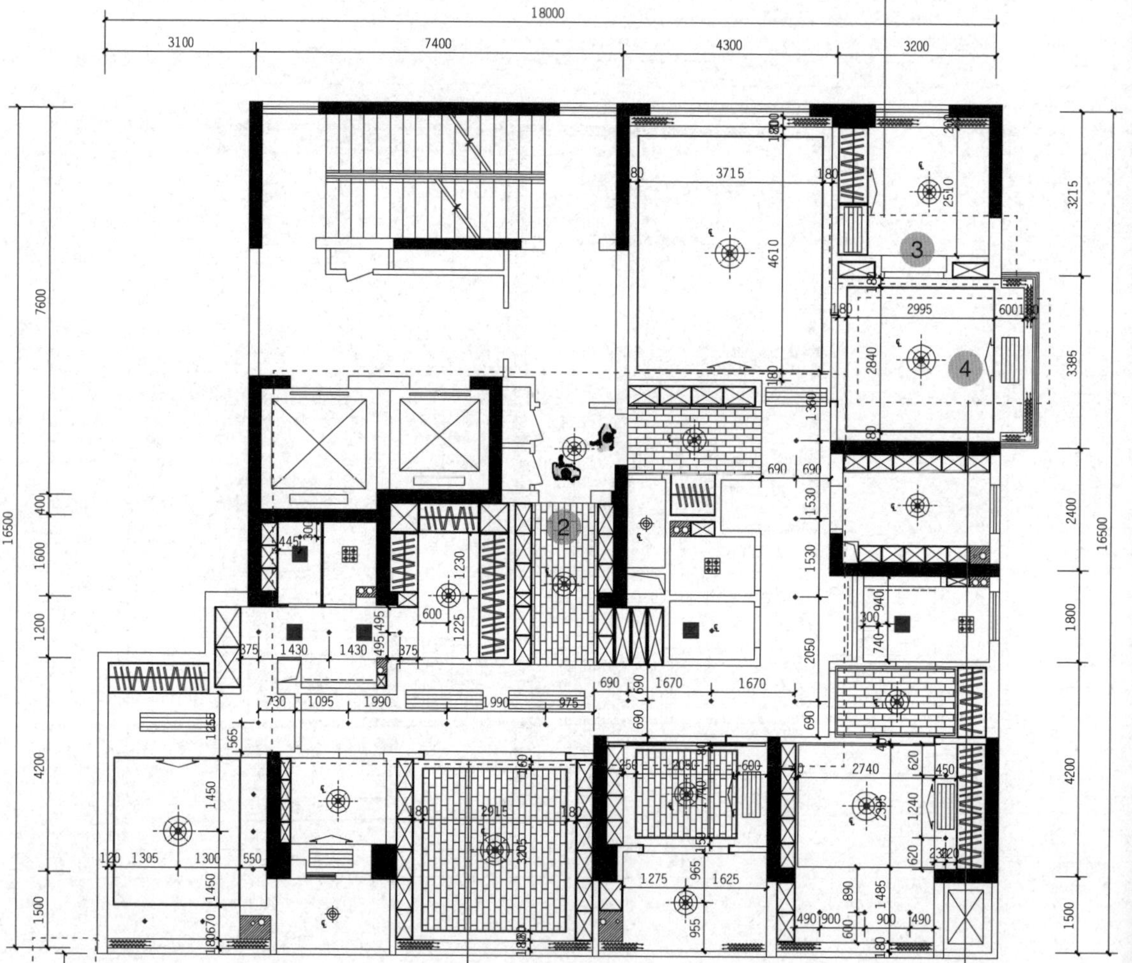

尺寸线与图样最外轮廓线的距离为15mm，尺寸线之间的距离为7mm，版面必须整洁规范，尺寸不能盖住轴线。

尺寸标注应在一条水平或垂直线上，且标注全面而具体。

在标注灯具尺寸时，通常以灯具中心为安装点。根据安装点和吊顶边线的距离进行标识。

↑ 天花尺寸图版面绘制解析

5

灯具及设备列表图例一览表。

图例（以上图为例）	名称	图例（以上图为例）	名称
	LED筒灯	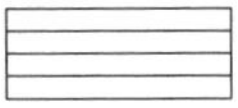	空调下送风及新风口
	造型艺术吊灯		空调侧送风口及新风口
	吸顶灯	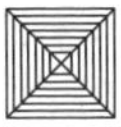	排气扇
	选型壁灯	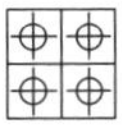	浴霸
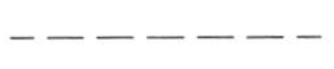 ———————	暗藏LED灯带		

注：以上图例为绘制天花尺寸图的常见图例，以及约定俗成的图例绘制方式。

小贴士

对天花造型和灯具尺寸进行标注也是对整个天花布置进行二次审核和优化的过程，不能盲目地只进行尺寸标注，而是在标注的同时对天花布置进行综合解析。如天花造型和空间中桌子、沙发等软装位置进行呼应，灯具位置与天花造型或家具的关系等。进一步核对、完善天花中灯具、消防、机电等尺寸标注，对图纸进行优化调整，保证设计的落地品质，也可以方便指导施工。

思考与巩固

1. 天花布置图与天花尺寸图分别是什么？
2. 绘制天花布置图与天花尺寸图的注意事项有哪些？

五、地面配置图与面积示意图

学习目标	本小节重点讲解地面配置图与面积示意图的内容。
学习重点	了解地面配置图与面积示意图的内容。

1 地面配置图

地面材质一般会采用石材、地砖、木地板等材料，在具体施工时，需注意施工地面材料的先后顺序。例如，铺木地板应先木质柜施工然后再木地板施工；如果是地砖，就先地砖施工，再木质柜施工。

地面配置图的内容

① 地面材质分割线。
② 不同地面材质填充。
③ 地面材质说明。
④ 地面标高符号。
⑤ 固定家具。

如有拼花等特殊的排列方式则需要在地面配置图中标识清楚，以达到设计效果与实际施工一致的目的。

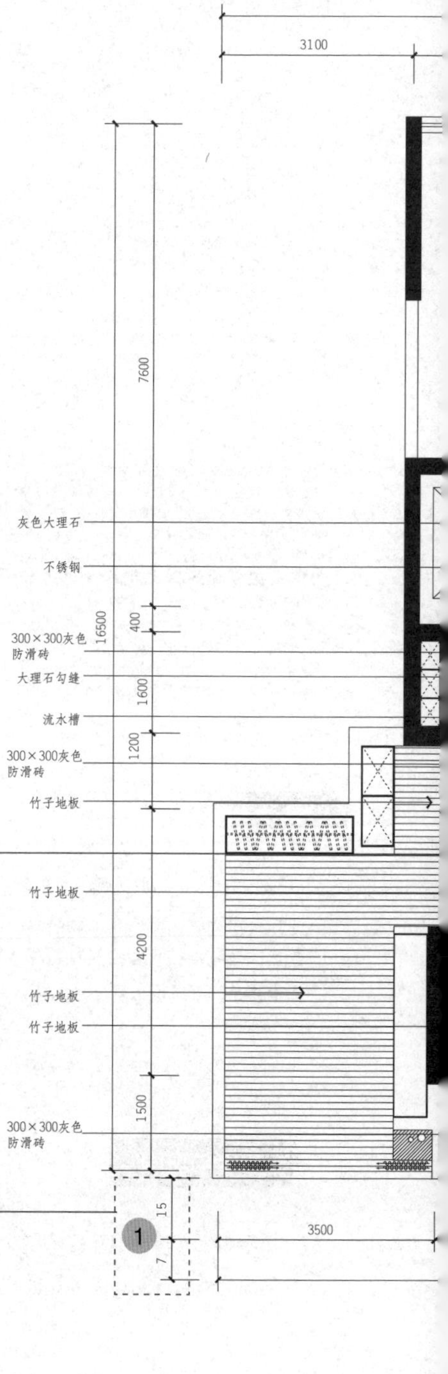

尺寸线与图样最外轮廓线的距离为15mm，尺寸线之间的距离为7mm，版面必须整洁规范，尺寸不能盖住轴线。

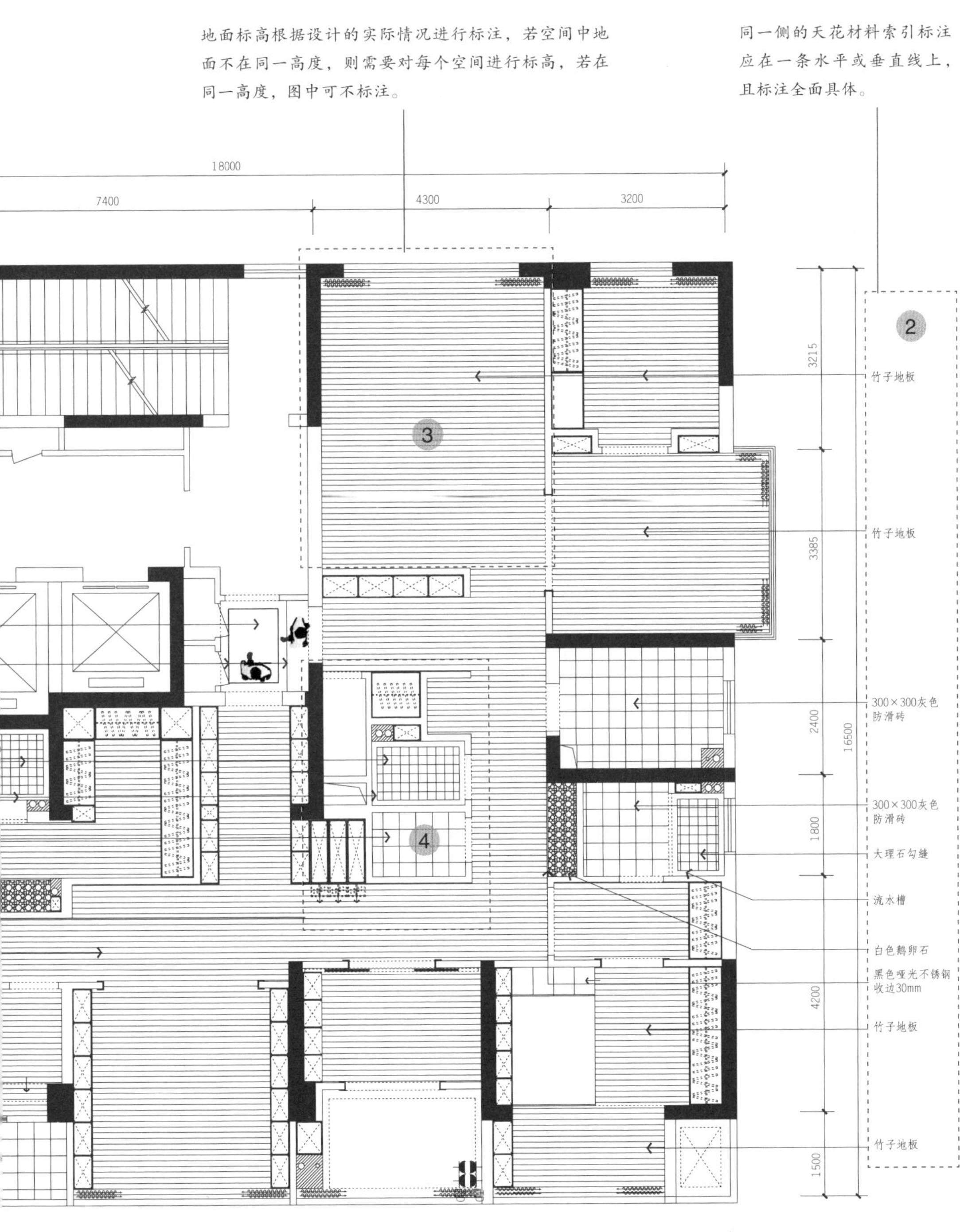
地面标高根据设计的实际情况进行标注，若空间中地面不在同一高度，则需要对每个空间进行标高，若在同一高度，图中可不标注。
同一侧的天花材料索引标注应在一条水平或垂直线上，且标注全面具体。
18000
7400
4300
3200
2
3
4
竹子地板
竹子地板
300×300灰色防滑砖
300×300灰色防滑砖
大理石勾缝
流水槽
白色鹅卵石
黑色哑光不锈钢收边30mm
竹子地板
竹子地板
3215
3385
2400
1800
4200
1500
16500
2400
4200
3500
4400
18000

↑ 地面配置图版面绘制解析

地面配置图的深化思维解析

地面配置图的相关标准

地面配置图在绘制时主要参考《民用建筑设计统一标准》(GB 50352—2019)及《建筑内部装修设计防火规范》(GB 50222—2017)中的标准。

① 除特殊要求外，楼地面应满足平整、耐磨、不起尘、防滑、防污染、隔声、易于清洁等要求。

② 厕浴间、厨房等经常被水或非腐蚀性液体浸湿的楼地面，应采用防水、防滑类面层，且应低于相邻楼地面，并设排水坡，坡向地漏；厕浴间和有防水要求的建筑地面必须设置防水隔离层；楼层结构必须采用现浇混凝土或整块预制混凝土板，混凝土强度等级不应小于C20；楼板四周除门洞外，应做混凝土翻边，其高度不应小于120mm。

③ 经常有水流淌的楼地面应低于相邻楼地面或设门槛等挡水设施，且应有排水措施，其楼地面采用不吸水、易冲洗、防滑的面层材料，应设置防水隔离层，并设置排水坡度，加快排水速度。

④ 存放食品、食料、种子或药物等的房间，所存放物品与楼地面直接接触时，严禁采用有毒性的材料作为楼地面，材料的毒性应经有关卫生防疫部门鉴定。存放吸味较强的食物时，应防止采用散发异味的楼地面材料。

地面配置图的深化要点

① 地面饰面的选材及施工工艺需要针对不同的功能空间进行调整。如，防静电地板又称导电地板，由于人在行走时鞋子会和地面摩擦产生静电，带电的离子会在地板表面对空气中的灰尘产生吸引，对于电脑机房、电子厂房等会造成一定的影响，因此可以考虑将安装简单化，为设备配置提供灵活性或将部分设备安装在地板下方，有效避免静电的影响。

② 在地面配置图中要考虑强弱电等电气管线、电气设备以及地暖等设备的安装。需要确定管线的管径尺寸以及地面回填后的尺寸是否能满足地面设定的尺寸。铺设地暖则需要考虑地暖结构层的厚度要求，以及在立面图中地面的厚度是否有所体现，地灯等电气设备同理。

在厨房和卫生间内为防滑、防潮，采用地砖。

为保证整体空间的统一性，大部分地面都采用相同的材料。

地砖在排布时，根据图纸显示，从某一角开始按序排布。

↑ 地面配置图深化思维解析

2 面积示意图

面积示意图是根据地面配置图所绘制的，标识了不同闭合空间内材质的铺贴面积，使设计方案中不同材料的使用面积一目了然，方便设计师在做材料预算及报价的时候使用。

面积示意图的内容

① 地面铺装材质填充。
② 地面标高符号。
③ 固定家具。

小贴士

在绘制面积示意图时，还应注意以下几点：

① 只有闭合的曲线，用CAD软件才可精确地算出该空间的面积。

② 面积精确到小数点后两位。

③ 采购时要注意不同材料的损耗量，以保证施工过程中不会因缺乏材料而耽误工程进度。

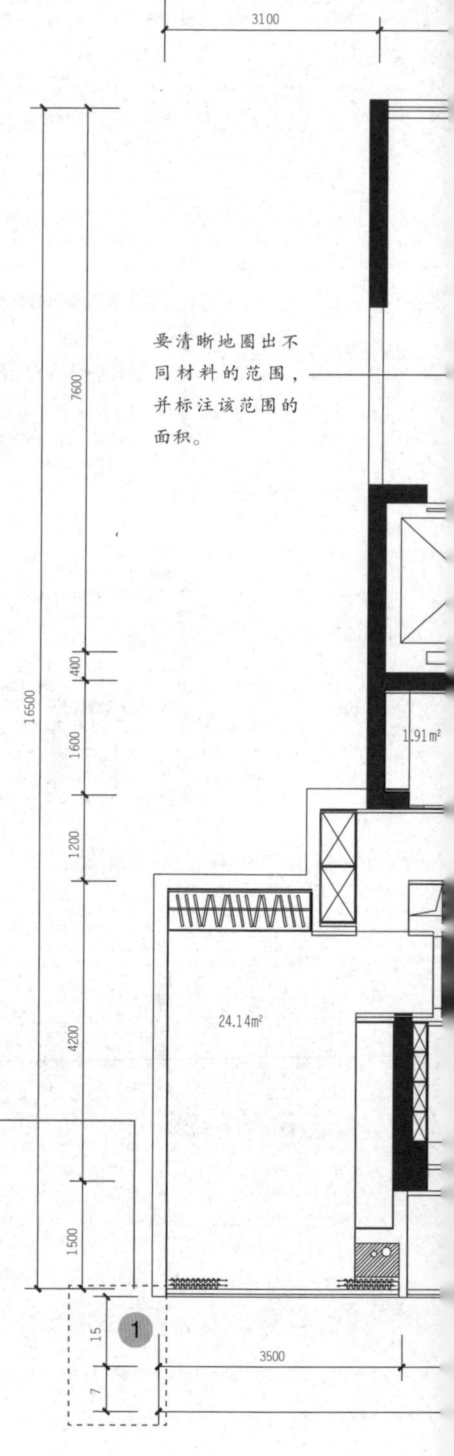

要清晰地图出不同材料的范围，并标注该范围的面积。

尺寸线与图样最外轮廓线的距离为15mm，尺寸线之间的距离为7mm，版面必须整洁规范，尺寸不能盖住轴线。

思考与巩固

1. 地面配置图与面积示意图分别是什么？
2. 地面配置图和面积示意图的版面如何绘制？

↑ 面积示意图版面绘制解析

六、开关控制图与插座布置图

学习目标	本小节重点讲解开关控制图与插座布置图的内容。
学习重点	了解开关控制图与插座布置图的内容。

1 开关控制图

开关控制图在绘制时要以平面布置图及天花的高度尺寸图为依据，来配置天花灯具开关控制图。

开关控制图的内容

① 开关图例一览表。
② 开关对灯具的控制线。

通过控制线确定开关控制的哪几个或一个灯具。

2

图例（以右图为准）	名称
	单开关制位
	双开关制位
	三开关制位
	双控单极开关制位
	一位双控＋一位单控
Ⓣ	空调开关

注：以上图例为绘制开关控制图中的常见图例，以及约定俗成的图例绘制方式。

通过开关图例一览表，获取开关信息。

小贴士

在绘制开关控制图时，还应注意以下几点：
① 注意居住者从外面进入室内所使用的灯具开关。
② 注意居住者从卧室到室内的公共区域所使用的灯具及开关。
③ 注意居住者从室内公共区域到卧室所使用的灯具及开关。
④ 开关位置要考虑居住者的习惯。

尺寸线与图样最外轮廓线的距离为15mm，尺寸线之间的距离为7mm，版面必须整洁规范，尺寸不能盖住轴线。

1

3100 7600 16500 400 1600 1200 4200 1500 15 7 3500

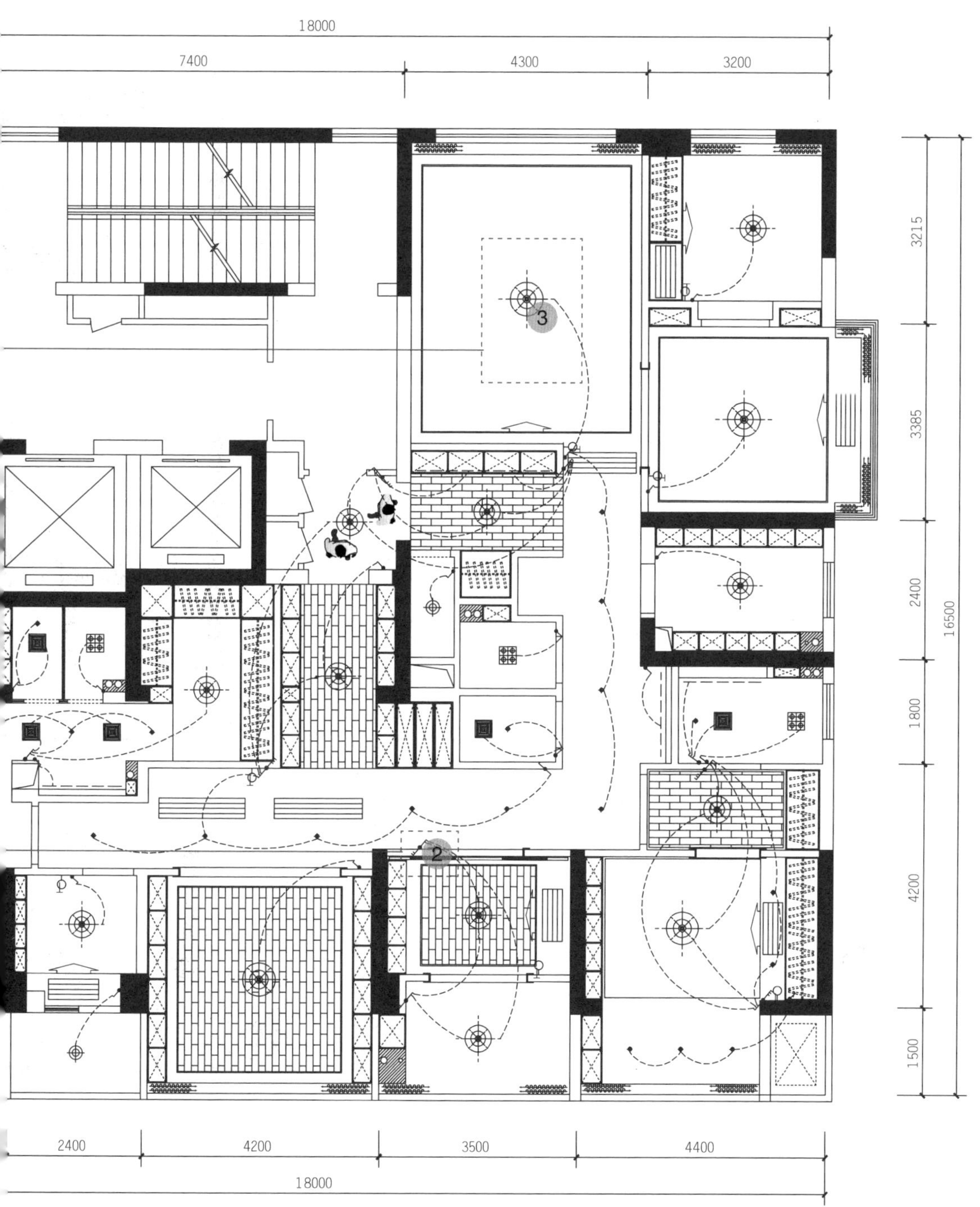

↑ 开关控制图版面绘制解析

2 插座布置图

插座布置图的作用就是标注不同功能插座的位置、高度，结合居住者的生活习惯合理地布置插座。

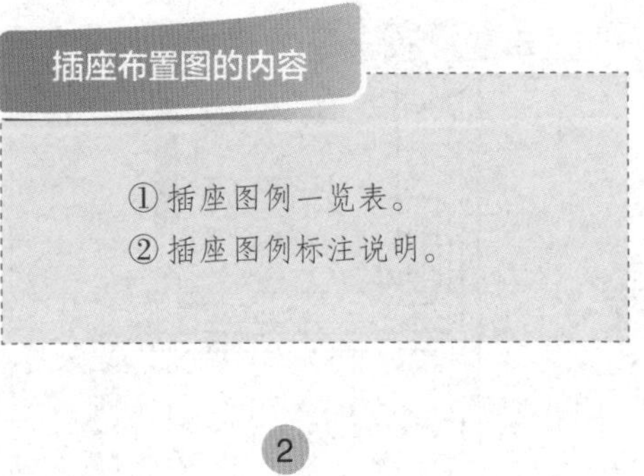

插座布置图的内容

① 插座图例一览表。
② 插座图例标注说明。

2

通过开关图例一览表，获取开关信息。

图例	名称
	五孔插座
U	USB 五孔插座
	地面插座
TV	电视信号插座
TD	网络插座
TD/TP	电话网络插座
	总配电箱
F	防水插座

注：以上图例为绘制插座布置图中的常见图例，以及约定俗成的图例绘制方式。

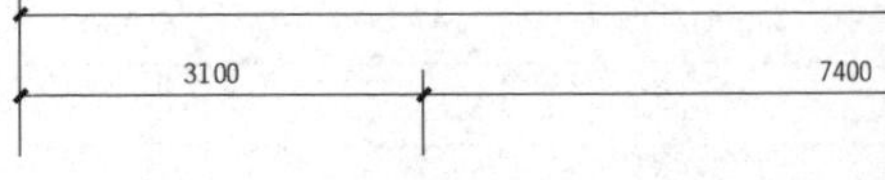

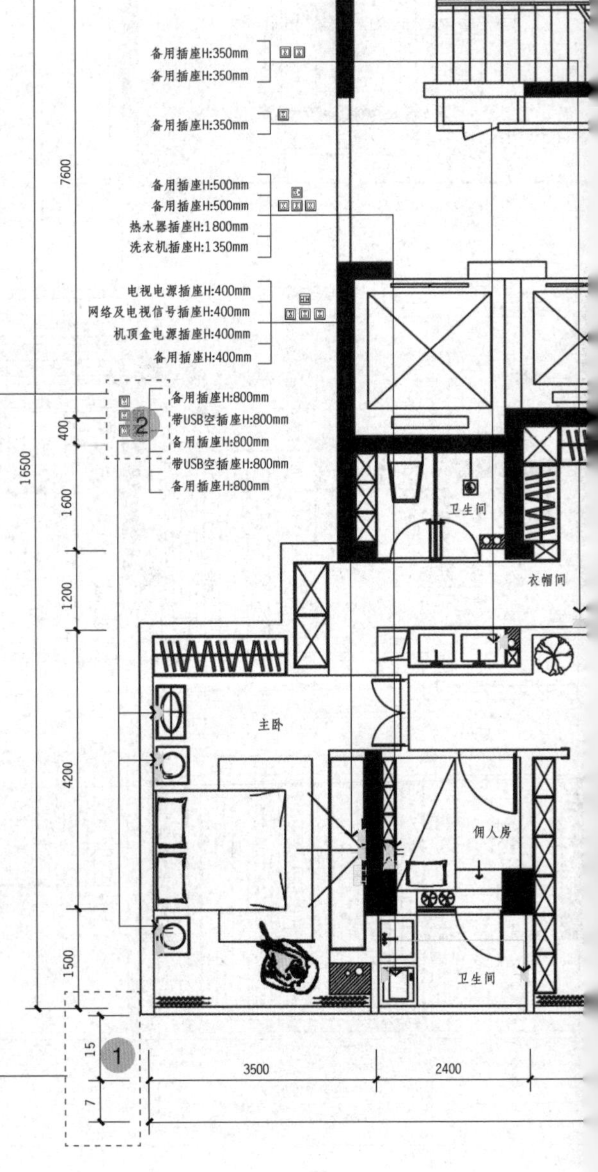

尺寸线与图样最外轮廓线的距离为15mm，尺寸线之间的距离为7mm，版面必须整洁规范，尺寸不能盖住轴线。

同一侧的索引标注最好在一条水平或垂直线上，且标注全面具体。

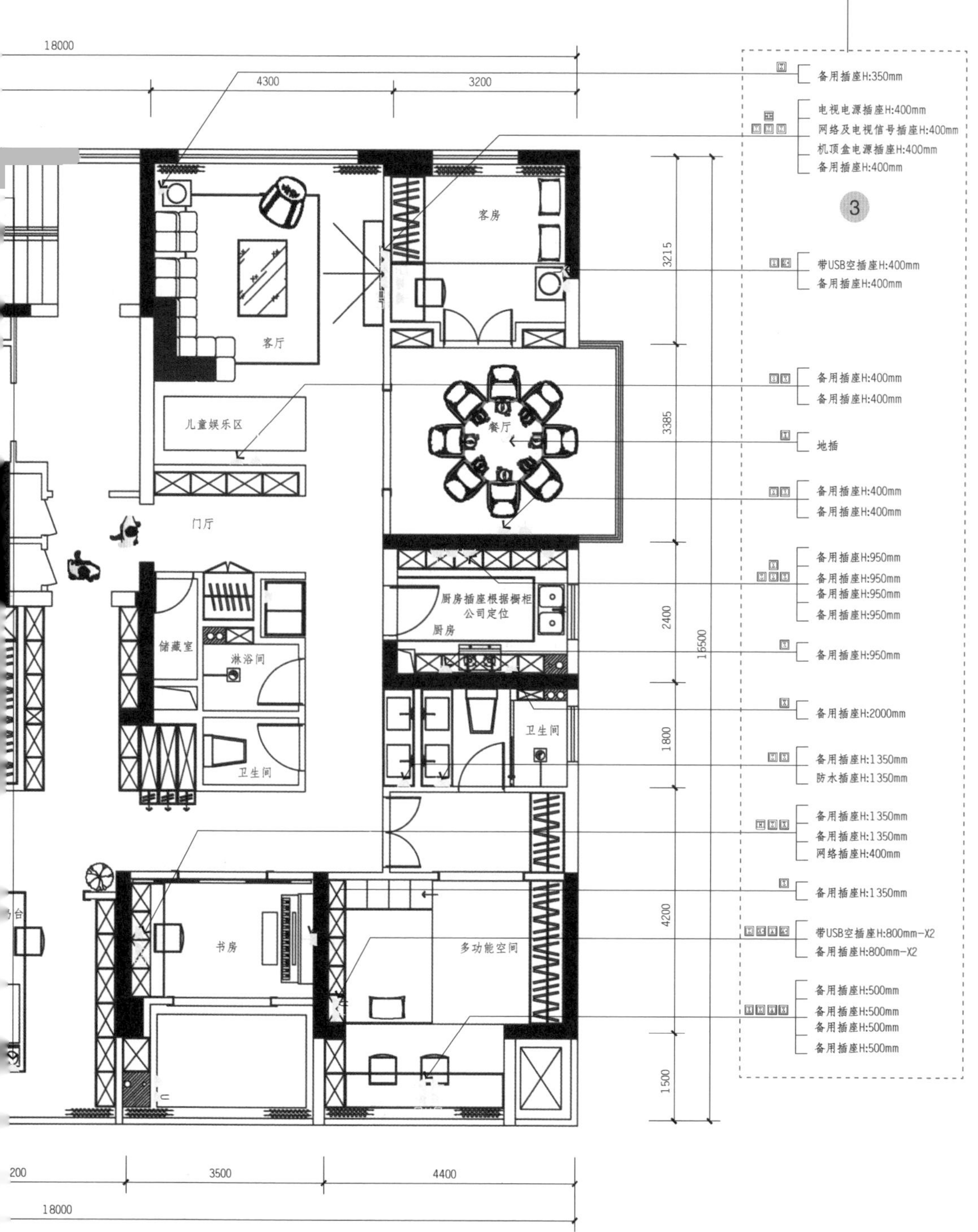

↑ 插座布置图版面绘制解析

插座布置图的深化思维解析

插座布置图的深化要点

① 明确空间中插座的数量。室内插座的数量可以按照面积每 4m^2 计一个插座来估算，具体数量还是要根据不同空间进行配置，如厨房、卧室空间需要的插座数量较多，应多布置一些插座，一些走廊空间不需要插电器就可以不安排插座。

② 插座之间的间隔。一般电器的电源线长度大概是 1.5~2m，所以插座每隔 3m 留一个比较方便。这样在家的任何一个位置，都可以从左边或者右边接到电源，而不需要额外使用插线板。

③ 插座安装的高度根据空间中常用的电器来决定。安装高度一般为插座下边沿距离地面 30cm，如果在桌子、柜子附近，应该安装在桌子水平面上 15cm 处，为了美观，同一墙面插座尽量安装在同一高度，相差不超过 0.5cm。

注：仅供参考，可根据居住者的实际需求进行调整。以上安装高度均为面板底边离地面完成面的尺寸，水平尺寸位置以底盒中心为准，灯位开关每个面板及底盒最大开关位数按三级开关设置。

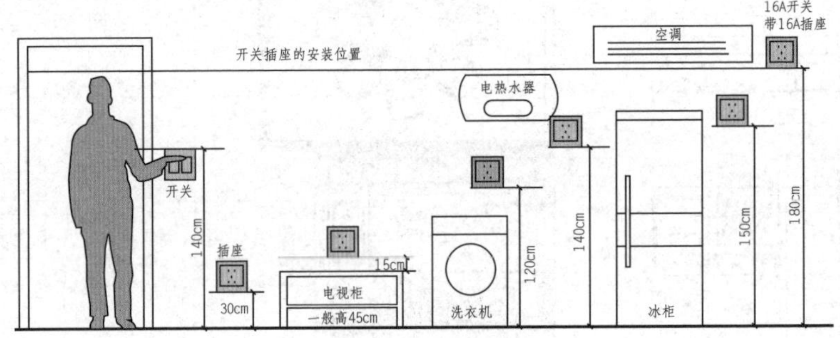

↑ 插座高度标准图示

厨房、客厅的插座标注应精确

厨房与客厅作为电器需求最多的空间，为方便施工人员确定不同插座相应的位置，可以在立面图中精确地标出其水平和垂直距离。插座的立面示意图根据实际情况，设计师可自由选择画或不画，示意图重点标注特殊位置的插座。

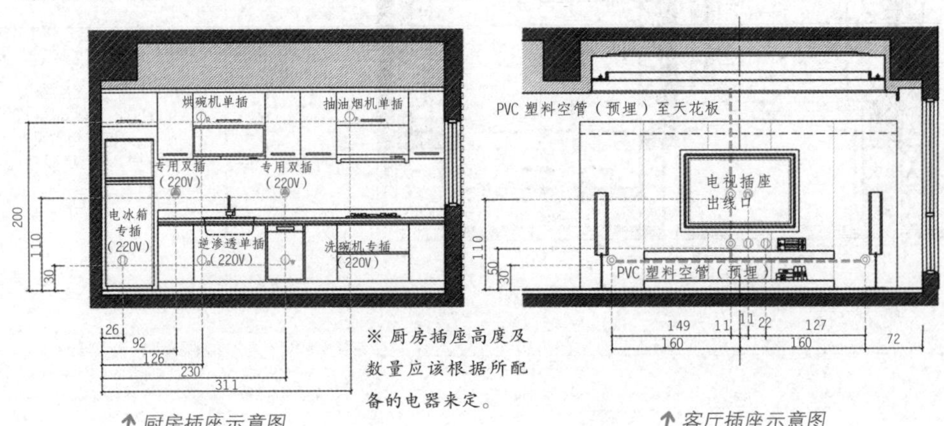

↑ 厨房插座示意图　　↑ 客厅插座示意图

在设置插座时，要充分考虑到使用需求，对电器使用率较高的空间要多设置插座。

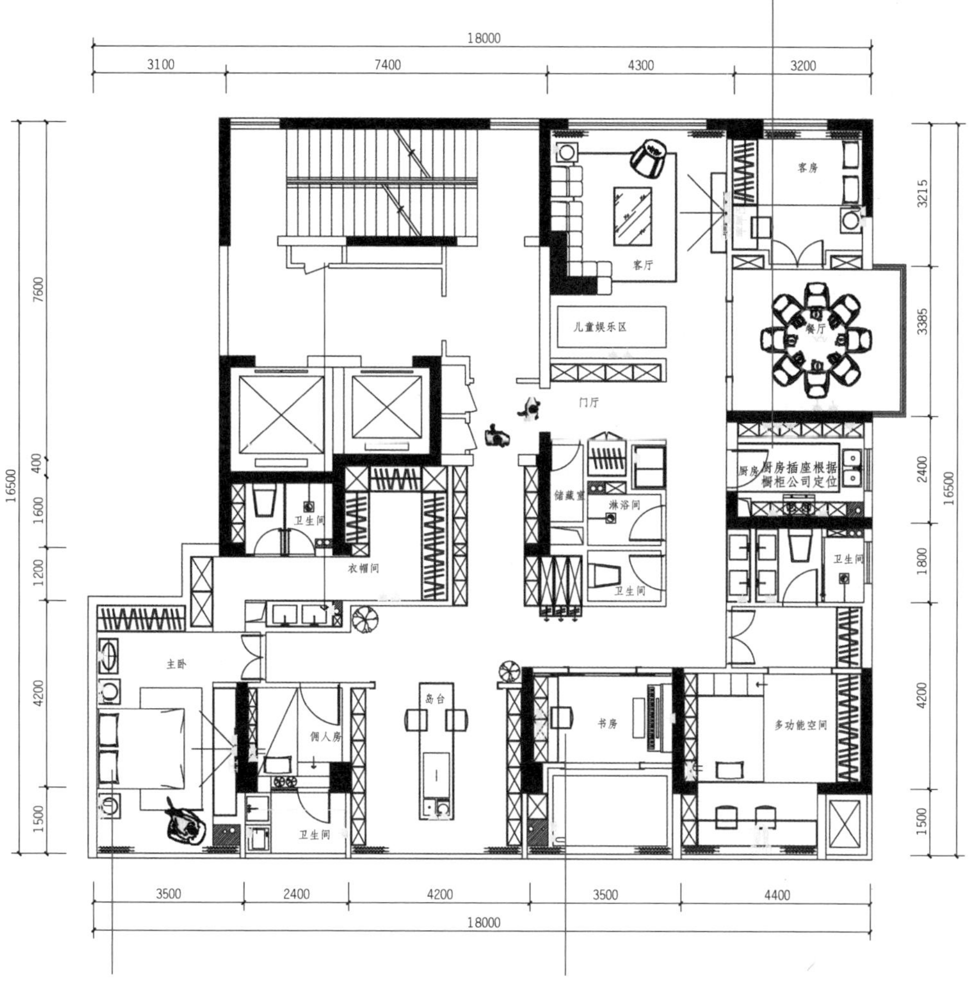

卧室中的插座位置多与电视等家电的位置有关，床头插座的高度多以 800mm 为准，方便人们躺在床上时对手机等设备进行充电。

不论是书房还是孩子的学习空间中，都需要书桌，书桌附近的插座要考虑到桌面的高度，因此插座高度一般为 1350mm。网络是现代生活中不可或缺的，在有电脑的情况下，网络插座也要设置在其中。

↑插座布置图深化思维解析

思考与巩固

1. 开关控制图与插座布置图的内容是什么？
2. 绘制开关控制图与插座布置图的注意事项有哪些？

七、水路系统图

学习目标	本小节重点讲解水路系统图的内容。
学习重点	了解水路系统图的绘制方法以及深化解析。

水路系统图中主要包含了给水管、排水管的分布以及地漏等相关标识。一般配置给水的空间有卫生间、厨房、阳台、露台、洗衣间等，依布置图上的需要给予冷热水出口。排水大致上分为地面排水及墙面排水两种。地面排水是通过泄水坡引导至地面排水孔里；墙面排水则是通过设置在预埋墙面的排水孔排水，离地30~45cm。

水路系统图的内容

① 标明进水口、排水口的位置。
② 标清排水管或进水管的连接。

图例（以右图为准）	名称
——J——	生活给水管
——W——	污水管
	花洒
	坐便器
	洗手盆
	普通地漏

注：以上图例为绘制水路系统图中的常见图例，以及约定俗成的图例绘制方式。

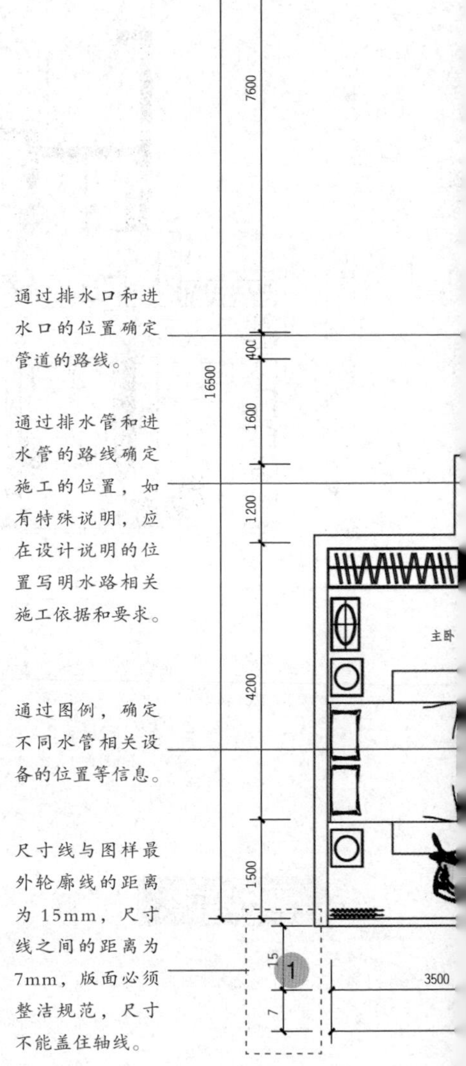

3100
7600
16500
400
1600
1200
4200
1500
主卧
15
7
1
3500
通过排水口和进水口的位置确定管道的路线。
通过排水管和进水管的路线确定施工的位置，如有特殊说明，应在设计说明的位置写明水路相关施工依据和要求。
通过图例，确定不同水管相关设备的位置等信息。
尺寸线与图样最外轮廓线的距离为15mm，尺寸线之间的距离为7mm，版面必须整洁规范，尺寸不能盖住轴线。

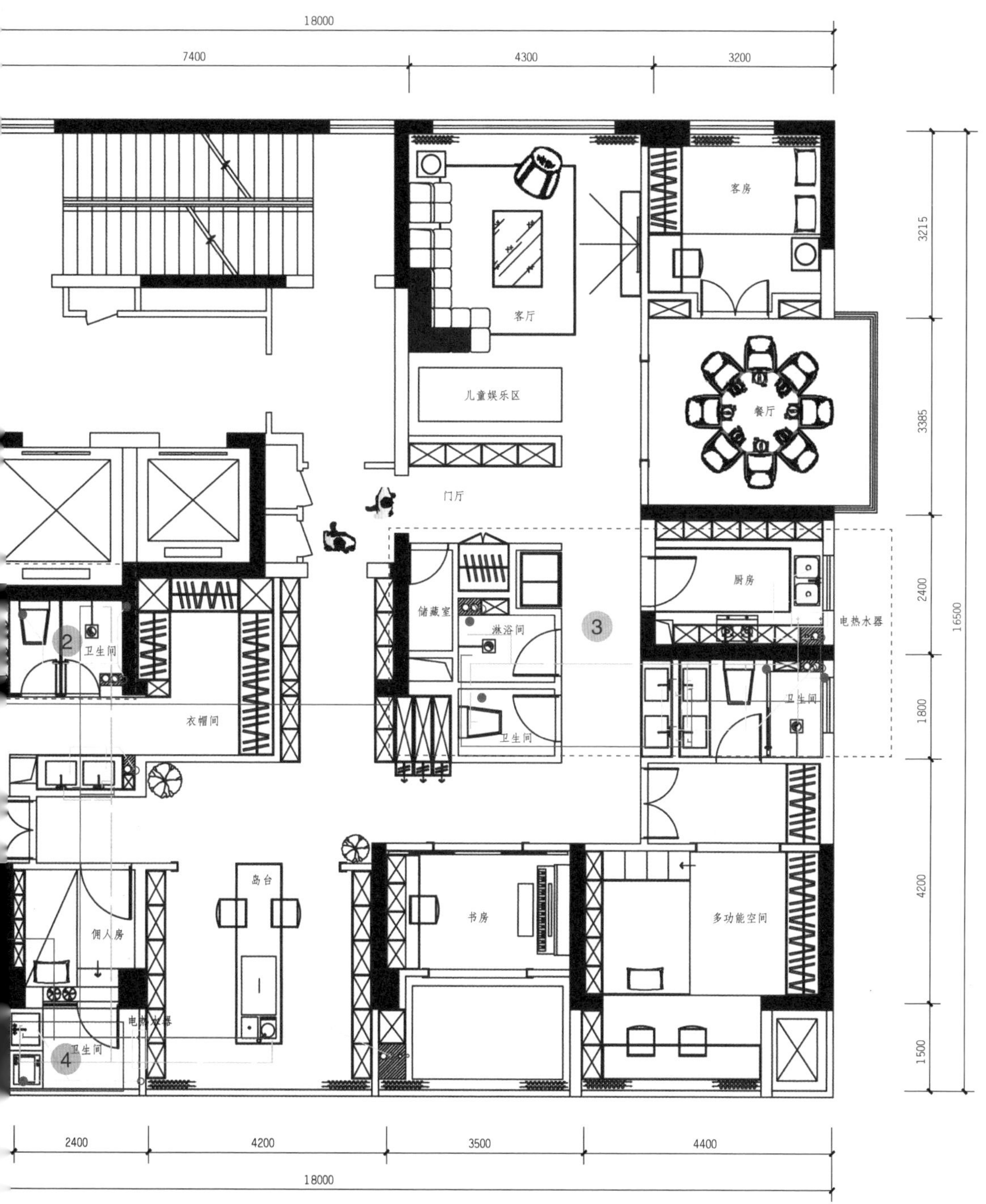
18000
7400
4300
3200
客房
客厅
餐厅
儿童娱乐区
门厅
储藏室
淋浴间
3
厨房
电热水器
2
卫生间
衣帽间
卫生间
卫生间
岛台
书房
多功能空间
佣人房
电热水器
卫生间
4
3215
3385
2400
1800
4200
1500
16500
2400
4200
3500
4400
18000

↑ 水路系统图版面绘制解析

水路系统图的深化思维解析

水路系统图的深化要点

家装工程中水路系统图的重点布置范围集中在卫生间和厨房的位置，重点要区分热水管和冷水管两种循环路线。

① 首先确定好洗菜盆、燃气热水器、净水器等一切有关水的设备及需要用热水设备的位置，再去布置水路线路。

② 燃气热水器与电热水器的水路最好同时做，以免以后更换热水器时需要重新局部改造水路。

③ 在安装电热水器、分水龙头等预留的冷、热水管时应保证间距以 150mm 为宜。

④ 给水高度会因使用设备造型的不同而有所影响。

⑤ 给水管、排水管等材料和安装需求等都会在设计说明处详细说明清楚，方便施工人员按照要求进行施工。

水路系统图中常见设备的安装

① 给水管一般采用 PP-R 塑料给水管，热熔连接暗敷在隔墙内，冷水管采用公称压力为 1.25MPa 的管材及管件，热水管采用公称压力为 1.6MPa 的管材及管件。

② 排水管均采用硬聚氯乙烯管（UPVC）承插粘连式接头，并按国家相关规定进行施工。

③ 卫生洁具安装定位的尺寸只做参考，具体待其型号确定后再对安装尺寸重新确认。卫生器具的安装高度和接管方式均按国家标准图施工。

④ 施工安装验收依据《建筑给水排水及采暖工程施工质量验收规范》（GB 50242—2002）进行。

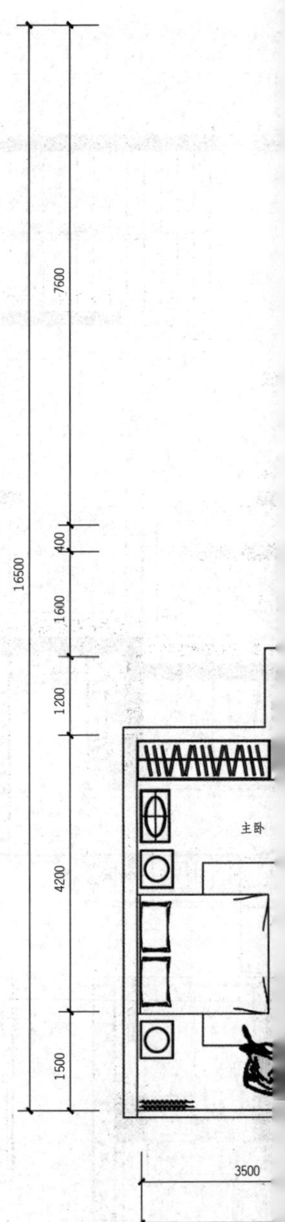

思考与巩固

1. 水路系统图是什么？

2. 绘制水路系统图的要求有哪些？绘制的要点有哪些？

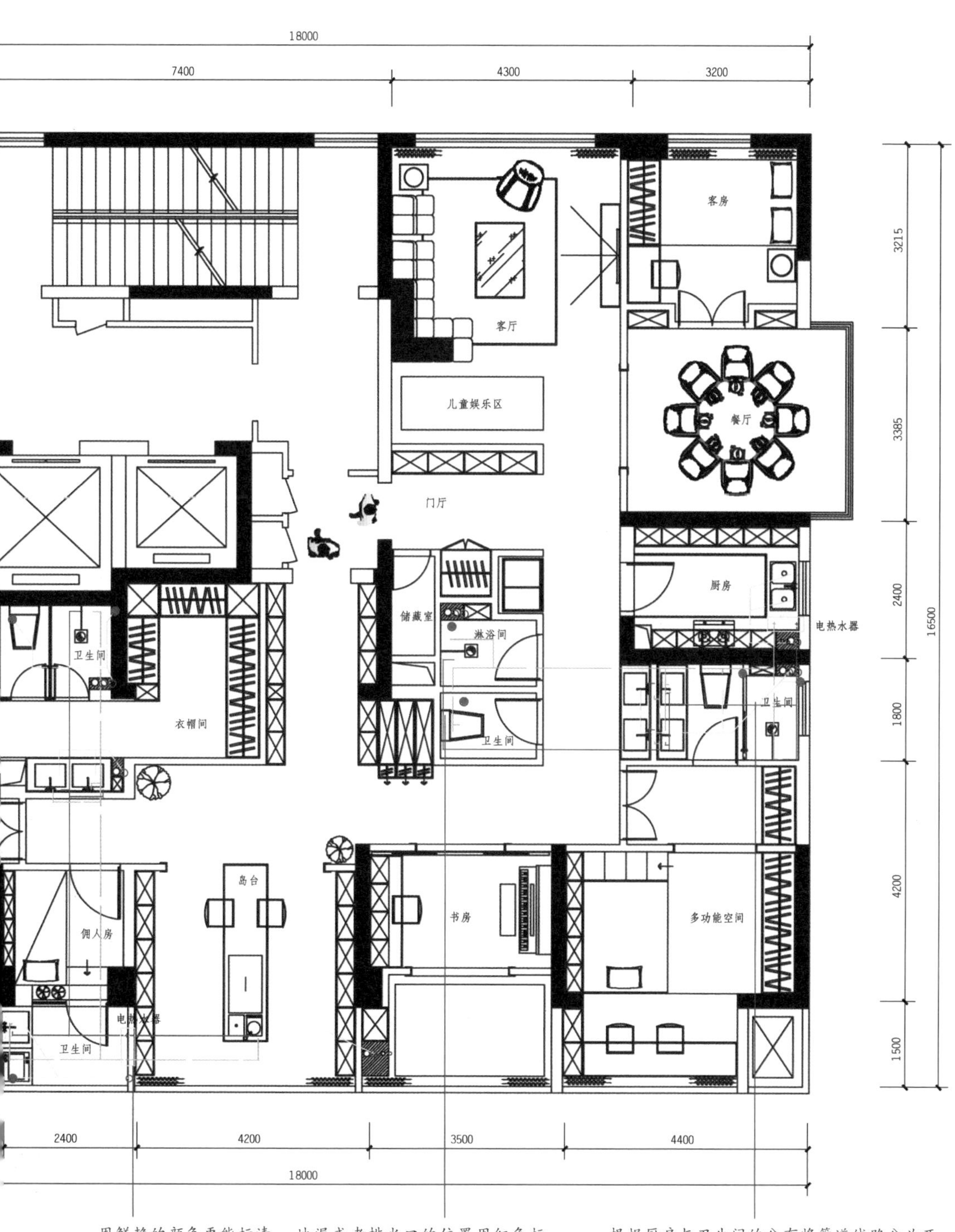

用鲜艳的颜色更能标清不同管线的走向。

地漏或者排水口的位置用红色标注，让定位更加清晰准确。

根据厨房与卫生间的分布将管道线路分为两部分进行设计，减少管道等材料的相关成本。

↑水路系统图深化思维解析

八、立面索引图

学习目标	本小节重点讲解立面索引图的内容。
学习重点	了解立面索引图的绘制内容与要求。

立面索引图的作用在于标注立面图在平面图当中的位置，图中索引标注与立面图的图名相对应，方便施工人员在施工时对照查看，以免在施工过程中出现施工错误等情况，在绘制立面索引图时要注意索引符号上的文字标注的准确性，防止产生不必要的误解。

立面索引图的内容

① 立面索引符号。

② 大样索引符号（根据图面内容灵活选择是否需要标注）。

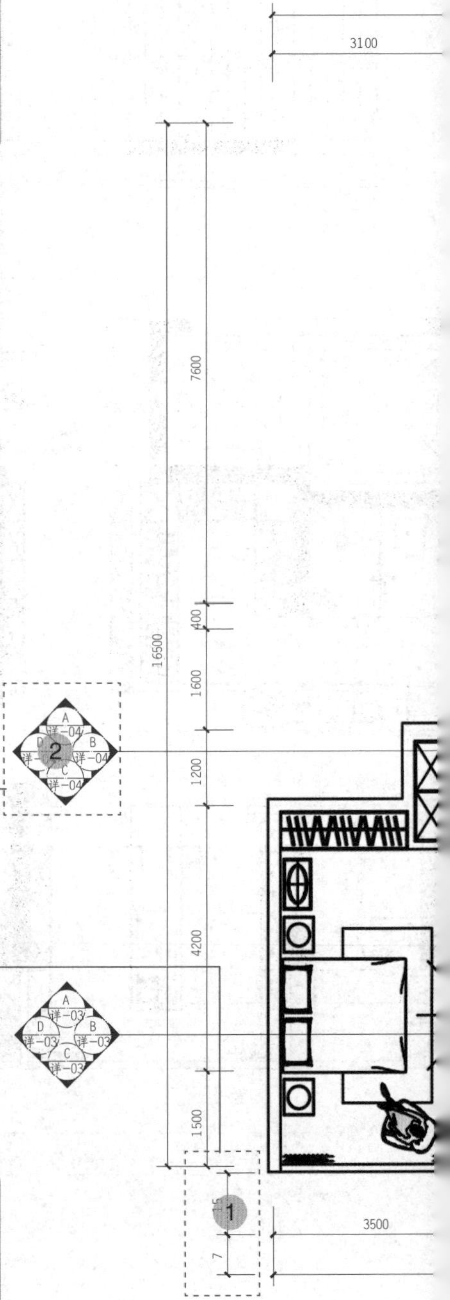

同一侧的立面索引应水平或垂直在一条线上，且索引清晰、明了。

尺寸线与图样最外轮廓线的距离为15mm，尺寸线之间的距离为7mm，版面必须整洁规范，尺寸不能盖住轴线。

3100

7600

400

16500

1600

1200

4200

1500

3500

A 详-04 B 详-04 C 详-04 D 详-04 2

A 详-03 B 详-03 C 详-03 D 详-03

15 7 1

思考与巩固

1. 立面索引图是什么？

2. 立面索引图的内容有哪些？如何绘制？

若需要标注大样索引，也应标注在一条水平线或垂直线上，且索引清晰、明了。

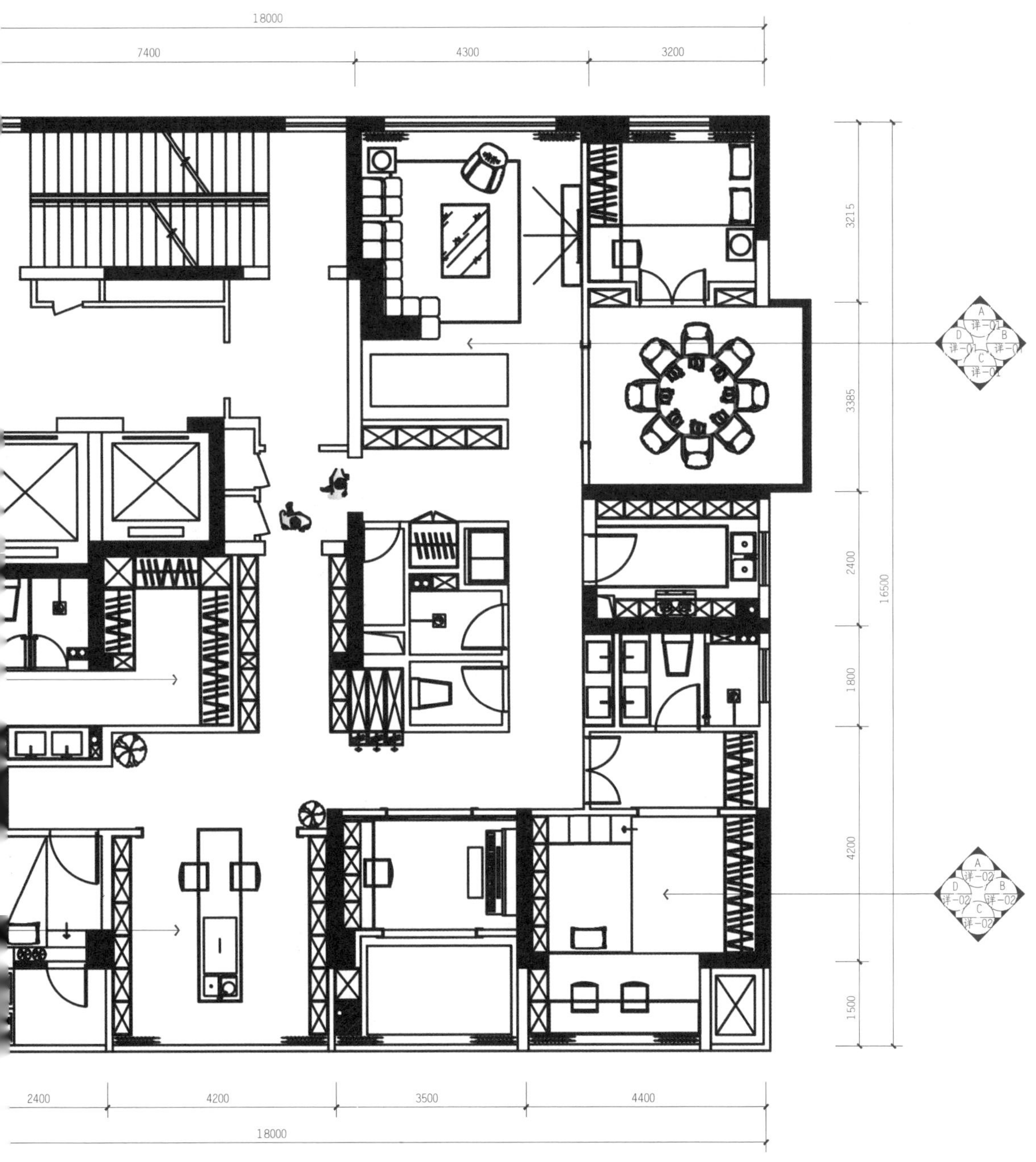

↑ 立面索引图版面绘制解析

九、立面系统图

学习目标	本小节重点讲解立面系统图的内容。
学习重点	了解立面系统图的内容。

将室内空间立面向与之平行的投影面上投影，所得到的正投影图称为室内立面图，主要表达室内空间的内部形状，空间的高度，门窗的形状、高度，墙面的装修做法及所用材料等。室内空间立面图应据空间名称、所处楼层等确定其名称。

材料索引标注：注意相同材料的索引标注文字说明是否一致，编号是否同材料列表相一致。通常在整套施工图的最前面会有一页材料列表，材料列表汇总了该套施工图中所有的材料，同一材料不同的颜色也需要分别编号，方便施工单位查询相关信息。

材料索引标注要遵循就近原则，并避免贯穿标注，若标注过多可分上下两层进行标注，上下两层的距离虽没有硬性要求，但要保证有一定的间隔，使材料标注清晰明了。

立面标高：分级标高分别标注天花分级标高、立面分级标高和地面分级标高。天花分级标高标注空间中吊顶造型的最高点及最低点，且标高数据要与天花布置图中的标高数据相一致；立面分级标高标注立面造型中重点造型的高度；地面分级标高以地面完成面为相对标高±0.000。当立面中出现两个空间时，需要左右两边分别进行尺寸标注和标高表示。

墙体填充：墙体填充图案要与平面图中相一致。

尺寸标注：尺寸标注一般分为2~3层，内部的标注尺寸主要是为进行造型分割而进行标注，严记以清晰表达造型关系为准则，若尺寸较小，数值重叠，需引出标注，避免错误。

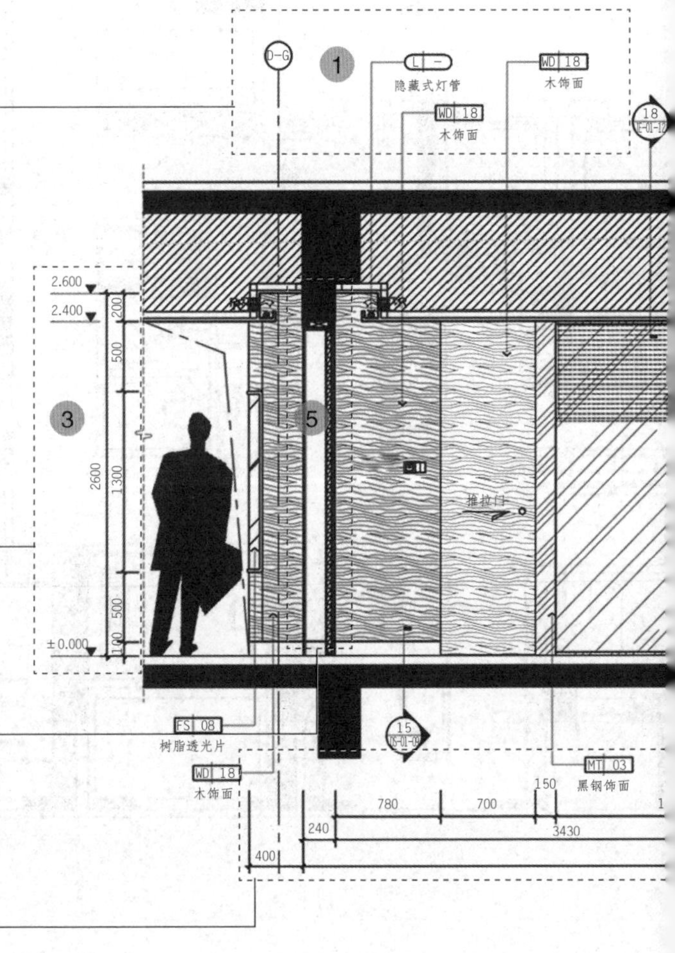

立面系统图的内容

① 展示墙、地、顶面的具体设计样式。
② 标注不同区域的材料。
③ 各部分尺寸要标注清晰，包括一些墙面拼花等内容。
④ 立面标高要标注好重点的几个施工位置。
⑤ 轴线要与平面图中的位置相对应。
⑥ 大样图或节点剖面图的位置要标注清晰。
⑦ 门、窗、梁、墙等结构要准确画出。
⑧ 家具及电器可以用虚线在立面系统图中画出。
⑨ 墙面造型中涉及的分缝等与施工工艺相关的内容也要表达出来。
⑩ 各空间的踢脚线需要准确画出。

图线：立面外轮廓线为粗实线，门窗洞、立面墙体的转折等可用中实线绘制，装饰线脚、细部分割线、引出线、填充等内容可用细实线。立面活动家具及活动艺术品陈设应以虚线表示。注：立面外轮廓线应为装饰完成面，即饰面装修材料的外轮廓线。

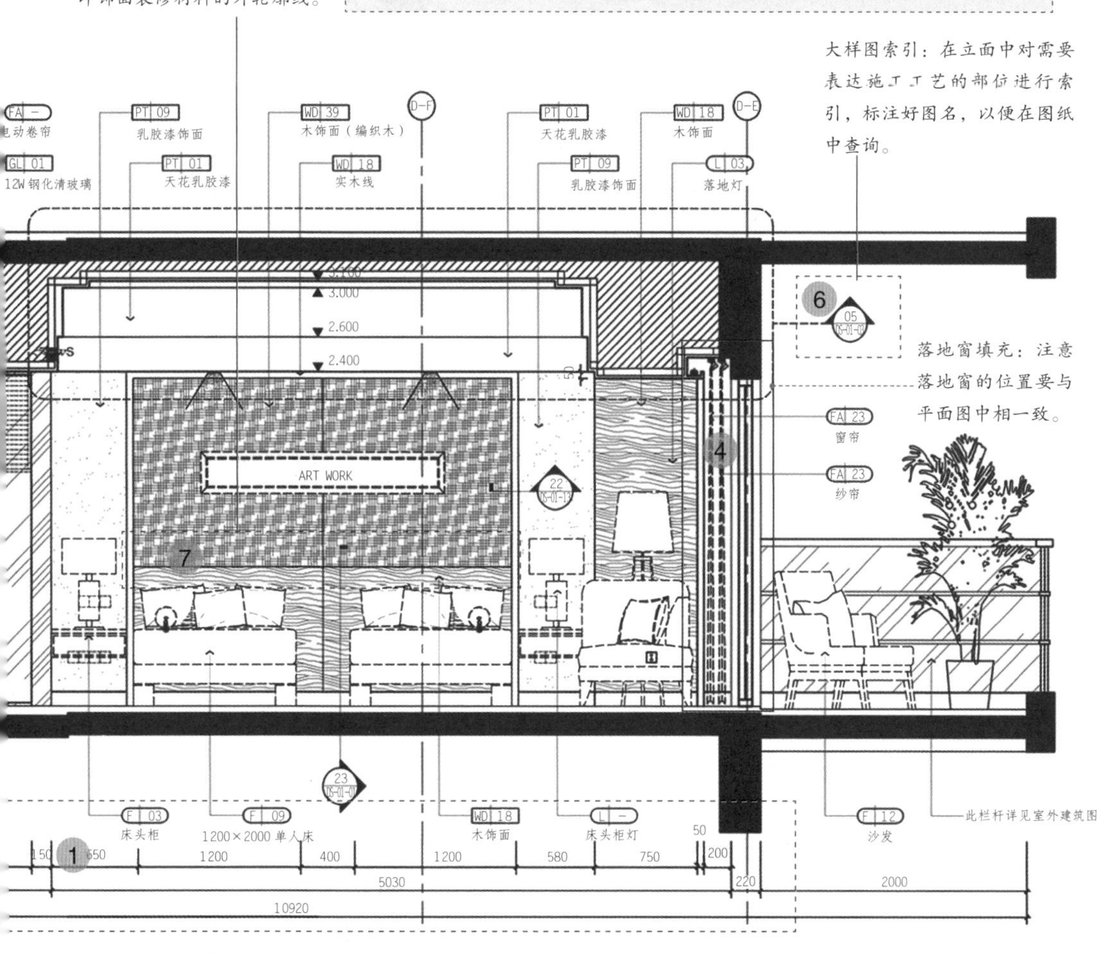

大样图索引：在立面中对需要表达施工工艺的部位进行索引，标注好图名，以便在图纸中查询。

落地窗填充：注意落地窗的位置要与平面图中相一致。

↑立面系统图 1 版面绘制解析

中空符号：当遇到非闭合空间时，如通道或开放的阳台等，可以使用中空符号来标明其空间。

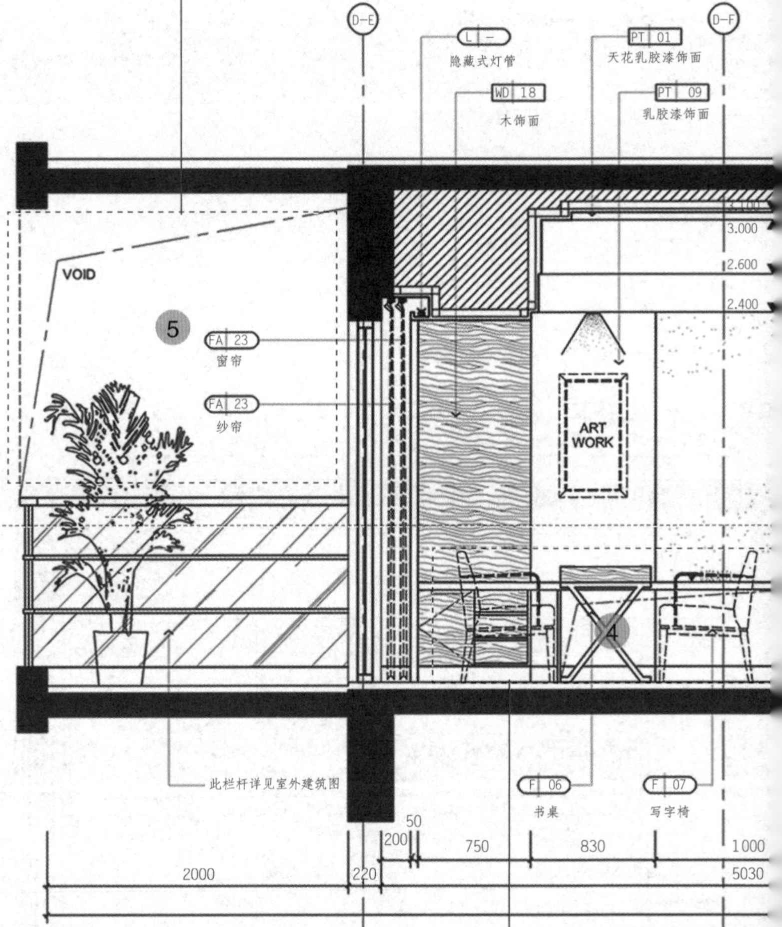

机电及机电尺寸标注：开关控制图和插座布置图中无法体现其开关插座的具体高度，因此可在立面图中进行展示。在标注机电的横向标注时，当机电位于造型面，一般居中均匀分布，与家具或物体有联系时，可以增加辅助线后再进行标注，以固定的造型或结构为基准进行标注。在标注机电的纵向尺寸时一般通过标高的形式进行标注。

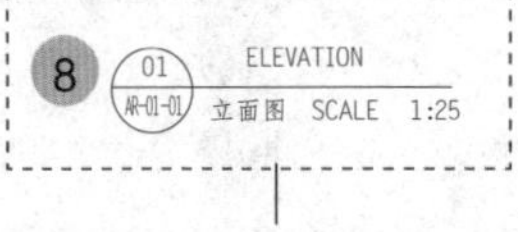

D-E
D-F
L –
隐藏式灯管
PT 01
天花乳胶漆饰面
WD 18
木饰面
PT 09
乳胶漆饰面
3.100
3.000
2.600
2.400
VOID
5
FA 23
窗帘
FA 23
纱帘
ART WORK
4
此栏杆详见室外建筑图
F 06
书桌
F 07
写字椅
50
200
750
830
1000
2000
220
5030

8
01
AR-01-01
ELEVATION
立面图 SCALE 1:25

文字标注：立面图绘制完成后，应在布局空间内注明图名、比例及材料名称等相关内容。室内立面图可以其空间尺度及所表达内容的深度来确定其比例，常用比例为1∶25、1∶30、1∶40、1∶50、1∶100等。

虚线线型：活动家具、装饰品等都采用虚线的形式，才能保证墙面等的造型能够清晰地表达出来。

顶面造型线：立面图中因为不同区域顶面造型不同，其轮廓线的线型要粗一些，轮廓线两边造型线需连线，便于查看吊顶是否交圈；若是顶面中有新风设备等的位置，应查看其是否与造型相冲突。

轴号、轴线标注：根据平面图中所提供的的轴网信息，在其对应的立面中体现出来。

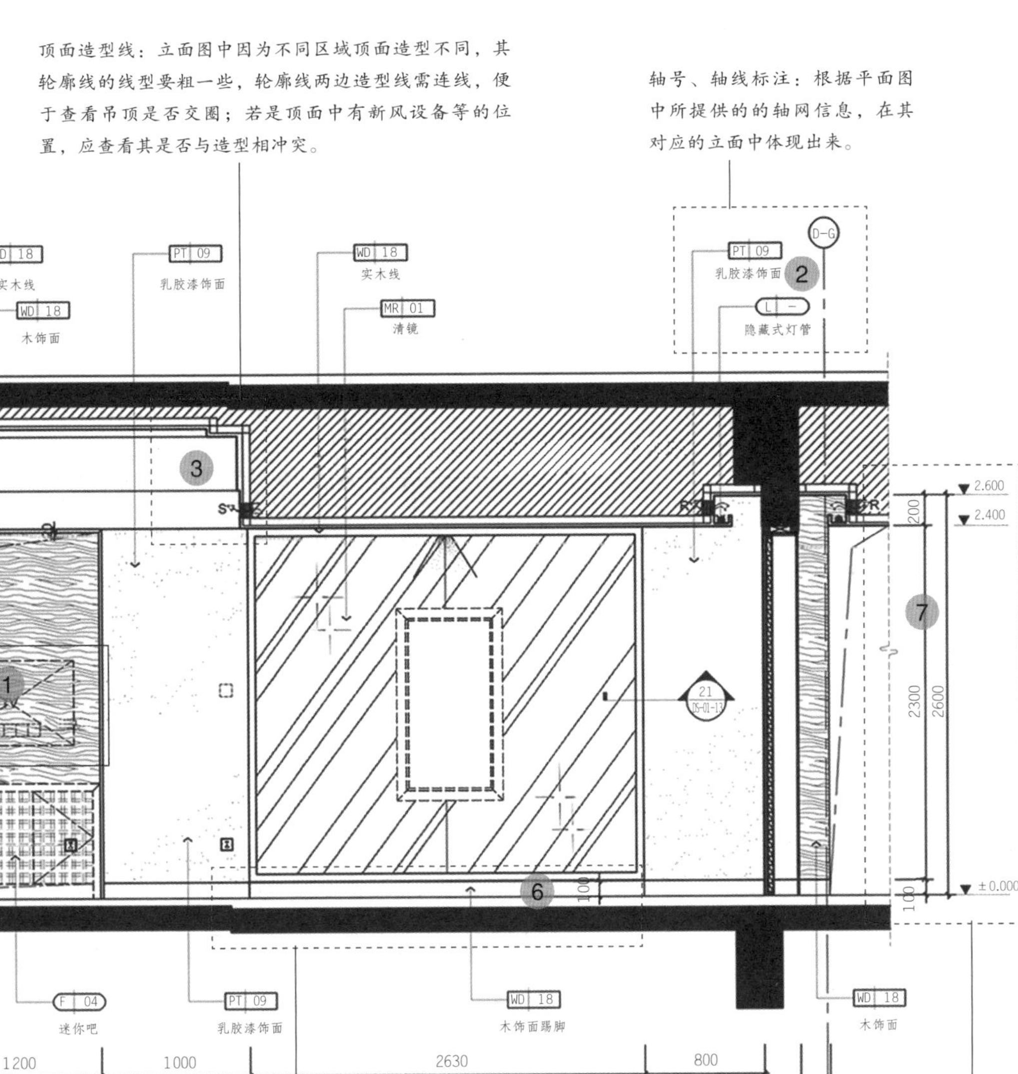

踢脚：一般空间中都会有踢脚线的存在，踢脚通常分为三种造型形式，平于墙面完成面的、凸出于墙面完成面的以及凹于墙面完成面的，三种形式在立面折角的区域表达方式不同，在绘制立面时要注意其中的区别。

折断符号：当图形过大，图纸图幅无法将图形完整而清晰地置于图框中时，可以将图形截断，在截断处添加折断符号，若是有两段是相接的情况下，可以将两段放置在同一图框内，将折断符号首尾相接，表示两段是相连接的。

↑立面系统图 2 版面绘制解析

立面系统图的深化思维解析

立面系统图的绘制流程

通过平面布置图、天花布置图、地面配置图等确定该立面空间的整体框架，对应轴线去绘制立面图是较为稳妥且不容易出错的办法，如墙体的位置与尺寸，地面、天花的高度，梁等结构方面的信息都可以根据轴线的位置进行绘制。

确认好整体的框架的位置后，根据剖切和完成面的情况，填充立面中的墙体、天花以及地面，而且天花的造型在绘制时要考虑到一些具体的尺寸，比如暗藏灯带的位置、窗帘盒的具体尺寸以及窗户在立面中的画法等，并将窗帘、灯具等相关造型绘制上去。

确认空间中门、通道以及其他墙面装饰的位置和尺寸，根据设计对墙面的面层材料进行合理的分缝、填充，形成相应的图案。最后再将家具及一些装饰绿植或装饰画等图块填充进去，完成整个立面的基本绘制。

最终在立面图中完成轴线、轴号、尺寸标注、材质标注、剖面索引及大样图索引等标注性内容的绘制，在需要特殊说明的位置标注应有的文字，即可完成立面图的绘制。

玻璃隔断方便从其他区域借光，卷帘很好地解决了个人隐私的问题。在设计玻璃隔断时要考虑到玻璃的尺寸，一般玻璃以1500mm×2400mm为一块，但是根据设计的不同可以与加工单位协商定制大小不同的玻璃。玻璃隔断的收边采用黑钢，黑钢与玻璃的搭配美观性强。

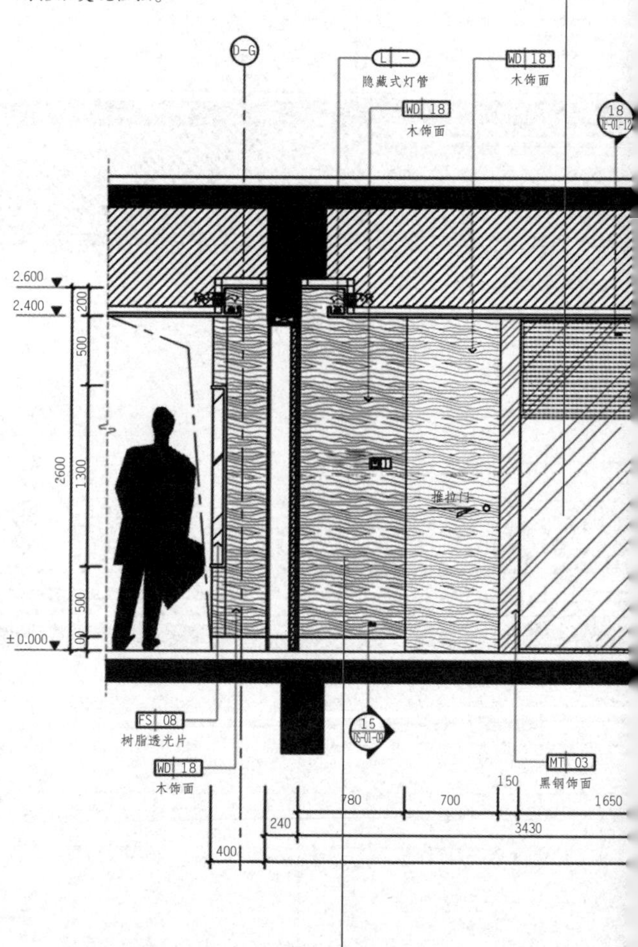

墙面木饰面要考虑木饰面与墙面造型的关系，应按系统性、整体性的要求去排列，合理划分尺寸，在非模数情况下可调整排版方式。常见木饰面的规格为2400mm×3000mm，故单块板长度不得超过2400mm，如必须超长，需与加工单位联系，但超长木饰面成本往往会偏高。

顶面的层级分为三个高度，将其做成跌级。多层跌级在设计时要考虑空间的整体高度，像案例中的空间层高为 3m，三层跌级会让顶面美观，同时四周的筒灯也做辅助照明，保证空间的整体亮度。

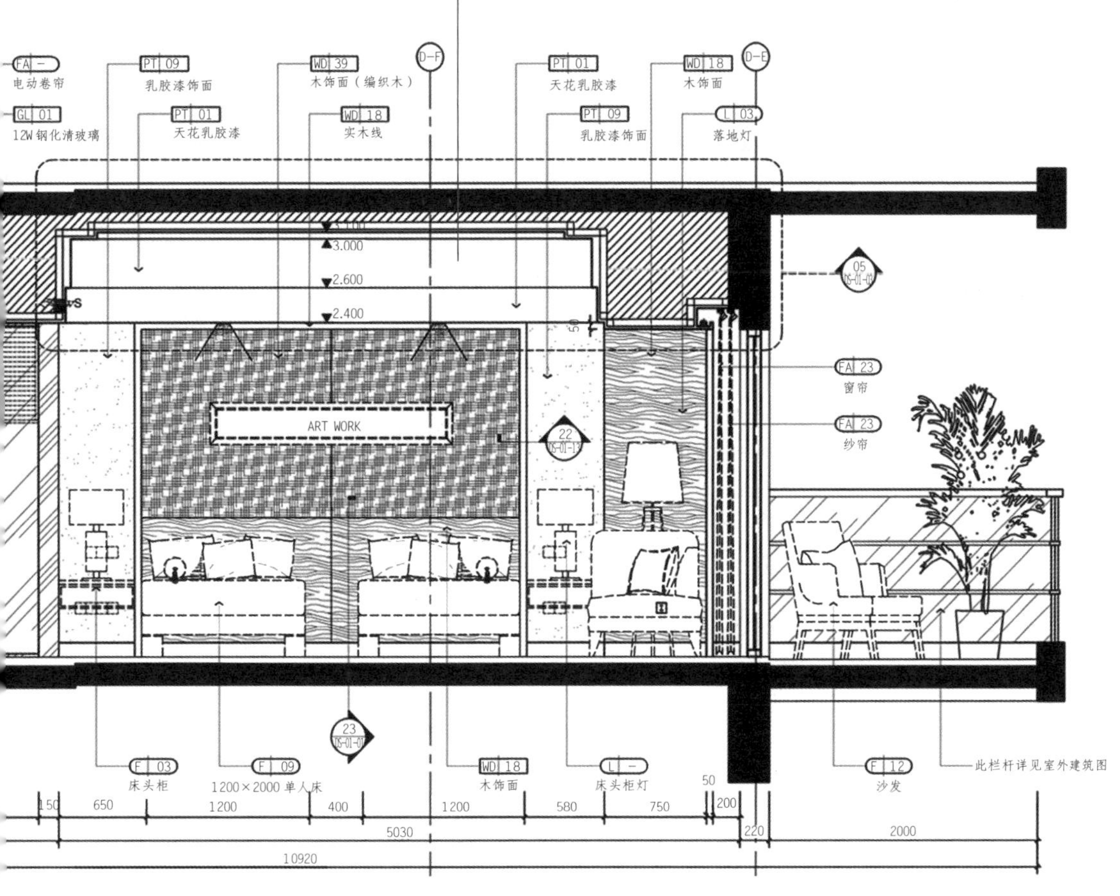

↑ 立面系统图 1 深化思维解析

思考与巩固

1. 立面系统图是什么？包含了哪些内容？

2. 立面系统图版面绘制要求有哪些？绘制流程是什么？

十、节点系统图

学习目标	本小节重点讲解节点系统图的内容。
学习重点	了解节点系统图的类型、构造方法以及尺度依据。

节点系统图又称“室内装饰装修构造图”，呈现的是室内装饰装修构造，也是实施室内装饰装修工程中表现具体做法的方案，它对室内装饰装修工程的功能性、安全性、美观性、经济性等都有重要的作用。因此，节点设计是室内装饰装修中不可或缺的内容。一般来说，节点系统图主要包括天花、墙面、地面、家具、门这五大类型。

小贴士

绘制节点系统图应注意的内容：

① 采取安全坚固的方案。

装饰装修构造的连接点需要有足够的强度，以承受装饰装修构件与主体结构之间产生的各种受力。此外，装饰装修构件之间、材料之间也需要有足够的强度、刚度、稳定性以保证构造本身的坚固性。当装饰装修构件对主体结构造成增加较大负荷或削弱结构受力的状况时，应对结构进行重新计算，必要时应采取相应的加固措施，以保证主体结构的安全。

② 选择合适的构造用材。

装饰装修的构造用料是装饰装修构造设计的物质基础，选择合适的构造用材可以优化室内装饰装修的工程质量、工程投资和审美效果。

③ 适应装配化施工的需求。

在室内装饰装修工程中实行工厂生产，工地装配，逐步淘汰现场制作的装饰装修模式，是我国装饰装修行业实行现代化、产业化的必然趋势。

④ 协调相关专业的关系。

装饰装修构造与建筑、机构、设备等专业关系密切。它们之间或相互连接、重叠或相互毗邻依存。因此，在装饰装修构造设计中既要考虑已有建筑、结构、设备的状态，又要向相关专业说明成本。

⑤ 方便施工和维修。

装饰装修构造设计应力求制作简便，同时便于各专业之间的协调配合。

⑥ 降低工程造价。

按预算标准完成室内装饰装修工程，是设计师应遵循的原则。因此，要力求在较低的成本下，认真选择材料，设计出理想的构造形式，优化装饰装修功能和审美效果。

⑦ 力求构造形态美观。

室内装饰装修构造的外表形态，对室内环境的视觉效果有着很大的影响。因此，在解决安全、实用、经济等问题的同时设计出造型新颖、尺度适宜、色彩美观、质感适宜、工艺精湛的构造形态是装饰装修构造设计中必须考虑的问题。

1 节点的构造方法分类

（1）按生产方式分类

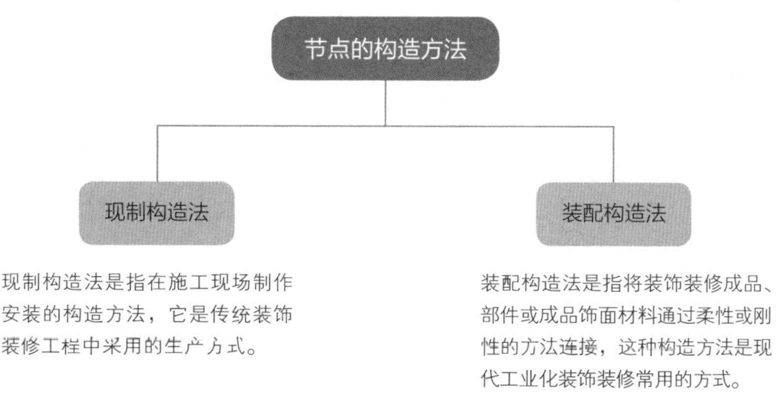

节点的构造方法
现制构造法
装配构造法
现制构造法是指在施工现场制作安装的构造方法，它是传统装饰装修工程中采用的生产方式。
装配构造法是指将装饰装修成品、部件或成品饰面材料通过柔性或刚性的方法连接，这种构造方法是现代工业化装饰装修常用的方式。

（2）按原理分类

◎ 吊挂构造法

吊挂构造法是用金属吊件将饰面板吊挂在龙骨下的方法，这种做法既可将饰面板悬吊在承载龙骨上，也可通过吊杆将饰面板直接挂在楼板的预埋件上。

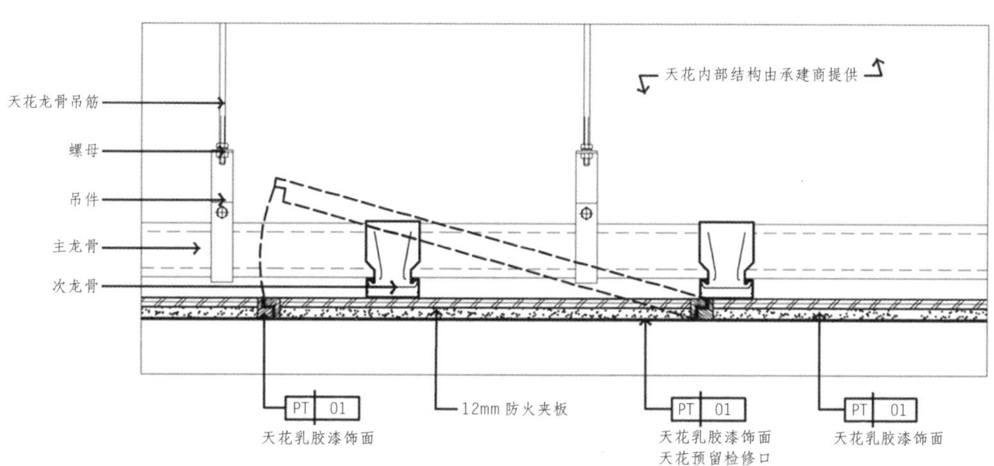

◎ 干挂构造法

干挂构造法又称卡具固定法。它是用干挂来连接饰面和基层的方法。用干挂构造施工简便，利于拆换和维修。干挂构造法主要用于石材、木材等饰面板的安装。

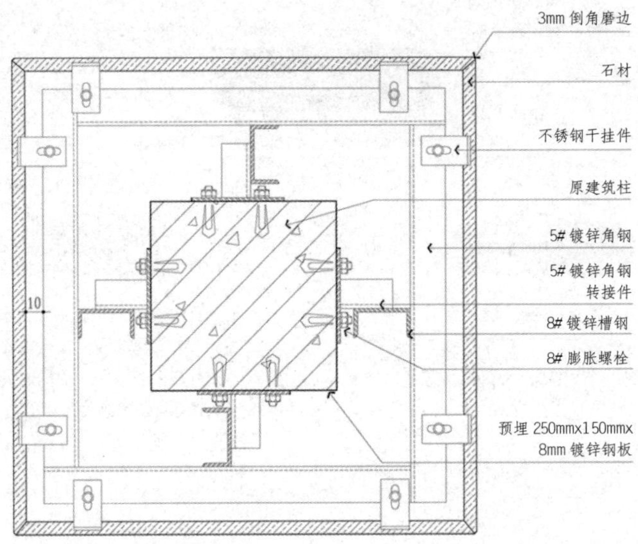

◎ 黏结构造法

它是利用各种胶黏剂将饰面板黏结于基层上。采用黏结构造时可将黏结法与钉接法结合使用，以增加构造牢度，从而使饰面板与基层的连接更为安全可靠。

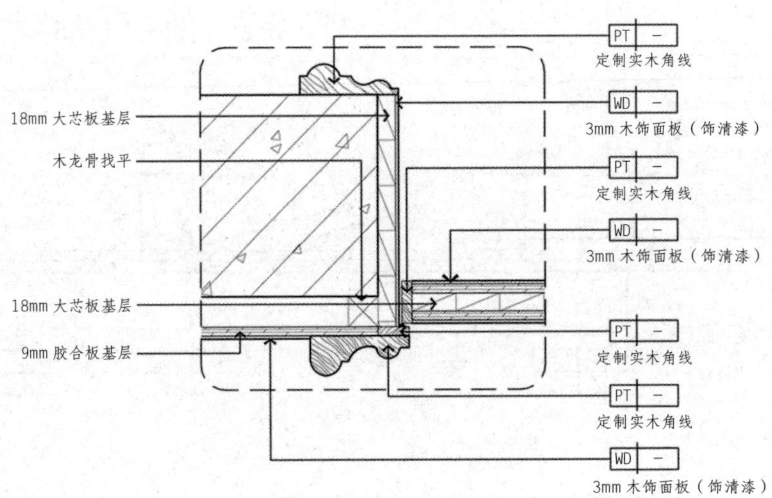

◎ 钉接构造法

它是用螺钉或金属钉将饰面板固定于基层上的构造方法。钉接构造可与黏结构造或榫接构造等构造方法结合使用。

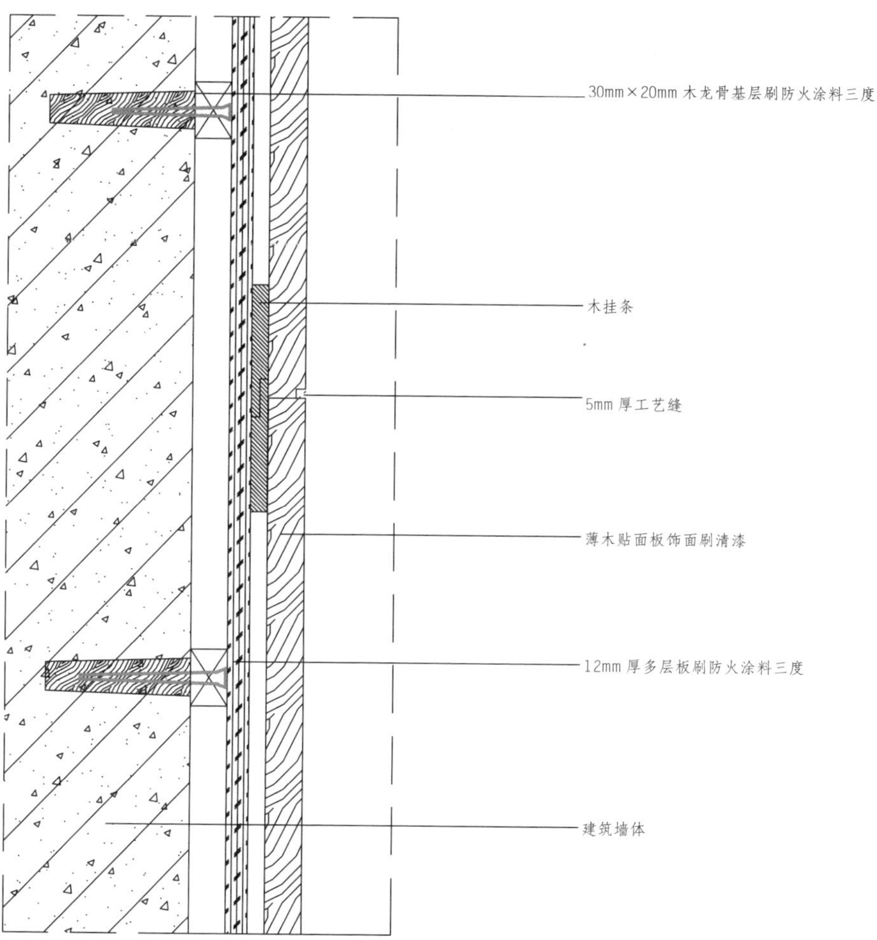

◎ 榫接构造法

它是中国传统木结构和家具制作的主要构造形式。其主要构件是榫头与榫孔两部分，构造方式是将这两部分连接组合。榫构造有燕尾榫、圆榫、方榫、开口榫、闭口榫、插入榫、贯穿榫等多种形式。

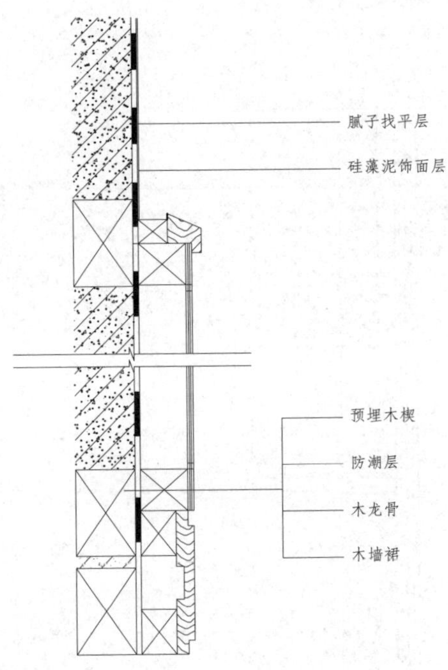

◎ 综合构造法

它是把两种以上的装饰装修构造的基本方法综合运用于一个构造上。这种构造在方法和用材上不固定，对施工方案很有利，因此在装饰装修工程中广泛运用。

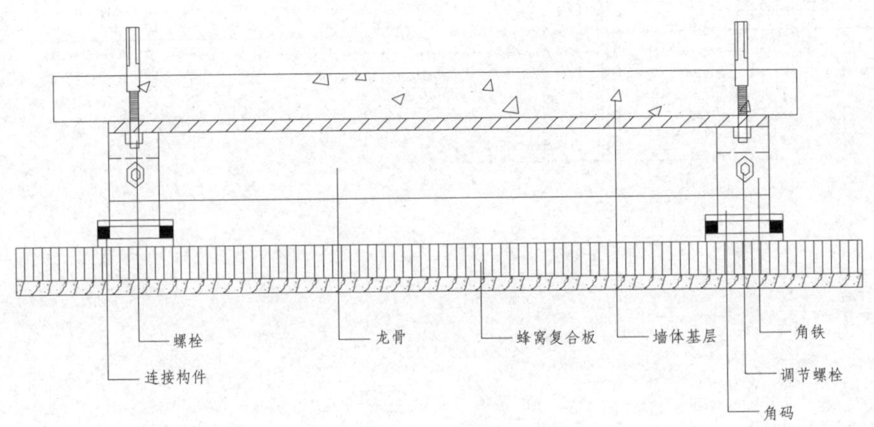

2 天花装饰构造节点系统图

天花又称顶棚、天棚，是室内空间的顶界面。天花在室内空间中占有相当大的面积，天花的装饰装修构造设计是现代室内装饰装修设计的重要内容，也是不可或缺的内容。它对于整个室内视觉效果有举足轻重的影响，对于改善室内的光环境、热环境、声环境，满足防火要求，提高室内环境的舒适性和安全性具有很大的作用。另外天花的构造方式对于装饰装修工程的造价还有较大的影响。

天花龙骨安装前，应按设计要求对房间净高、洞口标高和吊顶内管道、设备及其支架的标高进行交接检验。安装饰面板前应完成顶棚内管道和设备的调试及验收。

（1）天花工程施工的要点

① 吊杆、龙骨的安装间距和连接方式，应符合设计要求。后置埋件、金属吊杆、龙骨应进行防腐处理。木吊杆、木龙骨、造型木板和木饰面板，应进行防腐、防火和防蛀处理。

② 所用吊顶材料在运输、搬运、安装、存放时应采取相应措施，防止受潮、变形以及损坏板材的表面、边角。

③ 天花的吊杆距主龙骨端部尺寸不得大于 30mm，否则应增加吊杆。当吊杆长度为 1.5m 时，应设置反支撑。当吊杆与设备相遇时，应调整并增加吊杆。

④ 天花的重型灯具、电扇及其他重型设备，不应安装在天花工程的龙骨上。

⑤ 饰面板上的灯具、烟感器、喷淋头、风口等设备的位置应合理、美观，与饰面交接处应严密。天花与墙面、窗帘盒的交接，应符合设计要求。

（2）天花的构造与做法

悬吊式天花一般由预埋件及吊筋、基层、面层三个基本部分构成。

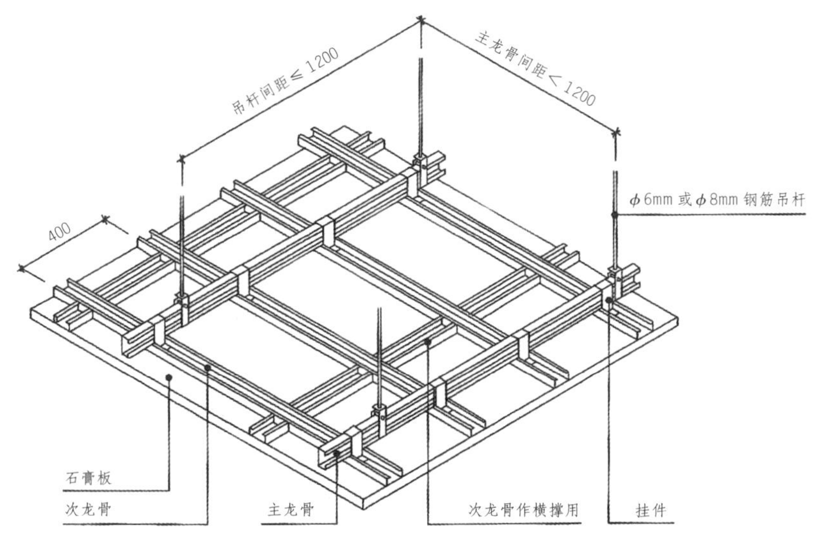

◎ 预埋件及吊筋

顶棚的预埋件是屋面板或楼板与吊杆之间的连接件，主要起连接固定、承受拉力的作用。

吊杆可采用钢筋、型钢、木方、镀锌钢丝等材料。用于一般天花的钢筋直径不小于 ϕ6mm，间距为 900~1200mm。吊杆与龙骨之间可以采用螺栓连接。型钢吊杆用于重型天花或整体刚度要求很高的天花；木方吊杆一般用于木质基层的天花，常采用铁质的连接件加固。另外，金属吊杆和预埋件都必须作防锈处理。

① 木方吊杆的连接固定方法。

用木方吊杆固定在建筑顶面的角钢连接件上，作为吊杆的木方，应长于吊点与龙骨架之间的距离 100mm 左右，便于调整高度。吊杆与龙骨架固定后再截取多余部分。

② 角钢（扁钢）的连接固定方法。

角钢的长度应该事先测量好，并且在吊点固定的端头，应事先打出两个调整孔，以便调整龙骨架的高度。角钢与吊点件用 M6 螺栓连接，角钢与主龙骨用两个螺栓固定。

③ 钢筋吊杆的连接固定方法。

在楼板上根据需要钻出膨胀螺栓的安装孔，然后插入带金属膨胀螺栓的可调钢筋吊杆，拧紧膨胀螺栓的螺母，使膨胀螺栓膨胀，使钢筋吊杆通过膨胀螺栓与楼板连接。

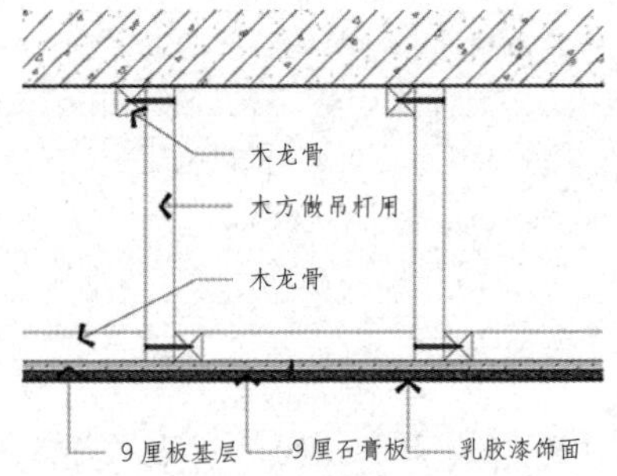

↑ 木方吊杆的连接固定方法

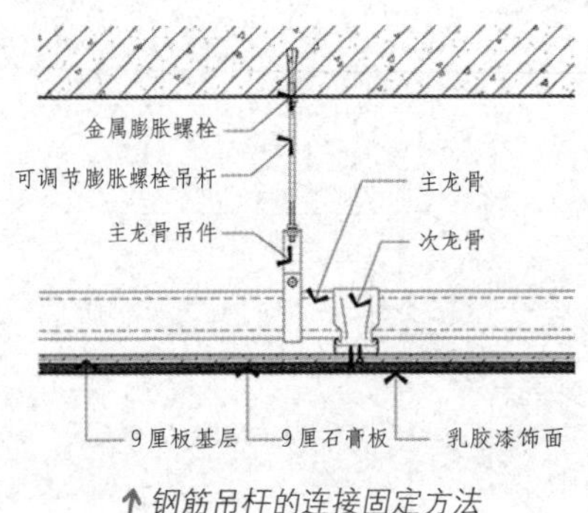

↑ 钢筋吊杆的连接固定方法

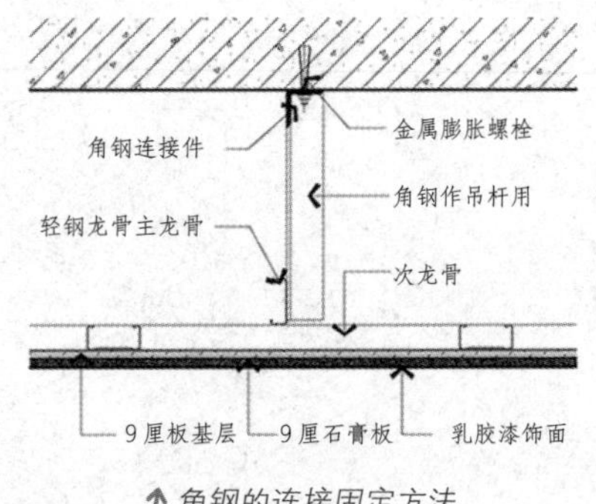

↑ 角钢的连接固定方法

◎ 基层

基层通常情况下都会使用 9 厘板，安装 9 厘板可让吊顶变得更加平整美观，还能减少木材板变形的可能性，且石膏板开裂的概率也大大降低了。

◎ 面层

面层是指天花在龙骨上面的面板，通常使用石膏板做面板，在面板上可以通过刷漆等形式让天花的样式更加多样。

3 墙面装饰构造节点系统图

室内墙面的装饰装修构造与用材有关。墙面的装饰装修材料主要有：墙纸与墙布类、织物饰面类、木板类、金属板类、陶瓷类、石材类和涂料类。

（1）墙纸与墙布类

墙纸是以各种彩色花纸装饰墙面，种类繁多。墙纸按材质分为塑料墙纸、织物墙纸、金属墙纸、植绒墙纸等。墙布是以纤维织物作为墙面装饰材料。墙纸、墙布应粘贴在具有一定强度，表面平整、光洁、干净、不疏松掉粉的基层上，在粘贴时，要求对花的墙纸或墙布在裁切的尺寸上，其长度要比墙高出 100~150mm，以适应对花粘贴的要求。墙纸大致在抹灰基层、石膏板墙基层、阻燃板基层等三类墙体上粘贴。

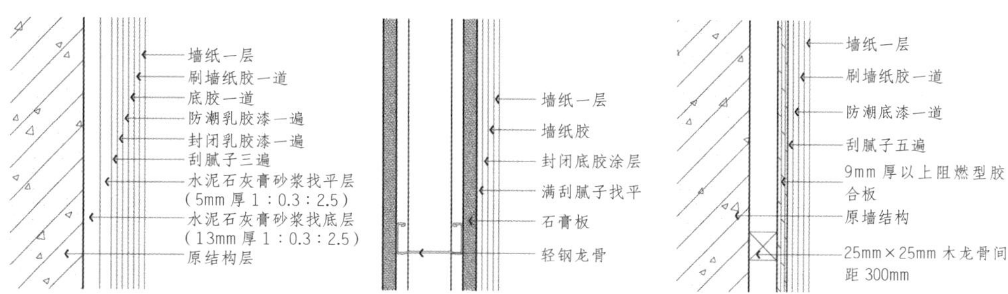

金属墙纸是以特种纸为基层，将金属箔或粉压合于基层表面加工而成的墙纸，其效果有金属闪烁之感，施工时对墙体基层平整度要求较高，一般裱糊在被打底处理过的阻燃胶合板或石膏板上。

（2）织物饰面类

织物饰面一般分为两类：一类是无吸声层硬包墙面，另一类是有吸声层软包墙面。软包是指在墙面上用塑料泡沫、织物等覆盖构成饰面层。软包墙面具有一定的吸声力，且触感柔软。软包墙面的基本构造，可分为底层、吸声层和面层三大部分。

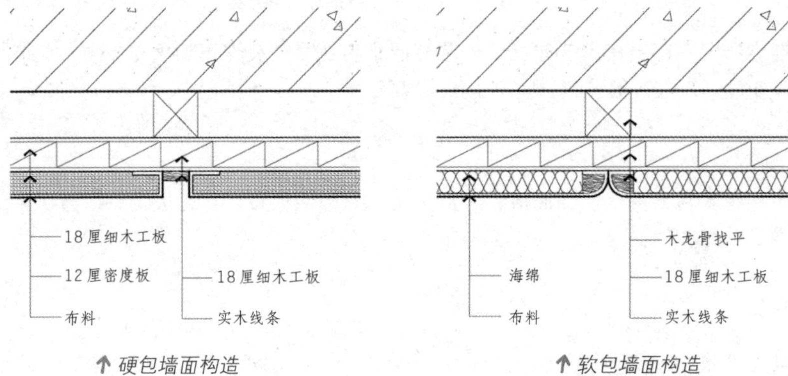

↑硬包墙面构造　　↑软包墙面构造

(3)板材类

内墙装饰板材类很多，主要有木饰面板、金属饰面板、合成装饰板等。

① 装饰施工中使用的木饰面板一般有两种类型：一种是 3mm 厚木饰面板，一种是免漆木饰面板。

3mm 木饰面板是将实木板精密刨切成厚度 0.2mm 的微薄木皮，以胶合板为基材，经过胶粘工艺制作而成的具有单面装饰作用的装饰板材，一般规格有 1200mm×2400mm、1220mm×2440mm。可根据设计要求进行锯切、弯曲、拼接等，木饰面板可以在装饰结构层完成以后，进行现场表面油漆。

免漆木饰面板是将 0.3~0.6mm 厚的木皮（或单板），粘贴在中密度板基层上，再通过热压机，压合成一定厚度的饰面板。一般厚度为 12~18mm。一般应用在墙面、顶面的木饰面造型、成品木门窗及木框套以及成品木橱柜家具等部位。

② 金属饰面板在现代建筑装饰中因其耐磨、耐用、防腐蚀等优点，被广泛采用。

③ 合成装饰板可以分为三聚氰胺板、耐火板。

三聚氰胺板是将带有不同颜色或纹理的纸放入三聚氰胺树脂胶黏剂中浸泡，然后干燥到一定固化程度，将其铺装在刨花板、中密度纤维板或硬质纤维板表面，再经热压而成的装饰板，目前广泛应用于办公家具和墙面、台面装饰灯部位。

耐火板以硅质材料或钙质材料为主要材料，是目前广泛使用的一种装饰材料。一般厚度为 8mm、10mm、12mm。

(4)陶瓷类

最常用的陶瓷贴面有：釉面砖（亦称瓷砖）、各类面砖、马赛克等。它们的铺贴方法基本相同，在此主要介绍釉面砖的构造做法，其他以此类推。

釉面砖的构造做法是：

① 基层抹底灰。底灰为 1∶3 的水泥砂浆，厚度 15mm，分两遍抹平。

② 铺贴面砖。先做黏结砂浆层，厚度应不小于 10mm。砂浆可用 1∶2.5 水泥砂浆，也可用 1∶0.2∶2.5 的水泥石灰混合砂浆，如在 1∶2.5 水泥砂浆中加入 5%~10% 的 108 胶，粘贴效果则更好。

③ 面层细部处理。在釉面砖贴好后，用 1：1 水泥细砂浆填缝，再用白水泥勾缝或美缝剂直接勾缝，最后清理釉面砖的表面。

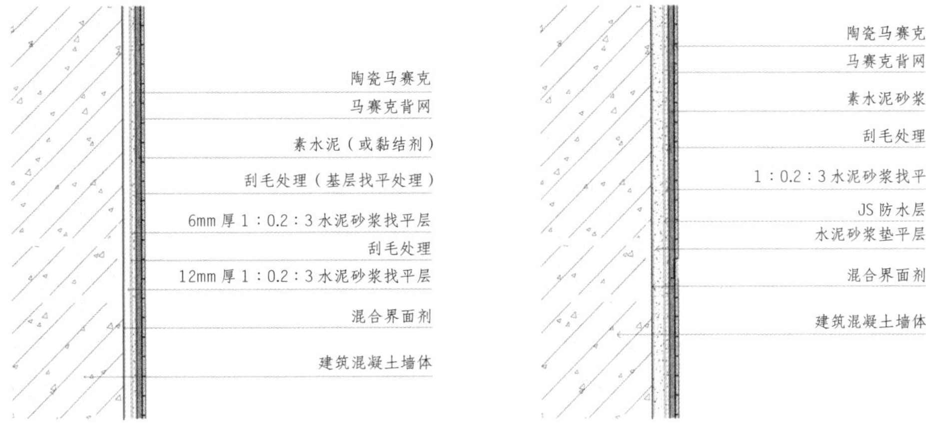

（5）石材类

墙体饰面的石材，有花岗石、大理石、青石等天然石材和文化石、水晶石、微晶石等人造石材。天然石材和人造石材饰面的构造与做法，既有共同之处也有差异。

◎ 天然石材的构造法

① 聚酯浆固定法

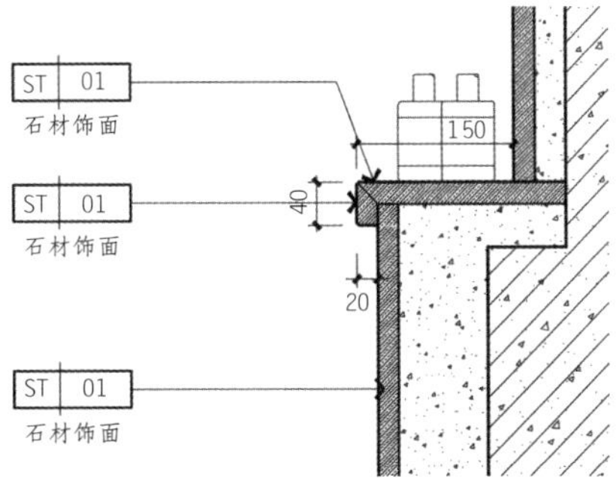

②树脂胶（云石胶、AB 胶）粘贴法

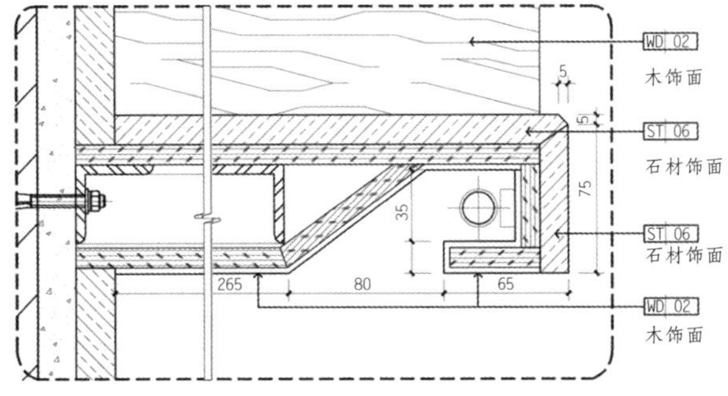

③灌挂固定法。是一种“双保险”的做法，即在饰面安装时，既用水泥砂浆等做灌注固定，又通过各种钢件或配用的钢筋网，在板材与墙体之间、板材与板材之间进行加强连接固定。

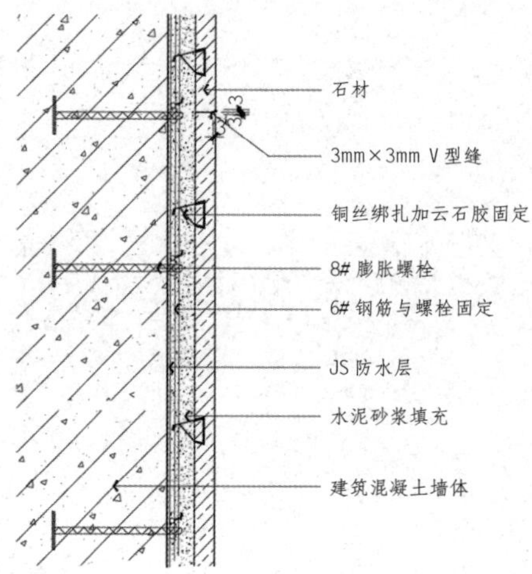

④干挂法（又称螺栓和卡具固定法）。即在基层的适当部位预留金属焊板，在饰面石材的底部侧面上开槽钻孔，然后用干挂件和膨胀螺栓固定，另外也可用金属型材卡紧固定，最后进行勾缝和压缝处理。

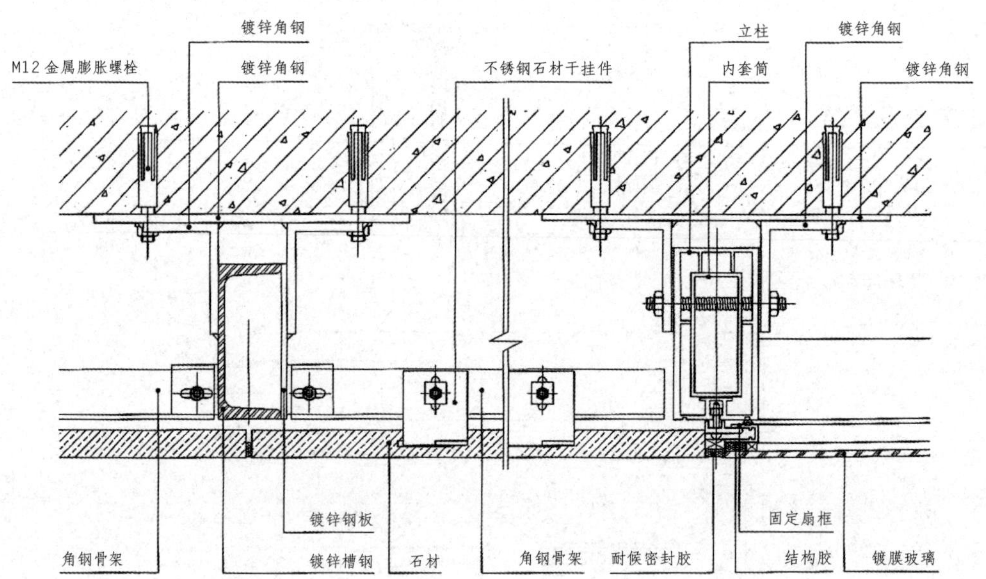

◎ 人造石材的构造法

人造石材类墙体饰面，因其性质与天然石材相近，因而饰面的构造做法与天然石材基本相同。

（6）涂料类

用涂料作墙体饰面，是各种饰面做法中最为简便、经济的方法，它具有价格低、工期短、功效高、自重轻、便于维修更新等优点，尤其是涂料可以配置成装饰所需的各种颜色，在室内装饰中应用极广。

墙面涂料的种类很多，通常可以分为如下四大类：一是溶剂型涂料，多用于外墙装饰；二是乳液型涂料，有的可形成类似油漆漆膜的光滑表层，习惯上称为“乳胶漆”，因其性能良好、无毒、无污染且施工方便，在室内装饰中广泛应用；三是水溶性涂料，即聚乙烯醇类墙涂料，又名“106 墙涂料”，在室内装饰中也常应用；四是无机高分子涂料，是一种新发展起来的新型涂料。

墙面涂料的施工过程主要有两种方式，一种是喷漆，一种是滚漆。涂料的做法一般分为三层，即底层、中间层、面层。

① 底层。俗称刷底漆，主要作用是增加墙基层与涂层之间的黏附力，同时底层还兼起墙基层防潮封闭剂的作用。

② 中间层。是涂料饰面中的成型层。其工艺要求是形成具有一定的厚度、均匀饱满的涂层，以达到所需的装饰效果，并起到保护基层的作用。质量好的中间层不仅可保证涂层的耐久性、耐水性和强度，同时对基层还可起补强作用。

③ 面层。其作用是体现涂层的色彩和光感。为保证涂层均匀，并满足耐久性、耐磨性要求，面层最少要涂刷两遍。

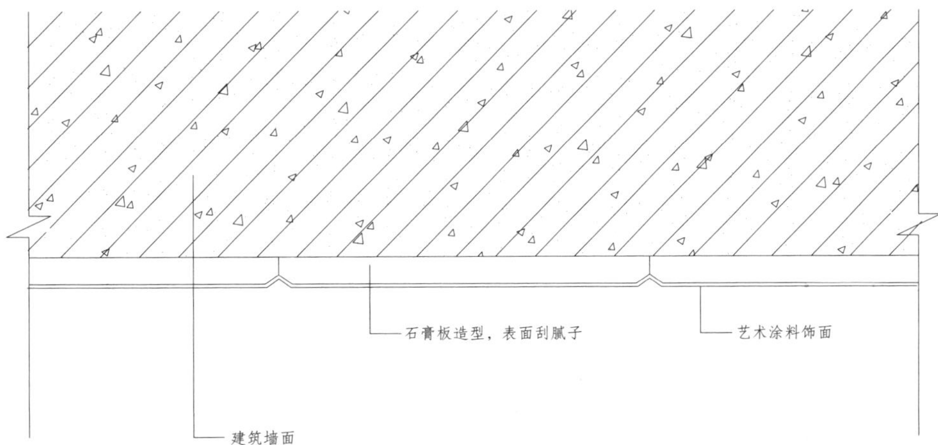

4 地面装饰构造节点系统图

地面的装修材料主要有地砖、石材（包括人造石）、实木地板、复合地板、地毯等。不同的地面材料地面装饰构造有所不同，即使是同一材料，不同的构造做出的装饰效果也不同。

（1）地砖地面

◎ 常见的地砖材料

名称	特征	常用规格
釉面砖	就是砖的表面经过烧釉处理的砖。主要又分陶土和瓷土两种。釉面砖厚度为 6~10mm，可根据需要选择	釉面砖的规格主要有方形和长方形两种，方形釉面砖尺寸有 150×150、200×200，长方形釉面砖尺寸有 60×240、100×200、115×240、150×200、200×300 等（单位：mm）
通体砖	通体砖的表面不上釉，而且正面和反面的材质和色泽一致，因此得名。通体砖是一种耐磨砖	其常用规格有 300×300、400×400、500×500、600×600、800×800 等（单位：mm）
抛光砖	抛光砖是通体砖胚体表面经过打磨而成的一种光亮的砖种。抛光砖属于通体砖的一种。相比通体砖的粗糙，抛光砖光洁，且质地坚硬耐磨，适合在多数室内空间中使用。在运用渗花技术的基础上，抛光砖可以做出各种仿石、仿木效果。抛光砖缺点是易脏，不过一些质量好的抛光砖都加了一层防污层	通常使用的规格有 400×400、500×500、600×600、800×800、900×900、1000×1000（单位：mm）
玻化砖	玻化砖主要是为解决抛光砖易脏的问题而产生出来的，又名全瓷砖，其表面光洁但又不需要抛光。玻化砖是强化的抛光砖，采用高温烧制而成。质地比抛光砖更硬更耐磨	常用规格有 400×400、500×500、600×600、800×800、900×900、1000×1000（单位：mm）
陶瓷马赛克	陶瓷马赛克一般由数块小块的砖组成一个相对的大砖。它因小巧玲珑、色彩斑斓被广泛使用于室内外墙面和地面。砖体厚度一般在 4.0~5.0mm 之间	常用的规格有 20×20、25×25、30×30（单位：mm）

◎ 地砖的铺设步骤

试拼：按图纸要求对房间的地砖或石材按图案、颜色、纹理进行试拼，并按方向进行排序编号。

弹线：线按“五米线”找水平，弹击互相垂直的控制十字线。

试排：在房间两个相互垂直的方向铺干砂试排，检测地砖与石材等的缝隙，核对它们与墙、柱等的相对位置。

清基层：将混凝土基层清扫干净，高低不平处要先凿平、修补，地面应洒水湿润。

铺砂浆：将 1 ∶ 3 的干硬性水泥砂浆自里向外（门口）铺贴，铺好后刮大杠、拍实，用抹子找平，其厚度应以水平线为准。

铺地砖：先将地砖浸泡在水里，阴干后擦净背面，背后抹 1 ∶ 2 素水泥浆，然后平铺。

勾缝：地砖铺完一两天后可以使用美缝剂进行勾缝。

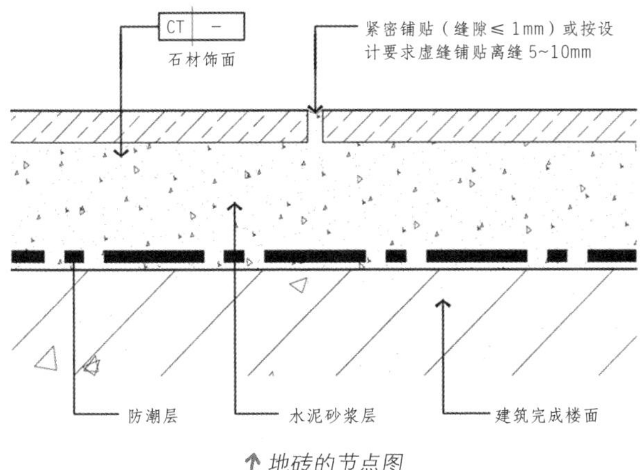

↑ 地砖的节点图

(2) 石材地面

石材地面有花岗石、大理石、人造石、碎拼大理石等几类。石材地面铺设基本构造：在混凝土基础表面刷素水泥一道，随即铺设 15~20mm 厚 1：3 干性水泥砂浆找平层，然后按定位线铺石材。

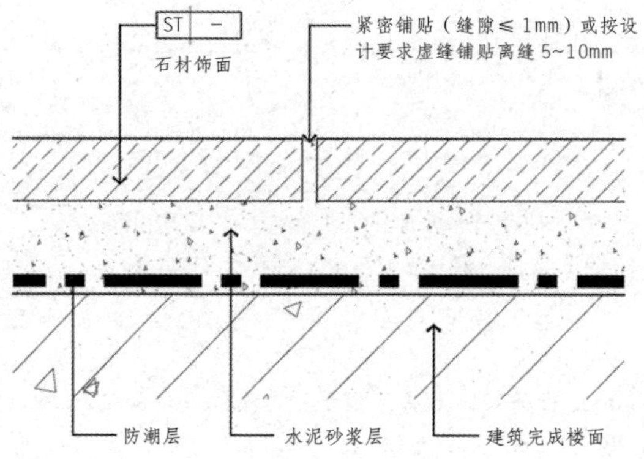

(3) 木地板

木地板地面是一种传统的地面装饰，具有自重轻、保温性好、有弹性，以及易于加工等优点。按面层使用材料可以分为饰面地板、强化复合地板、软木地板、竹木地板等。

木地板拼缝一般有企口缝、截口缝、压口缝等。

木地板与墙面之间留 8~10mm 宽的缝隙，由墙面踢脚板盖缝处理。

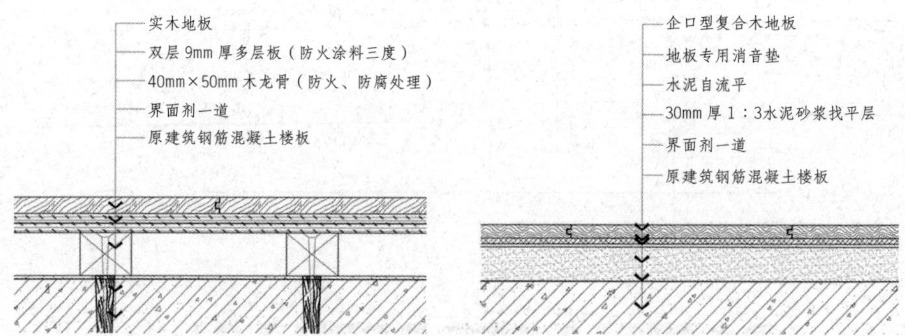

（4）地毯

地毯适用于中高档室内地面装修。铺设可分满铺设与局铺设两种。铺设方式有固定与不固定两种：

不固定铺设是指将地毯铺设在基层上，不需要将地毯同基层固定，方法简单，易更换。

固定式铺设有两种方式，一种使用倒刺固定，另一种用胶粘贴，倒刺固定要在地毯的下面加一层垫层，垫层一般采用波纹状或泡沫状海绵垫。固定地毯收口。

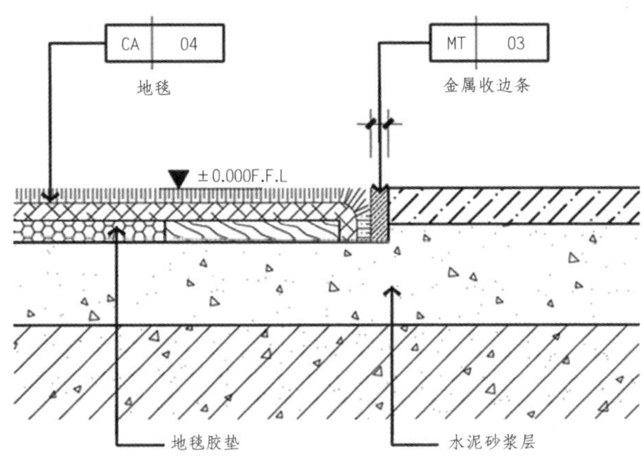

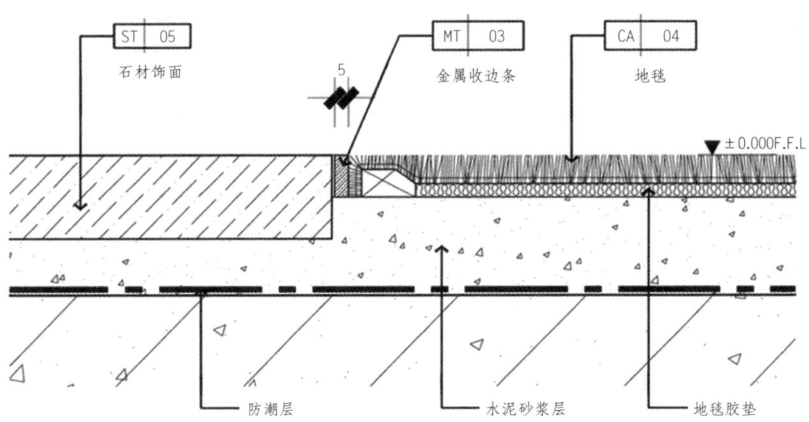

5 家具装饰构造节点系统图

家具的构造形式与工效学有关，工效学中的人体尺寸是确定家具尺寸的主要依据之一，与家具设计有关的人体结构和行为方式是家具构造设计中不可或缺的知识。

（1）桌台类家具的基本尺寸要求

桌台类家具的高度尺寸应根据人体坐立姿势所需要的高度来设置，应注意如下要点：

① 桌台类家具的基本尺寸应满足人在使用时的需要，要求其高度适于高效率工作状态并能够减少疲劳，既要适合存放一定的物品，又要满足在站立和坐立工作时所需要的桌面宽度与深度，以及桌面下必要的容纳膝部和置足的空间。

② 通常桌椅的高差为 300mm。设计站立用桌的桌面高度，如工作台，是根据在站着的情况下，臂自由垂下时，与肘高相对应的高度来确定的。按我国人体平均身高，工作台以 910~965mm 为宜。为适应着力情况，桌面可降低 20~50mm。为适应迎面观看的装饰效果，站立用的桌面家具的迎面高度通常定为 1050~1100mm。

③ 桌面的尺寸应以人坐着时可达到的水平工作范围为依据。同时，还需要考虑桌面的使用性质及所置放的物品之大小。双人平行或双人对坐的桌子，应加宽桌面，以不影响两人同时动作的幅度为宜。

④ 桌面下的空隙高度应高于双腿交叉时的膝高，并使膝部有一定的活动余地。通常桌面至抽屉底部的距离不超过桌椅高差的 1/2，即 120~160mm。因此，桌子抽屉的下沿离开椅座面至少应有 170mm 的空隙，空隙的宽度和深度应保证两腿的自由活动和伸展。站立用工作台的下部空隙，不需要设有腿部活动的空隙，通常是作为收藏物品的柜体来处理的，但需要有置足的位置，一般高度在 80mm，深度以 50~100mm 为宜。

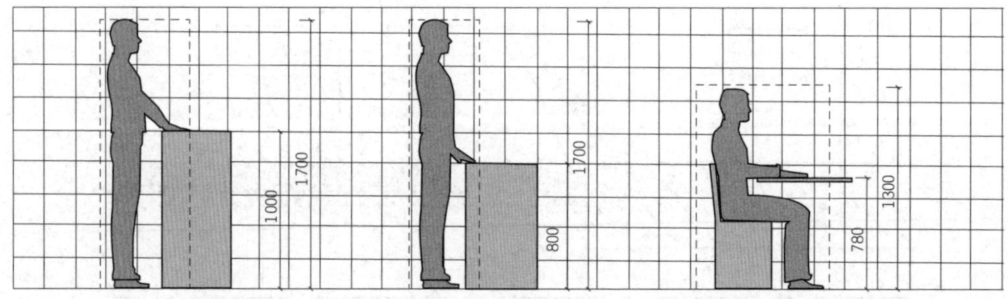

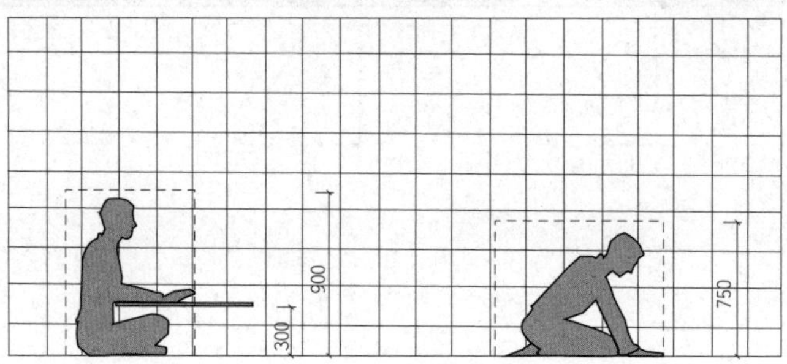

↑ 人体坐立姿势作业空间

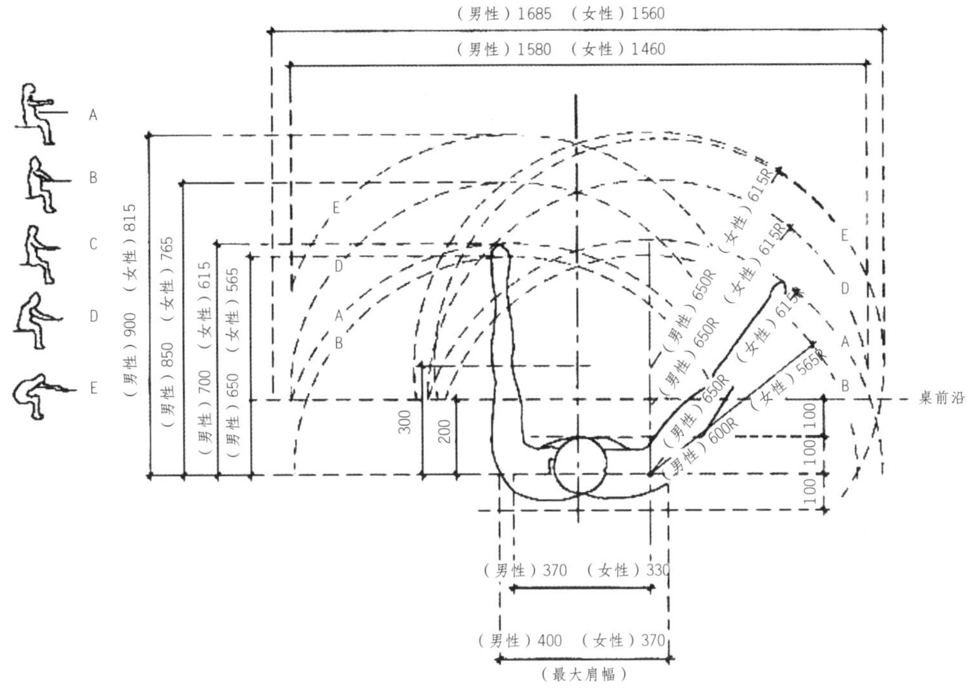

↑人体在桌面的活动空间

（2）柜类家具构造与收纳物品的要求

家具的尺寸除了满足工效学的要求外，还应满足收纳物品的需要，如柜类家具。不同类型柜类家具于地面的尺寸、人手最方便拿取的尺寸等都应符合居住者的基本需要。同时柜类家具的基本功能要求，是根据不同的使用需要和物品的存放习惯、收藏形式等要求来决定的。这也要求在人的视觉尺度上，柜类家具的大小应与室内空间尺度具有良好的比例关系。

◎ 柜类家具的常规尺寸

① 柜类家具的整体高度以及拉手位置：一般常根据人体身高、手臂高度等来确定。

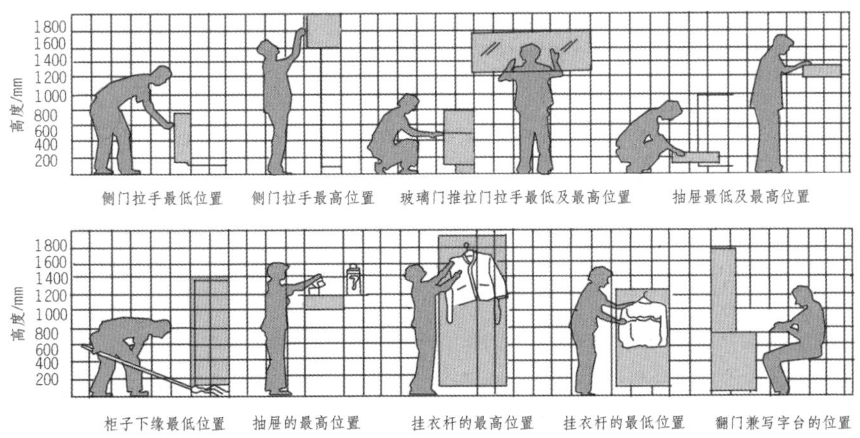

② 柜类家具内不同隔层的高度：常根据人体身高、手臂高度、视域以及建筑层高来确定。

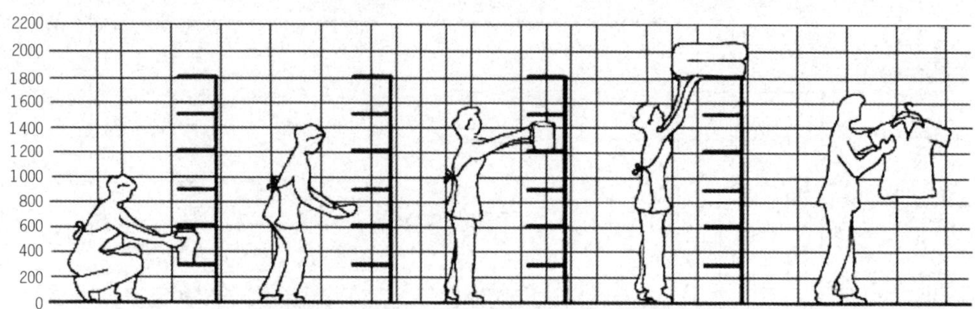

③ 柜类家具的深度和宽度：一般是以存放物品的种类、数量和存放方式，以及室内空间大小等因素来确定的，同时还须考虑柜类家具的体量在室内空间中能否取得较好的视觉感受。

◎ 柜类家具的常见分类及尺度

书柜：存放书籍空间的尺寸主要以书本的尺寸为依据。同时，一方面要考虑到人与建筑之间的关系，另一方面又要顾及到物与物之间的联系。

书柜尺寸表

单位：mm

尺寸	宽	深	高
	600~900	300~400	1000~2200
尺寸级差	50	20	第一级差 200 第二级差 50

国内图书常用开本尺寸

对开　4 开　8 开　16 开　32 开　64 开　64 开

开本	尺寸 /mm
正 8 开	260×370
大 8 开	285×420
正 16 开	185×260
大 16 开	210×285
正 32 开	130×185
大 32 开	145×210

衣柜：其存储空间尺寸主要以存放、挂衣服需要的尺寸为依据。一般情况下，抽屉的深度不小于 400mm，底层抽屉面下沿离地面不低于 50mm，顶层抽屉，面上沿离地面不高于 1150mm，镜子上沿离地面不低于 1700mm。

衣柜内部空间尺寸表

单位：mm

柜体空间		衣服上沿至柜顶板内表面间距离	衣服上沿至柜底板内表面间距离	
挂衣空间深度或宽度	折叠衣服放置空间深度		适于挂长外衣	适于挂短外衣
≥ 530	≥ 450	≥ 40	≥ 1400	≥ 900

↑ *衣服、衣架等规格尺寸*

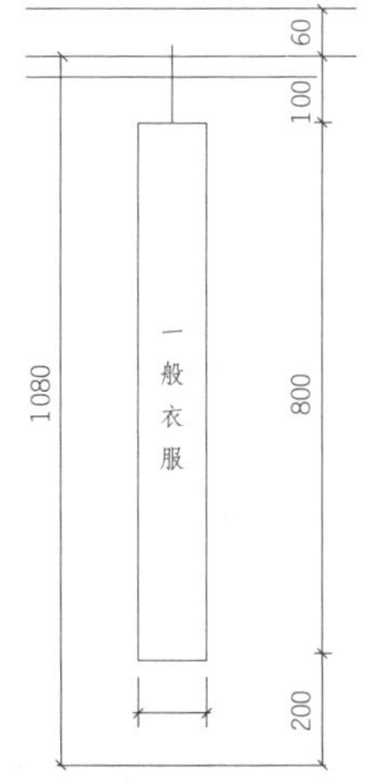

↑ *衣服悬挂时的尺寸*

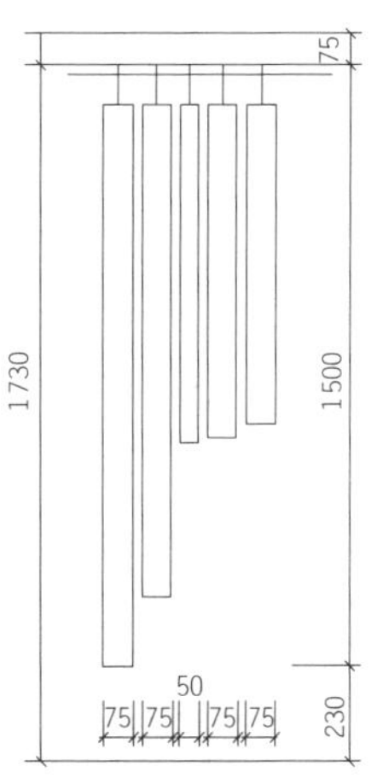

↑ *普通衣裤尺寸*

6 门装饰构造节点系统图

与传统门相比，现代门的构成内容和形式发生了较大的变化，总体来讲现代门的造型较简洁，并简化了许多构件。不同材质的门，其构件都具有相似性，以木门构造为例讲解其构造原理。

（1）木质门的构造

木质门的门套结构一般由主要基材层、正面装饰加厚层、反面平衡加厚层组成。门扇的机构一般由门扇芯层、正反表面装饰层组成。门压条组成结构一般用人造板，由正面盖口部分和安装连接呈 90° 粘贴组合。

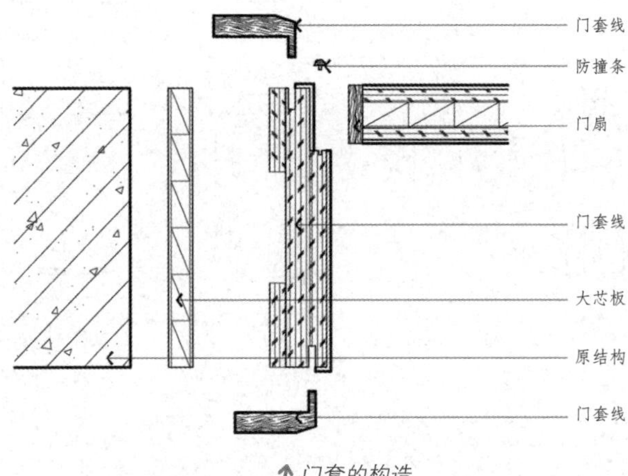

↑门套的构造

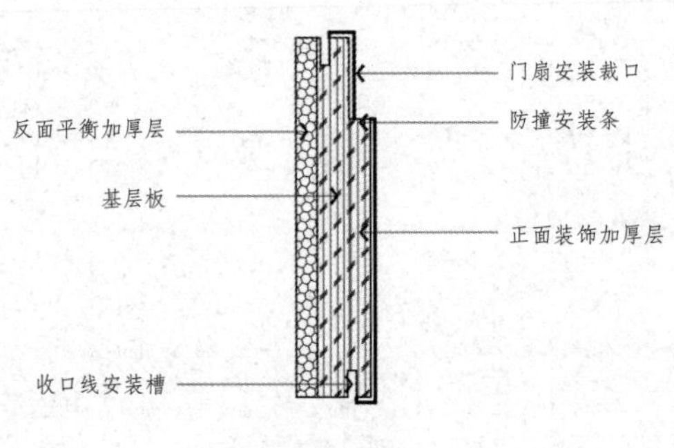

↑门压条的构造

（2）木质门的分类和规格

木质门主要可以分为实木复合门、夹板模压空心门等。门洞口尺寸规格应符合 GB/T 5824 的规定，常见的门洞尺寸有 700×2000、700×200、800×2000、900×2000、700×2100、760×2100、800×2100、900×2100、1200×2100、2100×2400（单位：mm）。门扇的厚度尺寸分为 30、35、38、40、42、45、50（单位：mm），比较常见的厚度为 40mm、45mm 两种。

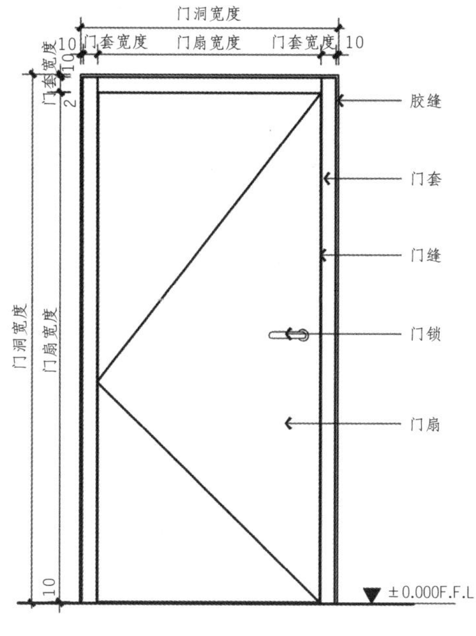

↑ 门大样图

（3）木质门的合页及把手安装位置要求

合页位置距门上、下端宜取门扇高度的 1/10（推荐位置：上合页上边距门扇顶边 180mm，下合页距门扇底边 200mm），并避免开门扇内部空心位置，安装后应开关灵活。门锁开孔位置以拉手距地面 900~1050mm 为宜。

合页的安装位置推荐表

门扇高度 /mm	合页数量 / 个	上合页与门扇顶边距离 /mm	下合页与门扇底边距离 /mm	其他合页位置
＜2000	2	180	200	见下图
2001~2500	3	180	200	见下图

续表

门扇高度 /mm	合页数量 / 个	上合页与门扇顶边距离 /mm	下合页与门扇底边距离 /mm	其他合页位置
2501~3000	4 或以上	180	200	见下图
3000 以上	5 或以上	180	200	上中下合页间距平分

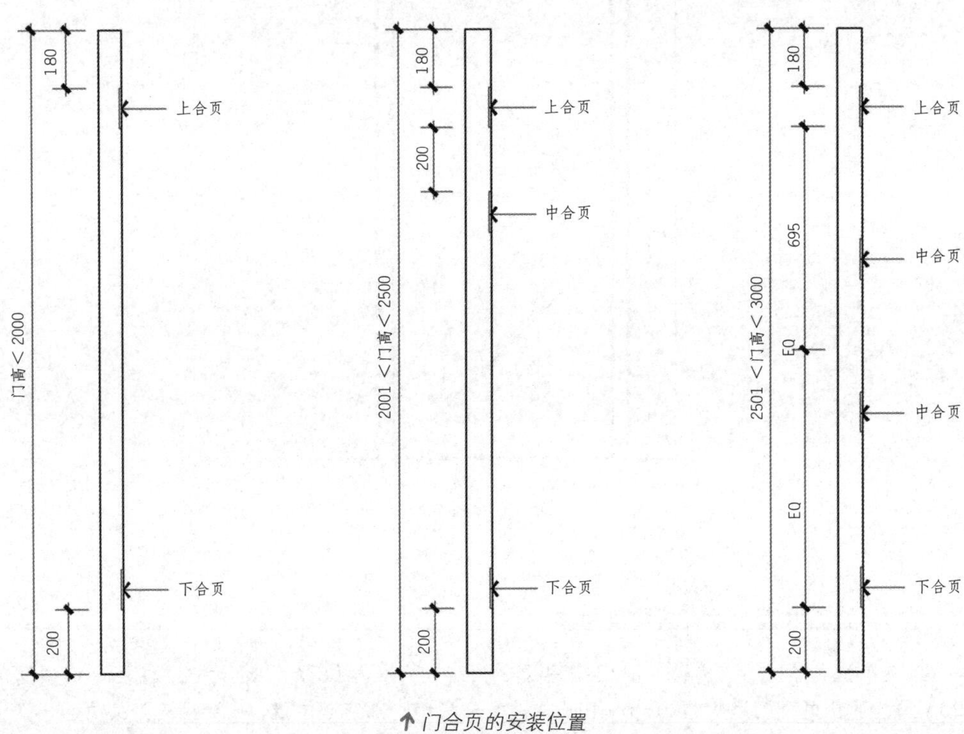

↑ 门合页的安装位置

思考与巩固

1. 节点系统图是什么？

2. 节点系统图的图纸都包含什么内容？该如何去画节点系统图？

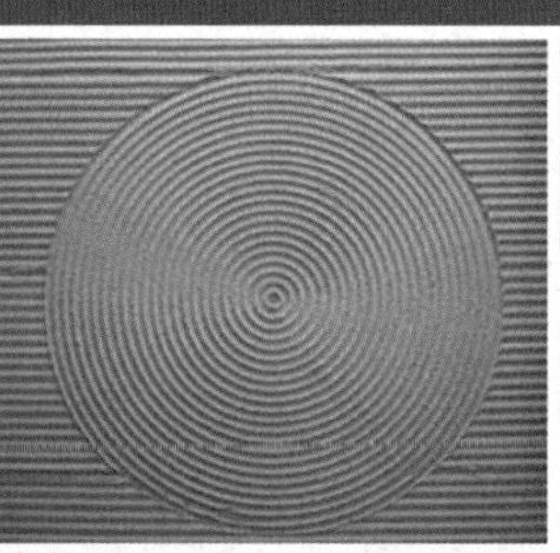

第五章 常用建材与工程量的计算与报价

施工深化图纸全部绘制完成后，需要对工程量进行预估。其中，工程量的计算一般基于施工图纸的具体数据，同时结合施工中的常用建材价格，综合得出的报价即是项目的报价。

扫码下载本章课件

一、工程量计算

学习目标	本小节重点讲解工程量的计算。
学习目标	了解工程量的计算要求以及不同工程的计算方法。

1 工程量计算的要求

(1)工程量计算的顺序

① 计算工程量时，应按照施工图纸顺序分部、分项计算，并尽可能利用表格计算。

② 在列式计算尺寸时，其次序应保持统一，一般按照长、宽、高为次序列项。

(2)工程量计算的形式

① 顺时针计算法：从施工图纸的左上角开始，向右逐项进行，循环一周后回到起始点为止。一般适合用来计算楼地面、天花等项目。

② 横竖分割计算法：即按照先横后竖、先上后下、先左后右的顺序来计算工程量。

③ 轴线计算法：即按照图纸上轴线的编号进行工程量计算的方法。当遇到造型比较复杂的工程时，适合采用此种计算方法来计算工程量。

2 工程量计算的方法

工程量的计算方法是根据不同材料及其所在位置来决定的，其单位也会根据其计算方法而有所不同。

附表：

不同工程项目的工程量计算方法

位置	材料	计算方法	单位
墙面（包括柱）	涂料、壁纸、软包、护墙板	长度（主墙面的净长）× 高度［无墙裙者从室内地面算至楼板底面，有墙裙者从墙裙顶点算至楼板底面；有顶棚的从室内地面（或墙裙顶点）算至顶棚下沿再加 20cm］。门、窗所占面积应扣除，但不扣除踢脚线、挂镜线、单个面积在 0.3m^2 以内的孔洞面积和梁头与墙面交接的面积	m^2

续表

位置	材料	计算方法	单位
墙面（包括柱）	石材和墙砖	按实铺面积计算	m^2
	踢脚板	按房屋内墙的净周长计算	m
顶面（包括梁）	涂料、吊顶、采光顶面等	均按墙与墙之间的净面积计算，不扣除间壁墙、穿过顶面的柱、垛和附墙烟囱等所占面积	m^2
	顶角线（装饰角花）	长度按房屋内墙的净周长计算	m
地面	木地板、地砖（或石材）、地毯	按墙与墙间的净面积计算，不扣除间壁墙、穿过地面的柱、垛和附墙烟囱等所占面积	m^2
	楼梯踏步	按实际展开面积计算，不扣除宽度在 30cm 以内的楼梯所占面积	m^2
	楼梯扶手和栏杆	长度为其全部水平投影长度（不包括墙内部分）乘以系数 1.15，以延米计算	延米
其他面积	其他栏杆及扶手	长度直接按“延米”计算	延米
	家具	不固定，以各装修公司报价中的习惯做法为准	延米、m^2 或项

3 材料用量的计算

装修材料占整个装修工程费用的 60%~70%，一般情况下，房子装修费用的多少取决于装修面积的大小，将用量分别乘以相应的单价，算出材料的总费用，再加上人工费、辅助材料费及装修公司的管理费，也就是装修的总体硬装费用。

附表：

常见材料的用量计算方法

材料	常见规格	用量计算方法（粗略计算）
墙地砖	600mm×600mm、500mm×500mm、400mm×400mm、300mm×300mm	房间地面面积 ÷ 每块地砖面积 ×（1+10%）= 用砖数量（式中 10% 是指增加的损耗率）
壁纸（贴墙材料）	每卷长 10m，宽 0.53m	地面面积 ×3= 壁纸的总面积，壁纸的总面积 ÷（0.53m×10m）= 壁纸的卷数，或直接将房间的面积乘以 2.5，其乘积就是贴墙用料数
地板	1200mm×190mm、800mm×121mm、1212mm×295mm	地板的用量（m^2）= 房间面积 + 房间面积 × 损耗率（一般为 3%~5%）
窗帘 （一般为平开帘）	成品帘要盖住窗框左右各 0.15m，并且打两倍褶。安装时窗帘要离地面 15~20cm	（窗宽 +0.15m×2）×2= 成品帘宽度。成品帘宽度 ÷ 布宽 × 窗帘高 = 窗帘所需布料
地面石材	600mm×600mm、500mm×500mm、400mm×400mm、300mm×300mm	房间地面面积 ÷ 每块地砖面积 ×（1+11.2%）= 用砖数量（式中 11.2% 是指增加的损耗率，若是多色拼花则损耗率更大，可根据难易程度，按面积直接报总价）。 通常在地面铺 15mm 厚水泥砂浆层，其每平方米需普通水泥 15kg，中砂 $0.05m^3$

续表

材料		常见规格	用量计算方法（粗略计算）
涂料	面漆	5L、20L （1L=0.001m^3）	房间面积（m^2）÷4＋需要粉刷的墙壁高度（dm）÷4＝所需要涂料的质量（kg）
	墙漆		墙漆施工面积＝（建筑面积×80%-10）×3
	用漆量		底漆用量＝施工面积÷70; 面漆用量＝施工面积÷35
木线条		线条宽10~25mm（损耗率为5%~8%）、25~60mm（损耗率为3%~5%），较大规格需定做，单项列出其半径尺寸和数量	钉松：使用木线条长度÷100m×0.5＝所需盒数（盒） 普通铁钉：使用木线条长度÷100m×0.3＝所需质量（kg） 粘贴用胶：使用木线条长度÷100m×（0.4~0.8）＝所需质量（kg）

思考与巩固

1. 工程量计算的顺序是什么？
2. 工程量计算的形式有哪些？
3. 不同项目工程的工程量计算方式有哪些？
4. 材料用量的计算方式有哪些？
5. 常见的材料规格有哪些？

二、建材与人工报价

学习目标	本小节重点讲解建材价格以及人工价格区间。
学习目标	了解市场上常用建材的价格区间以及施工人员的工价区间。

1 常用主材与辅材的报价

主材地板类

名称	规格	用途（用法）	价位参考	照片	备注
强化地板	厚度 8mm,12mm	地面铺装，也可以做立面或墙面装饰	40~200 元 / ㎡		最重要的就是环保级别
实木复合地板	厚度 12mm,15mm	地面铺装，也可以做立面或墙面装饰	150~850 元 / ㎡		—
塑胶地板	厚度 1.5~3mm	地面铺装	35~200 元 / ㎡		可以拼花。特殊的塑胶地板也可以具备防静电功能
防静电地板	600mm× 600mm× 30mm	主要用于机房和特殊要求房间，比如精密仪器车间、病房	120~300 元 / ㎡		注意钢板厚度。需要专用轻钢龙骨铺装。常规高度为 150~250mm
踢脚线	高度为 80~120mm	—	高分子 5~15 元 /m 实木 12~45 元 /m		分为高分子踢脚线、金属踢脚线、实木踢脚线、密度板踢脚线

注：其他类型包括实木地板、柱子地板、竹木地板、软木地板。选择地板环保是最为重要的，因为现在商品房基本上都是地暖，在高温状态下有害物质挥发会更迅速。在购买地板时需要索要产品鉴定证书。

辅材砌筑类

名称	规格	用途（用法）	价位	照片
红砖和灰砖	175mm×115mm×53mm，也可以定制规格	主要用于建筑砌体隔墙（承重类）	0.4~0.6 元 / 块	
轻体砖和加气块	600×240×80，600×240×100，600×240×120，600×240×180，等等（单位：mm）。可以定制规格	主要用于建筑砌体隔墙（非承重类）	260~300 元 /m^3	
石膏砌块	定制（有空心和实心）	主要用于建筑砌体隔墙（非承重类）	120mm 厚度的 40 元 /m^2	

注：根据施工场地和施工项目选择材料，因地制宜。

辅材瓷砖类

名称	规格 /mm	用途（用法）	价位	照片
抛光砖	600×600，800×800，1000×1000	主要用于地面和墙面的铺贴	根据不同品牌定价	
仿古砖	100×100，150×150，200×200，300×300，400×400，600×600，800×800（也会有相互搭配的腰线、收口线等）	主要用于地面和墙面的铺贴	根据不同品牌定价	
微晶石	600×600，800×800，1000×1000，600×1200	主要用于地面和墙面的铺贴	相对于其他砖价格昂贵，以 800mm×800mm 为例：90~750 元都有	
釉面砖（表面烧釉处理）	200×200，300×300，300×450	主要用于地面和墙面的铺贴	根据不同品牌定价	

注：鉴定瓷砖的方法包括①单眼看面，看看瓷砖平整度。②用水滴于瓷砖表面和背面看看吸水率。③用墨水或记号笔涂刷在瓷砖表面看看耐污程度。若是不会区分，但是要知道设计需要匹配什么颜色、花纹、规格。要知道瓷砖使用的地点和环境。

辅材裱糊类

名称	规格	用途（用法）	价位参考	照片
水银镜子	厚度 5mm	主要粘贴在木工板的表面，可用胶类粘贴，也可以用广告钉打眼固定，也可以担在框架内	普通镜子 40 元 /m^2 灰镜 80 元 /m^2 金镜 100 元 /m^2	
钢化玻璃	常用 5mm、8mm、10mm、12mm	主要粘贴在木工板的表面，可用胶类粘贴，也可以用广告钉打眼固定，也可以担在框架内	8mm 钢化玻璃 80 元 /m^2 10mm 钢化玻璃 90 元 /m^2 12mm 钢化玻璃 100 元 /m^2	
硅藻泥	kg（报价取费为 m^2）	批刮于腻子表层	如果按照千克计算约计价格为 20~35 元 /kg。每千克批刮（两遍计算）1m^2	
软膜天花（聚氯乙烯）	0.1~0.25mm	主要用于吊顶和特殊照明造型	常规软膜 30~85 元 /m^2	
石材	12~22mm	主要用于墙、地面造型，如过门石、窗台板、挡水条等。应用非常广泛	以当地供货商为准	

注：1. 易碎品的报价较高，注意运输和垂直运输费用。钢化玻璃也有强度之分，打碎以后从玻璃豆大小判断。不要去敲打钢化玻璃的角。

2. 大理石分天然和人造。种类繁多，也会因为地域的不同而叫法略有不同。天然大理石需要注意加工时的规格，如规格不合适会造成很大的损耗。如果想要好的效果，需要去石材厂挑选裸板。注意板材的水晶斑杂质、水晶线杂质等。更多的时候石材的施工价格或工艺费更加昂贵（比如干挂费用，或拼花工艺费等）。费用以当地供货商为准。

主材洁具类

名称	用途（用法）	价位	照片	备注
蹲便器	需要用砖体、水泥砂浆固定。给水方式：通过水箱、脚踏阀、手按延时阀、感应器等给水	蹲便器 80~900 元 / 个 水箱 80~600 元 / 个		分类：带有 S 弯（防臭功能）和不带 S 弯。注意瓷砖缝隙和蹲便器的关系
马桶	用玻璃胶安装固定。安装 24h 后使用	300~5500 元		马桶孔距分为 300mm 和 400mm。购买时候最好能坐上去体验一下，注意排水量
小便斗	分为地排水和墙排水。给水方式主要是手按延时阀和感应器	300~5500 元 / 个		如果是感应给水，需要注意电源，电源分为直流电和交流电
妇洗器	妇女清洁专用，也可以用于肛肠疾病患者清洁卫生	300~4500 元 / 个		—
拖把池	主要用于涮洗拖把	150~2000 元 / 个		安装时候一定要注意下水口和 PVC 下水口的对接问题
水龙头	连接给水管，方便日常用水	50~2000 元 / 个		选择龙头时候一定要配合台盆，考虑工效学。也有感应水龙头
淋浴花洒	用于洗澡等日常活动	150~2800 元 / 个		内心纯铜、外皮不锈钢为好。喷头全部为铜质。注意选择顶喷的款式和出水方式
洗手盆	用于清洗物品、蓄水等	150~3500 元 / 个		分为台上盆和台下盆

注：陶瓷釉面是陶瓷类洁具的关键。只有大厂家才具备更好的烧制能力。不锈钢类型的洁具也是如此。建议购买中高端品牌。

辅材门窗类

名称	规格 /mm	用途（用法）	价位参考	照片
实木门	880×2080×45	门体	1750~9500 元	
实木复合门	880×2080×40	门体	850~2600 元	
免漆门	880×2080×40	门体	400~650 元	
钢木门	880×2080×40	门体	400~900 元	
推拉门	常规 1000mm 宽 ×2200mm 高（根据现场和门体材质而定）	门体。在室内多用于厨房或不方便平开开启的地方	因材料和导轨而异，多数以平方米计价	
折叠门	—	主要用于不方便推拉或平开的部位。多为卫生间等狭小门洞	150~300 元 / ㎡	
窗	—	采光，通风	铝合金断桥钢化中空窗 380~800 元 / ㎡	

注：门和窗户也有手工制作的。比如室内的隐形门、同轴旋转门等。窗户除了成品厂家制作，亦有阳光房类型的，需要用型材（多为铝合金）和镀膜玻璃、钢化玻璃或钢化夹胶玻璃来施工。

辅材板材类

名称	规格 /mm	用途（用法）	价位（元 / 张）	照片
细木工板	1220×2440×18	作家具柜体，和龙骨连接作为基础。需要用免漆饰面板或装饰饰面板或密度板饰面	75~200	
密度板（纤维板）	1220×2440×（3，5，9，18，25，30）	作家具柜体、雕刻、造型基础或表面装饰。表面需要混油	35~150	
九厘板（胶合板）	1220×2440×9（3，5）	和龙骨连接作为基础或作为底板使用。比如衣柜背板、不锈钢踢脚线等	45~75	
实木插接板（指接板）	1220×2440×18	作家具柜体，或木饰面造型，表面需要涂油漆	110~280	
欧松板	1220×2440×18	作家具柜体，或木饰面造型，表面需要涂油漆	120~250	
三聚氰胺板	1220×2440×18（25，30）	作家具柜体，或木饰面造型	150~260	
免漆饰面板	1220×2440×3	作为基础板材的饰面	35~70	
铝塑板	1220×2440×5	作家具柜体，和龙骨连接作为基础。需要用免漆饰面板或装饰饰面板或密度板饰面	80~280	
不锈钢板	1220×2440	作为装饰面，可雕刻字体、雕花等	220~600	

注：木质的板材类要注意环保级别和厚度。

辅材龙骨类

名称	规格	用途（用法）	价位参考	照片	备注
木龙骨	20×30，25×35，30×40，40×60（单位：mm）（可以加工定制）	用于木工制作的基础支撑	30mm×40mm 的 3~5 元 /m		主要以松木居多。松木也分不同品种，价格略微有变化。正规的施工方法需要做防火、防腐、防虫处理。注意表面的光滑程度，有无破损
轻钢龙骨	按照截断面主要分为V型、C型、T型、U型、L型龙骨	用于结构和吊顶的基础支撑和吊架	国标主骨（U型）50mm×12mm×1mm 4~5 元 /m		全面性能优异于木龙骨。注意厚度。主龙骨是 V 型和 U 型（是由吊筋连接的）。副龙骨（固定或卡在主龙骨上）是 L 型、C 型和 T 型的。副龙骨间距 300~400mm。主龙骨间距越小越好，一般 600~900mm。如需承重就加大龙骨尺寸和厚度
隔墙龙骨	—	—	100mm×0.8mm 的 12 元 /m		天地龙骨（U型）间距 400mm，宽度分 75mm 和 100mm 的。中间穿插穿心龙骨（C型）

注：轻钢龙骨属于型材类型。长度主要分为 6m 或 4m。它们的厚度决定了价格。注意承重和上人、非上人的区别。做隔墙的时候高度决定了损耗，注意价格。

辅材防水类

名称	规格	用途（用法）	价位参考	照片
水不漏 / 金汤不漏	袋装（常规 5kg/ 袋）	用于室内防水	15~20 元一袋	
聚合物水泥（JS）防水涂料	桶装（5kg、10kg 等）	用于室内防水	15~20 元 /kg	

续表

名称	规格	用途（用法）	价位参考	照片
丙纶	卷 （110 ㎡）	用于室内外防水（尽量在室内使用）	7 元 /m^2（国标 400g）	
苯乙烯－丁二烯－苯乙烯（SBS）防水卷材 （火烤）	卷 （20m、30m 等）	用于室内外防水	1.2mm 的 15 元 /m^2 3mm 的 30 元 /m^2	
汉高防水	桶装 （5kg、10kg、20kg 等）	用于室内防水	20kg 价格 250~300 元	

注：关于防水尽量采用专业防水公司的方案。防水材料尽量选择大品牌。关于室内装修防水建议做两遍。先用刚性防水（防水砂浆等堵漏洞和缝隙），再用卷材类的防水材料。不要忘记做闭水实验。尽量保持 48h 左右。

辅材给排水类

名称	规格	用途（用法）	价位参考	照片
无规共聚聚丙烯（PP-R）管	20mm，25mm，32mm，40mm，50mm，63mm，75mm（外径越大管壁越厚）	用于室内外的给水敷设	25mm 的 7~12 元 /m	
PP-R 内衬金属管	20mm，25mm，32mm，40mm（外径越大管壁越厚）	用于室内外的给水敷设。比如暖通设备的给水管	20mm 的 5~10 元 /m 25mm 的 7~15 元 /m 32mm 的 9~20 元 /m	
丙烯酸共聚聚氯乙烯（AGR）管	20mm，25mm，32mm，40mm（外径越大管壁越厚）	用于医疗给水，食品给水以及其他对于水质要求高的项目	20mm 的 10~13 元 /m	
聚氯乙烯（PVC）管	50mm，75mm，110mm，200mm	用于建筑的排水系统，室内使用居多，也用于排风或排气	110mm 的 6~13 元 /m	

续表

名称	规格	用途（用法）	价位参考	照片
钢筋混凝土排水管（RCP）	200mm 以上	用于建筑的排水系统，多为室外地下深埋	价格未知	

注：给水注意压力测试。排水注意倾斜角度。

辅材线路类

<table>
<tr><th>名称</th><th>规格</th><th>用途（用法）</th><th>价位</th><th>照片</th></tr>
<tr><td>铜芯聚氯乙烯绝缘线（BV）</td><td colspan="3">1 根或 7 根（BV10 以上规格）铜丝的单芯线，比较硬，也叫硬线。它是家装布线中最常用的布线型号</td><td></td></tr>
<tr><td>BVR</td><td colspan="3">7 根或 7 根以上的铜丝绞合在一起的单芯线，比较软，也叫软线。如布线弯道较多，BVR 比较方便电工穿管</td><td></td></tr>
<tr><td>BVVB</td><td colspan="3">硬护套线，也就是 2 根或者 3 根 BV 线用护套套在一起，一般用作明线</td><td></td></tr>
<tr><td>RVV</td><td colspan="3">RV 是 30 根以上的铜丝绞合在一起的单芯线，比 BVR 还在软，家装一般不用这个规格。RVV 是软护套线，是 2 根或 3 根或者更多 RV 线用护套套在一起</td><td></td></tr>
<tr><td>KBG 和 JDG 镀锌钢管</td><td>16mm，20mm，25mm，32mm，40mm，50mm</td><td>强电电路改造，需要和保护套管配合施工，明敷或暗埋</td><td>20mm×1mm 的 2.4 元/m</td><td></td></tr>
<tr><td>PVC 套管</td><td>16mm，20mm，25mm，32mm，40mm，50mm</td><td>强电电路改造，需要和保护套管配合施工，明敷或暗埋</td><td>20mm×1mm 的 1.2 元/m</td><td></td></tr>
</table>

续表

名称	规格	用途（用法）	价位	照片
网线	五类，超五类，六类	保护套管配合施工，明敷或暗埋	超五类（5e）1~2.5 元 /m	

辅材黏结类

名称	规格	用途（用法）	价位参考	照片	备注
玻璃胶	支	用于黏结，主要用于玻璃与建筑材料之间的黏结	10~20 元 / 支		分酸性和中性。中性适用范围广，价格稍高。酸性味道大，能腐蚀一定的材料，比如镜子的水银，封闭的空间尽量较少使用。主要用于室内。颜色主要有白，黑，灰。彩色的比较少
液体钉	支	用于黏结，基本上所有建材都可以黏结，金属除外。主要应用于木制品的黏结	55~120 元 / 支		也叫免钉胶。可以黏结木材、瓷砖、大理石、玻璃等。全面性能优于玻璃胶。价格贵
密封胶	支	主要用于密封建筑材料之间的缝隙	10~40 元 / 支		黑色。具有极强的耐候性和耐老化性
云石胶	桶	主要用于黏结石材和瓷砖	小桶 0.6L 约计 20 元		主要分为黄色和白色。需要和固化剂搭配使用
万能胶（木工）	桶	主要用于黏结木材。其他建筑材料也可以	500mL 20~25 元 / 桶		黏结板材。注意环保程度

续表

名称	规格	用途（用法）	价位参考	照片	备注
发泡胶	罐	用于填充型黏结	25~50 元 / 罐		主要用于门窗安装时填充安装主体和建筑之间的缝隙。远离火源。凝固后用刀片切割

注：因地制宜，注意耐候性。使用玻璃胶类和密封胶类找对工人才是最主要的。针对所有胶类应注意环保性能。

辅材其他类

名称	规格	用途（用法）	价位参考	照片
玻璃纤维增强石膏板（GRG）	无	墙顶面都可以应用。主要用于室内	按照平方米收费，便宜的几百块	
玻璃纤维增强混凝土（GRC）	无	主要以构件类为主，主要用于室外	收费没有严格标准。有按照展开面积计算的。约计 200 元 / ㎡	
清水混凝土板	1220mm×2440mm×8mm，还有其他规格比如 12mm 厚度的	主要用于室内外的墙面装饰	120~350 元 / 张	
玻璃砖	主要有 190mm×190mm×80mm，145mm×145mm×80mm	用于室内的隔墙居多	10~30 元 / 块	
生态木	形体种类繁多。基本单位为支，块，平方米	用于室内外吊顶、墙面和地面装饰材料	价格未知	

2 施工工程的报价

不同工程根据其人工、主材、辅材以及工程量进行综合计算，将所有的工程费用相加即是工程的直接费，工程的间接费则包含垃圾清运费、施工管理费等。直接费 + 间接费 = 工程总价。

(1)拆除工程报价表

编号	施工项目名称	包含内容	单位	工程量	单价/元			合计/元		备注说明
					主材	辅材	人工	合计	总计	
1	拆除砖墙（12cm、24cm）	人工、工具（需提供房屋安全鉴定书）	m^2	—	0	0	40~45	40~45	—	经房屋安全鉴定中心鉴定后按实际面积计算
2	拆除木门、木窗	工具、人工	扇	—	0	0	14~20	14~20	—	含钢门、钢窗及玻璃门等
3	铲除原墙、顶面批灰（根据实际情况）	工具、人工（铲墙后必须刷环保型胶水）	m^2	—	0	0	3.5~4	3.5~4	—	刷环保型胶水费用另计
4	滚刷环保型胶水	环保型胶水，工具、人工	m^2	—	3.5~3.8	0	1.6~2	5.1~5.8	—	—
5	打洞（直径4cm、6cm、10cm、16cm）	机器、工具、人工	个	—	0	0	25~80	25~80	—	包括水管孔、空调孔、吸油烟机孔等
6	开门洞	工具、人工	个	—	0	0	150~180	150~180	—	洞口尺寸850mm×2100mm以内。超出部分按面积同比例递增
7	铲除地面砖	含购袋、铲除，铲至水泥面。不含铲除水泥面	m^2	—	0	0	16~18	16~18	—	—
8	铲旧墙面瓷片	含购袋、铲除，铲至水泥面。不含铲除水泥面	m^2	—	0	0	10~18	10~18	—	—
9	拆洁具	—	项	—	0	0	250	250	—	全房洁具

注：此预算表中所有单价均为一时一地之价格，可供参考使用，但不是唯一标准，请读者明悉。

注意事项

① 拆除砖墙是拆除工程的第一项作业内容，只涉及到人工费。需要注意，拆除砖墙按照面积收费，不按照周长收费，以一面 2m×3m 的砖墙为例，工程量为 6m^2，而不是 12m。

② 拆除木门、木窗项目多发生在二手房中，毛坯房通常没有木门、木窗。此项按图纸中标注的拆除个数来计算。

③ 铲除原墙、顶面批灰是指毛坯房墙面上的白色涂料，因批灰为建筑施工单位涂刷，会有产品质量不高和影响后期装修施工等问题，需要在前期铲除。铲除按照面积收费，以卧室为例，周长 × 层高 + 顶面长 × 顶面宽 − 门洞面积 − 飘窗面积 = 工程量。

④ 滚刷环保型胶水可加固墙面，防止裂缝，是前期需要投入的一项预算。

⑤ 打洞和开门洞按个数收费，不同直径大小的孔洞收费标准不同，孔洞越大，收费越高。

(2) 泥瓦工程报价表

编号	施工项目名称	包含内容	单位	工程量	单价/元			合计/元		备注说明
					主材	辅材	人工	合计	总计	
1	线管开槽、粉槽	弹线、机械切割、灰尘清理、浇水湿润、成品砂浆粉刷	m	—	4~5	2~2.5	3~6	9~13.5	—	宽度 3cm 内，每增宽 2.5cm 增加人工费 2 元/m
2	混凝土墙顶面线管开槽、粉槽	弹线、机械切割、灰尘清理、浇水湿润、成品砂浆粉刷	m	—	4~5	2~2.5	7~10	13~17.5	—	宽度 3cm 内，每增宽 2.5cm 增加人工费 4 元/m
3	砌墙（一砖墙）	八五砖、地产 P.O.32.5 等级水泥、黄砂、工具、人工	m^2	—	70~79	30~36	40~55	140~170	—	—
4	砌墙（半砖墙）	八五砖、地产 P.O.32.5 等级水泥、黄砂、工具、人工	m^2	—	35~45	30~36	35~50	100~131	—	—

续表

编号	施工项目名称	包含内容	单位	工程量	单价/元			合计/元		备注说明
					主材	辅材	人工	合计	总计	
5	新砌墙体粉刷（单面）	地产 P.O.32.5 等级水泥、黄砂	m^2	—	9.5~11.5	6~7	11.5~13.5	27~32	—	2cm 以内
6	落水管砌封及粉刷	成品砂浆、人工	根	—	36~42	45~50	74~88	155~180	—	砖砌展开面积不大于 40cm 宽，大于 40cm 按一砖墙计算
7	水泥砂浆垫高找平（铺砖用此项）	P.O.32.5 等级水泥、黄砂、人工	m^2	—	17~21	0	10~15	27~36	—	5cm 以内，每增高 1cm，加材料费及人工费 4 元/m^2
8	墙、地面砖铺贴	品牌瓷砖、P.O.32.5 等级水泥、黄砂、人工	m^2	—	0	22~28	26~35	48~63	—	斜贴、套色人工费另加 20 元/m^2，小砖另计
9	瓷砖专用填缝剂	高级防霉彩色填缝剂、人工	m^2	—	4~6	0	2~4	6~10	—	—
10	墙面花砖	300mm×450mm 砖	片	—	0	2~3	4~6	6~9	—	辅材单价按品牌、型号定价
11	腰线砖	80mm×330mm 砖	片	—	0	2~3	2~4	4~7	—	辅材单价按品牌、型号定价
12	墙砖倒角	机械切割、45° 拼角，工具、人工	m	—	0	0	20~35	20~35	—	—
13	淋浴房挡水条	天然花岗石 9cm×8cm（配套安装）	m	—	85~100	5~8	15~20	105~128	—	—

注：此表格中所有价格均为一时一地之价格，可供参考使用，但不是唯一标准，请读者明悉。

注意事项

① 线管开槽、粉槽，混凝土墙顶面线管开槽、粉槽两个施工项目属于水电施工内容，线管开槽只涉及人工费，但粉槽涉及主材费和辅材费。

② 砌墙分一砖墙和半砖墙，它们之间的区别是厚度不同，通常一砖墙厚度为240mm，半砖墙厚度为120mm。这两项辅材用料相同，一砖墙主材用料较多，施工难度较大，因此一砖墙的主材和人工单价都要略高一些。

③ 墙体砌筑之后的表面裸露红砖，因此需要粉刷新砌墙体，此项目按照面积收费，且预算表中为单面墙粉刷价格，若双面墙粉刷需要将价格翻倍。

④ 落水管砌筑主要在卫生间、厨房和阳台三处空间，按照落水管根数收费。以卫生间为例，落水管通常为两根并排在一起，因此砌封此处需要按照2根的单价计算。

（3）水路工程报价表

水路给水工程报价表

编号	施工项目名称	包含内容	单位	工程量	单价/元			合计/元		备注说明
					主材	辅材	人工	合计	总计	
1	给水管排设	水管25mm×4.2mm、水管32mm×5.4mm（管外径×壁厚）	m	—	21.8~37.9	0.6~0.8	6.5~6.8	28.9~45.5	—	—
2	弯头	25型45°弯头、25型90°弯头、32型90°弯头	个	—	7.6~13.2	0	4~4.5	11.6~17.7	—	—
3	正三通	25型正三通、32型正三通	个	—	8.5~16.5	0	4~4.2	12.5~20.7	—	—
4	过桥弯头	25型过桥弯管	个	—	18~19.5	0	4.2~4.5	22.2~24	—	—
5	直接接头	25型、32型	个	—	3.8~8.2	0	4.2~4.6	8~12.8	—	—
6	内丝配件	内丝弯头25×1/2型、内丝直接25×3/4型、内丝三通25×1/2×25型	个	—	32~54	0	2.8~3	34.8~57	—	—

续表

编号	施工项目名称	包含内容	单位	工程量	单价（元）			合计（元）		备注说明
					主材	辅材	人工	合计	总计	
7	外丝配件	外丝弯头 25×1/2 型、外丝直接 25×1/2 型	个	—	39~44	0	2.8~3	41.8~47	—	—
8	热熔阀	热熔阀 25 型	个	—	93~96	0	5.3~5.8	98.3~101.8	—	—
9	冷热水软管安装	30cm 不锈钢软管、生料带、人工	根	—	8~9	0	3.1~3.3	11.1~12.3	—	每增加 10cm 增加 1.5 元
10	角阀配置及安装	角阀 267（镀锌过式滤网）、生料带、人工	个	—	28~31.5	0	5.2~5.4	33.2~36.9	—	—
11	快开阀配置及安装	快开阀、生料带、人工	个	—	66~68	0	7.2~7.4	73.2~75.2	—	—

注：此表格中所有价格均为一时一地之价格，可供参考使用，但不是唯一标准，请读者明悉。

注意事项

①给水管排设是指将给水管按照开槽的线路铺设水管，并区分出冷热水管的位置，一般为左冷右热。给水管排设按照长度计价，总价中包含主材、辅材和人工三部分。

②弯头、正三通、直接接头、内丝配件、外丝配件等材料属于给水管配件，其价格因为型号的不同而略有差别。这类配件统一按照个数计价，即在实际施工中，使用了多少个配件，便收多少的钱。

③角阀、快开阀、冷热水软管等主要用于热水器、速热器、洗面盆的连接，这类材料的主材单价较高，按照个数计价。

水路排水工程报价表

编号	施工项目名称	包含内容	单位	工程量	单价 / 元			合计 / 元		备注说明
					主材	辅材	人工	合计	总计	
1	下水管排设	110 型 PVC 管、75 型 PVC 管、50 型 PVC 管	m	—	16~27	4~5	8.2~10.3	28.2~42.3	—	—
2	三通	110 型三通、75 型三通、50 型三通	个	—	7~12	0	2.8~3	9.8~15	—	—
3	90°弯头	110 型 90°弯头、75 型 90°弯头、50 型 90°弯头	个	—	6~9.6	0	2.8~3	8.8~12.6	—	—
4	45°弯头	110 型 45°弯头、75 型 45°弯头	个	—	7.9~9.6	0	2.8~3	10.7~12.6	—	—
5	束接	110 型束接、75 型束接、50 型束接	个	—	5~6	0	2.8~3	7.8~9	—	—
6	管卡	110 型管卡、75 型管卡、50 型管卡	个	—	4.2~4.6	0	2.8~3	7~7.6	—	—
7	P 弯	50 型 P 弯	个	—	10~12	0	2.8~3	12.8~15	—	—
8	S 弯	50 型 S 弯	个	—	10~ 12	0	2.8~3	12.8~15	—	—
9	大小头	50×40 型大小头	个	—	6~ 7	0	2.8~3	8.8~10	—	—

注：此表格中所有价格均为一时一地之价格，可供参考使用，但不是唯一标准，请读者明悉。

注意事项

① 排水管排设主要分布在卫生间和厨房，按照排水管的粗细分为 110mm、75mm、50mm 直径的管材。110mm 排水管主要用于坐便器排水，75mm 排水管主要用于排水管主管道，50mm 排水管主要用于地漏、洗面盆排水。排水管按长度计价，管材直径越大，价格越高。

② 三通、弯头、束接、管卡等配件主要用于两根或多根排水管的连接，例如 90° 角连接、45° 角连接等等。这类配件按照个数收费，实际使用多少，便收多少钱。

③ P 弯、S 弯主要用于洗面盆的连接，起到防臭、防异味的作用。例如，我们常常闻到卫生间有异味的原因，就是洗面盆没有接 P 弯或 S 弯，导致排水管的异味顺着管道飘进了卫生间。P 弯、S 弯按照个数计价，一般住宅中使用个数不会超过 4 个。

（4）电路工程报价表

编号	施工项目名称	包含内容	单位	工程量	单价 / 元			合计 / 元		备注说明
					主材	辅材	人工	合计	总计	
1	PVC 穿线管	阻燃 PVCϕ16mm 管、PVCϕ20mm 管排设，含束接、配件	m	—	1.2~1.8	0.4~0.6	2~3	3.6~5.4	—	—
2	照明线铺设	BV 1.5mm^2 铜芯线	m	—	1.7~1.8	0	1.8~1.9	3.5~3.7	—	—
3	插座线铺设	BV 2.5mm^2 铜芯线、BV 2.5mm^2 双色铜芯线	m	—	2.6~2.8	0	2~2.2	4.6~5	—	—
4	空调线铺设	4.0mm^2 铜芯线、6.0mm^2 铜芯线、8.0mm^2 铜芯线、10.0mm^2 铜芯线	m	—	4.1~10.8	0	2.2~5.3	6.3~16.1	—	—

续表

编号	施工项目名称	包含内容	单位	工程量	单价/元			合计/元		备注说明
					主材	辅材	人工	合计	总计	
5	双频电视线铺设	有线电视线	m	—	5.2~5.7	0	3.8~4.3	9~10	—	—
6	电话线、网络线铺设	四芯电话线、八芯网络线	m	—	2.5~3.9	0	2.5~2.6	5~6.5	—	—
7	暗盒（接线盒）	暗盒，螺丝，专用盖板	个	—	3.5~3.6	0.5~0.6	2.8~3.1	6.8~7.3	—	—
8	灯线软管	灯头专用金属软管	m	—	1.5~1.8	0	1.5~1.6	3~3.4	—	—
9	灯头盒	含 86 型接线盒，盖板，螺丝	个	—	1.8~2.2	0	2~2.3	3.8~4.5	—	—

注：此表格中所有价格均为一时一地之价格，可供参考使用，但不是唯一标准，请读者明悉。

注意事项

① PVC 穿线管具有绝缘、防腐蚀、防漏电等特点，因此被用于住宅电路中保护电线的管材。PVC 穿线管按照长度计价，总价中含有主材、辅材和人工三部分。

② 照明线、插座线、空调线等属于强电，它们之间的主要区别体现在电线的粗细上，也就是电线的截面面积，有 $1.5mm^2$、$2.5mm^2$、$4mm^2$、$6mm^2$ 等。电线的价格随着粗度的增加随之增加，越粗的电线，保险系数越高，但也更加耗电。

③ 双频电视线、电话线、网络线等属于弱电，同样按照长度计价。

④ 暗盒主要用在开关插座上，按照个数计价；灯线软管主要用在筒灯、射灯、吊顶等灯具上，按照长度计价。

（5）木工工程报价表

编号	施工项目名称	包含内容	单位	工程量	单价/元			合计/元		备注说明
					主材	辅材	人工	合计	总计	
1	集成吊顶	300mm×300mm 铝扣板，轻钢龙骨、人工、辅料（配套安装）	m^2	—	75~110	35~40	25~35	135~185	—	配灯具，暖风另计
2	吊顶卡口线条	收边线，白色/银色	m	—	25~28	0	3~7	28~35	—	—
3	顶面吊饰（平面）	家装专用 50 型轻钢龙骨、拉法基石膏板、局部木龙骨	m^2	—	44~51	30~33	26~36	100~120	—	共享空间吊顶超出 3m，高空作业费加 45 元/m^2
4	顶面吊饰（凹凸）	家装专用 50 型轻钢龙骨、拉法基石膏板、局部木龙骨	m^2	—	52~62	38~42	35~41	125~145	—	按展开面积计算。共享空间吊顶超出 3m，高空作业费加 45元/m^2
5	顶面吊饰（拱形）	家装专用 50 型轻钢龙骨、拉法基石膏板、局部木龙骨	m^2	—	58~62	42~45	48~57	148~164	—	按展开面积计算。共享空间吊顶超出 3m，高空作业费加 45 元/m^2
6	窗帘盒制安	细木工板基层、石膏板、工具、人工	m	—	26~28	8~9	16~18	50~55	—	—
7	暗光灯槽	木工板、木龙骨、石膏板、工具、人工	m	—	8~10	2~3	15~17	25~30	—	—
8	木地板铺设	面层铺设，含卡件、螺丝钉，木地板龙骨间距为 22.75~25cm	m^2	—	0	19~22	49~53	68~75	—	辅材单价按品牌、型号定价

续表

编号	施工项目名称	包含内容	单位	工程量	单价/元			合计/元		备注说明
					主材	辅材	人工	合计	总计	
9	配套踢脚线	木地板配套踢脚线（配套安装）	m	—	25~27	0	4~6	29~33	—	根据具体木材品种定价
10	套装门	模压套装门、实木复合套装门、实木套装门	套	—	980~3500	0	0	980~3500	—	根据具体型号定价（含五金配件，含安装）
11	门套制安（单面）	门套（按客户确认的具体型号定价）	m	—	70~84	0	10~16	80~100	—	10cm内超出部分按同比例递增
12	门套制安（双面）	门套（按客户确认的具体型号定价）	m	—	80~94	0	10~16	90~110	—	10cm内超出部分按同比例递增
13	成品推拉门	成品推拉门（型号待定）（含安装费）	m^2	—	384~762	0	0	384~762	—	厨房、卫生间、淋浴间等推拉门
14	花岗岩（大理石）普通窗台板	20cm以内窗台板	m	—	102~220	11~14	20~28	133~262	—	根据具体型号定价
15	花岗岩（大理石）飘窗窗台板	80cm以内窗台板	m	—	305~466	25~29	45~55	375~550	—	根据具体型号定价

注：此表格中所有价格均为一时一地之价格，可供参考使用，但不是唯一标准，请读者明悉。

注意事项

① 装饰吊顶收费分三个层级，按照由易到难排列分别是平顶、凹凸顶和拱形顶。在住宅装饰吊顶设计中，以凹凸顶最为常见，例如叠级顶、井格顶、灯槽顶等等。装饰吊顶按照面积收费，面积为装饰吊顶的展开面积，以灯槽顶为例，灯槽处内凹的面积也要计入吊顶面积中。暗光灯槽和窗帘盒属于装饰吊顶的配套项目，按照长度收费。

② 厨房吊顶的材料有铝扣板和 PVC 扣板两种，这两种材料有防水、防潮的优点。集成吊顶按照面积收费，主材是扣板，辅材是轻钢龙骨，人工是安装工，价格由这三部分组成。

③ 木地板有铺设对施工人员的技术要求较高，因此人工费单价较高；辅材费主要涉及到木龙骨、螺丝钉、卡件等材料，单价较为便宜。

④ 卧室踢脚线通常采用和木地板同样材质、颜色的材料，被称为配套踢脚线，它按照长度收费。客餐厅踢脚线与卧室踢脚线不同，需要采用和地砖配套的石材踢脚线，并按照长度收费。

⑤套装门按照材质分类共有三种，价格由低到高分别为模压门、实木复合门、实木门。套装门之所以被称为套装，是指它不仅涵盖了门扇，同时包括门套、五金等配件。成品推拉门按照面积收费，每平方均价从几百至千元不等，通常由商家安排人上门安装，且免安装费。门套制安是指为成品推拉门配置门套，门套的材质、样式与套装门一致，以增加美观度。门套制安分为主材费和人工费两部分，预算价格因单面和双面有少量的差别。

⑥ 窗台板分为普通窗台板和飘窗窗台板两种，其中飘窗窗台板用料多、施工难度大，因此预算价格较高。

（6）油漆工报价表

编号	施工项目名称	包含内容	单位	工程量	单价/元			合计/元		备注说明
					主材	辅材	人工	合计	总计	
1	墙、顶面乳胶漆	环保乳胶漆、现配环保腻子、三批三度、专用底涂	m^2	—	10~25	13~18	17~22	40~65	—	批涂加3元/m^2、彩涂加5元/m^2、喷涂加3元/m^2
2	壁纸	壁纸、壁纸胶（含人工费）	m^2	—	69~104	8~11	3~5	80~120	—	主材单价按品牌、型号、材质定价
3	硅藻泥	品牌硅藻泥	m^2	—	180~340	0	0	180~340	—	根据不同花型，主材相应提高定价
4	家具内部油漆（清水）	绿色环保型高耐黄木器漆（两遍）	m^2	—	10~15	6~9	19~23	35~47	—	—

注：此表格中所有价格均为一时一地之价格，可供参考使用，但不是唯一标准，请读者明悉。

注意事项

① 乳胶漆的主材费、辅材费和人工费对比，人工费是最高的，这是因为涂刷乳胶漆的施工难度较大，工艺较为复杂。涂刷乳胶漆的重点一是注意漆材的环保性，二是注意施工人员的工艺水平，这两点会影响墙面完工后的呈现效果。

② 壁纸在供应商处通常按照卷数计价，但装修中则按照面积计价，一卷壁纸有 5.3m^2，也就是说一卷壁纸通常可以粘贴 5 m^2 左右的墙面。

③ 硅藻泥是一种环保型墙面材料，有多种的花型样式、颜色可选，花型的施工越复杂，相应的单价越高。所以在某些供应商处，硅藻泥只有主材费，没有辅材费和人工费，在选好硅藻泥型号后，供应商会安排工人免费涂刷。

④ 家具内部油漆涂刷是指木工在施工现场制作的柜体，柜体内部涂刷清水漆后可增加柜体表面的光滑度。

（7）工程间接费报价表

工程间接费报价表主要以间接费的预算项目为核心，计算出间接费总价，再加上直接费得出预算总造价，具体如下面的预算表所示：

编号	施工项目名称	主材及辅材	单位	工程量	单价 / 元			合计 / 元		备注说明
					主材	辅材	人工	合计	总计	
工程直接费用										
1	直接费用	材料费 + 人工费	/	/	/	/	/	/	—	拆除工程、土建工程、水电工程、厨房、卫生间、阳台、客餐厅及卧室、门及门窗套、全屋定制柜材、涂料壁纸工程的总和
工程间接费用										
1	施工垃圾清运费	直接费用 ×1.5%	项	/	/	/	/	/	—	搬运到物业指定位置（外运另计）
2	施工材料车运及上楼费	直接费用 ×1%（每层加 0.3%）	项	/	/	/	/	/	—	十楼以下有电梯使用的，每加一层加 0.1% 上楼费用；十楼以上有电梯使用的，每加一层加 0.05% 的上楼费用

续表

编号	施工项目名称	包含内容	单位	工程量	单价/元			合计/元		备注说明
					主材	辅材	人工	合计	总计	
3	施工管理费 5%	直接费用 ×5%	项						—	施工管理费收费区间为 5%~8%
4	室内环境卫生保洁费	专业保洁公司保洁：2.8 元 /m^2（按建筑面积计）	m^2	—				2.8	—	—
5	室内空气环境治理监测费	省市环境室内治理监测中心，确保达标（按建筑面积计）	m^2	—				15~20	—	—
工程总价										
1	总造价	直接费用＋间接费用							—	—

注：此表格中所有价格均为一时一地之价格，可供参考使用，但不是唯一标准，请读者明悉。

注意事项

① 每个工种从进场施工到离场，会在施工现场留下大量建筑垃圾，其中以拆除和土建工程建筑垃圾最多。垃圾清运费是为了保证施工现场的干净和有序，并对已完成施工项目起到保护作用。

② 室内空气环境治理监测费除了按照建筑面积收费外，还有一种收费模式是计算监测点，室内监测几个空间，便收几个监测点的价格，平均一个监测点收费标准为 500~650 元。

③ 工程总价是指住宅硬装需要花费的总价，即为了满足住宅的结构、布局、功能、美观需要，添加在建筑物表面或者内部的固定且无法移动的装饰物。一般情况下，硬装预算支出占住宅预算总支出一半以上，因此这部分的预算内容需要仔细了解。

思考与巩固

1. 常用的建材都有哪些？价格区间分别在哪些范围内？

2. 不同工程的报价表都包含哪些内容？

殷永贵

作/者/简/介

本设教育联合创始人，本设教育运营总监，从事室内设计行业 10 余年，从事教育培训行业 6 年，曾任职于北京中建。曾参与济南中石油办公大楼投标项目、北京电监会投标项目、北京二炮餐厅大楼投标项目、新华社投标项目、陆川工作室项目、华夏人寿投标项目、北京空达威尔项目、明科矿业项目等。

其创立的本设教育是本设网络科技有限公司旗下品牌，腾讯课堂官方认证机构，专注于培养室内设计人才，其学员遍及全国，累计培养设计师已超 10 万人，坚持“学员第一，质量至上”的办学理念，始终注重师资队伍的培养和建设。老师均来至国内一线设计师，高素质的授课师资专业领域涵盖室内方案设计、施工图深化、3D 建模、效果图表现，软装设计、商务谈单、SU 可视化设计、室内家具定制、项目施工管理等室内相关课程，培训效果突出，授课经验丰富、专业化程度高。研发质量优异，历年来深受广大学员好评与信赖。

扫码关注本设研习社公众号，了解更多室内设计相关知识

若是需要更多学习课程，请扫码进入网站学习